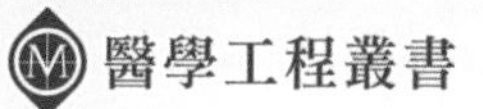

創意性工程設計

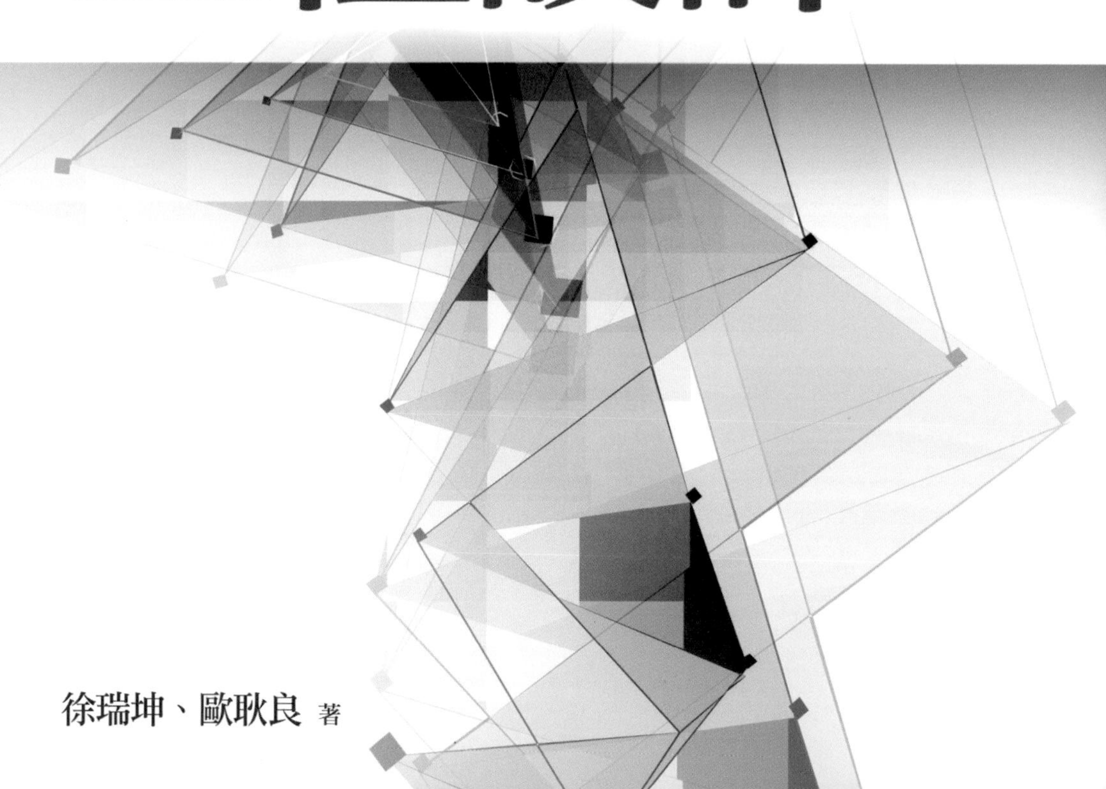

徐瑞坤、歐耿良 著

自序

工程設計傳統上是根據嚴謹的科學原理、基礎、按照使用上的種種需求，創造出能夠充分滿足這些功能的機器或設備的一個過程。從事或參與設計的人，通常必須經過一連串學習，了解工程上相關的知識，例如力學、材料、加工等專業課程。此外，爲了能對設計的對象有足夠深入的認識，許多從事工程設計工作的設計者還被要求必須有相當豐富的工作經驗。這些要求的目的不外乎是希望設計結果是一個滿足使用者的需求而且具有市場競爭力的產品。在前述背景之下，加上容許的預算有限，時間急迫的壓力之下，設計者能夠作的大概就只有盡力達成設計目標的功能需求而已。

在目前競爭激烈的環境之下，光是滿足功能需求的產品並不能在市場上獲得青睞。一件成功的工程產品，往往建立在該產品是否具有創意。從事設計的工程師們一方面由於較專注科學上的種種拘束，疏於對產品創新的追求，另一方面也缺乏創意性設計方法的訓練，往往失去了設計一種眞正具有創意產品的機會。本文的作者都是學習工程科學背景出身，深感設計工程師們在創意性思考訓練的不足，特意提出一些拋磚引玉的想法，祈能給設計工程師們一個思考的方向。尤其在生醫產業方面，單純的功能取向已不足於在市場上立足的當下，本書或許能有一些幫助。

最後感謝教育部「產業先進設備人才培育計畫」補助與推行，設立「創意性工程設計」課程，使本書作者能將課程教材編撰成書，也期待各位讀者、前輩先進不吝指教。

目錄

第一章 設計的步驟

1.1 前言

何謂「設計」？其說法五花八門，多如牛毛，但不管那種說法，其精髓都包括「創新」或「無中生有」的這一個要素，所以廣義的設計不但包含了工程設計，藝術家、畫家、雕刻家，甚至文學作家創作都可以視爲這種以創新作爲主要工作的一種。

工程師雖然不是唯一從事設計工作的人員，但不管是那一種領域的工程師，其工作範圍多數與「設計」有所關聯。比較精確的定義「設計」這兩個字，應該說是將一些新的東西組合起來，或將已有的東西做新的組合可以稱爲設計。若採用 Joset Franz Blumrich（前 NASA 先進結構開發部門主管）的說法，設計是「給未被解決的問題提供解決的方法，或對雖已被解決的問題提供新的解決的方法」的一種過程。所以設計的能力可以視爲是科學（Science）與藝術（Art）兩者的結合，屬於科學的部分大多可以遵循一定的學習程序而獲得，而屬於藝術的部分，除了學習之外更需要從實際的生活體驗及工作中累積經驗，因此任何一種設計的教育中不可避免的都會有此一部分。

要注意的是設計（Design）不可和發現（Discover）混淆，發現是指對已經存在的事物，首先看見或首先了解，而設計是規畫與工作之下的產物，設計出來的東西必須是要滿足某種需求的結果，而且這種東西原來並不存在，你可能會覺得這樣定義設計似乎與現實不符，看看滿街奔馳的汽車還是都具有相同的功能？但仔細分析同樣都是擁有 2000 cc 引擎的小汽車，不但它們的外形不同，空間大小不同，風阻大小不同，馬力不同，油耗不同，完全相同的部分恐怕還不多！所以 Ford 的 Mondeo 與 Toyota 的 Camry 都是工程設計的產品。另一方面需要強調的是所謂的設計並不一定是發明（Invention），如發明專利，申請者設計的機具必須是突破現有知識領域的一種創新才有條件獲得，但大多數的設計成品卻不一定具有這種創新的成分，可是這些產品仍然應該含有某種程度的特殊功能是其他類似產品上不存在的。

所謂「好的設計」必須包含「分析」與「合成」（Analysis & Synthesis），要學會設計，一個設計者先要懂得應用工程上的知識、方法和種種的工具來估算機具的動作功能及需求，而「分析」所指的即將一個複雜的實體簡化成可以應用上述計算方法處理的模式（Model），亦包含有時需要把機具拆成數個較小部分以便從事上述的計算。另一方面，所謂的「合成」即把這些拆散後的部分再組合起來，探討代表機具整體的功能是否滿足設計時所訂的需求的一種方法或技術。

1.2 系統化工程設計法的特質及發展

所謂系統化工程設計法是指以一種具有一定步驟或程序的體系化設計方法，應用科學上的知識、經驗，並在材料、加工技術及成本的限制條件下，找出一個最適當設計解的過程。這種設計解必須滿足客戶的需求，而且較已知的設計解或已存在的製品有更佳的優勢。

1. 工程設計製品的類型

工程上的製品，概略的可以分爲三種類型：

(1) 原創設計（Original design）

市場上或工程應用上從未出現過的設計解（製品）。例如早期登陸月球的探勘車，後來出現的可攜式行動電話，或現在開發中的 Google Glass

都是屬於這一類的設計產品。

(2) 轉用設計（Adaptive design）

相同或類似的設計原理已存在於既有的製品，應用此種原理於相異的需求或製品的設計。以馬達爲例，原是用於工業上的驅動裝置，如今許多汽車廠把它用於汽車的動力源取代原有的汽油，柴油引擎，可以算是轉用設計的例子。

(3) 替代設計（Variant design）

應用相同原理解決相似的需求，作部分零件配置、尺寸、材料變更或功能更改的一種設計。

Apple 公司推出的 iPod 、iPhone 都不是市場上的先驅產品，但是這些產品運用類似的原理提供更佳的功能和品質，也在市場上掀起了極大的回響，這類的替代設計也占工程設計類型很大的比率。

根據德國機械工業協會（Verband Deutscher Maschinenund Anlagenbau）1973 年的調查資料，在機械工業領域，有 55% 的設計類型屬於轉用設計，25% 爲原創設計，剩餘的 20% 則爲替代設計，其中的原創設計與轉用設計都需要設計者有較高的創造性或適應性，由此可見工程上的設計工作爲一種講求創意的工作。

2. 系統化設計的特質及必要性

從事工程設計工作的人，通常面臨複雜多樣的問題需求，要解決這些問題，一方面需要相當深入的專門知識經驗，一方面又要受到經濟面及時間上的限制，如沒有一種系統化的工作方法或步驟，設計過程往往十分耗時，又容易顧此失彼、事倍功半，應用系統化設計，可以按部就班減少考慮過程的疏漏，避免錯誤發生，這也是工程設計法爲何在現在產品開發上顯得重要的理由之一。

所謂的系統化設計必須具備下列幾項特質：

(1) 問題指向型的處理態度

即解決問題前需先分析問題的本質，了解問題後再著手進行設計構思。

(2) 促進創意的工作方式

利用諸如腦力激盪的方法，集合群體的力量，彼此競爭，激勵創新。

(3) 開拓跨領域的知識

擴大設計探討的範圍，融合不同領域的專業知識，從基礎的應用原理思索解決問題的方法。

(4) 改善已知設計解的一種學習熱忱

徹底分析已存在的設計解，了解競爭對手的優劣點，從其中建立屬於自己能發揮的優勢，提高產品的價值。

(5) 具備現代化管理的思考

設計解的決定屬於一種反覆選擇淘汰的循環過程，如何有效率的選擇適當的設計解，淘汰較不具有優勢的設計和構想，需要現代化管理的思考。

藉由培育上述條件的工作方法與思考方式，可以使設計者在設計的工作上提升創意力，發展出一種系統化解決設計問題步驟。

一個系統化的設計方法比較能夠找出一種滿足多重功能需求的合理設計解，而且系統化的設計法對於設計步驟的建立，設計概念可行性的評估選擇，或零件形狀尺寸的安排規劃，也會比較有效率，對於講求時間效率的現代化社會，有一種系統化設計方法的必要性更形重要。合理的設計方法包括適當的使用電腦、工具、軟體、模型試驗，並對模擬或試驗的結果進行評估選擇。圖 1.1、圖 1.2 及圖 1.3 是過去文藝復興巨匠達文西（Leonardo da Vinci）留下的手繪筆記，從其中可以看出達文西會嘗試各種不同的概念解決設計上的問題，這些概念的來源可能是周邊自然界既存的花鳥人獸動植物，也可能是科學上剛提出的最新原理發明，這樣的設計態度可以說是系統化設計的開端。

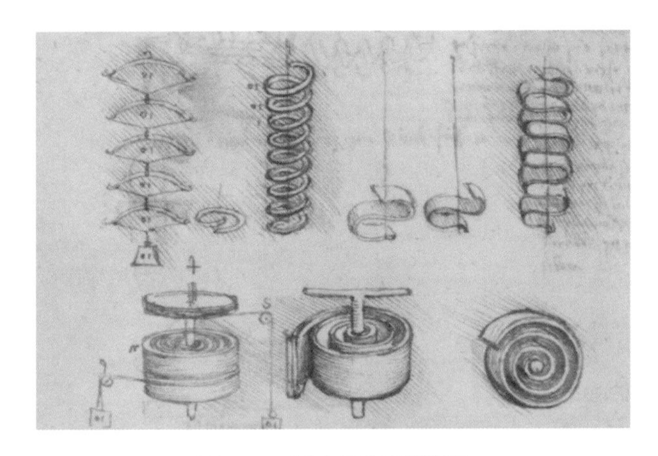

圖 1.1　達文西的彈簧組

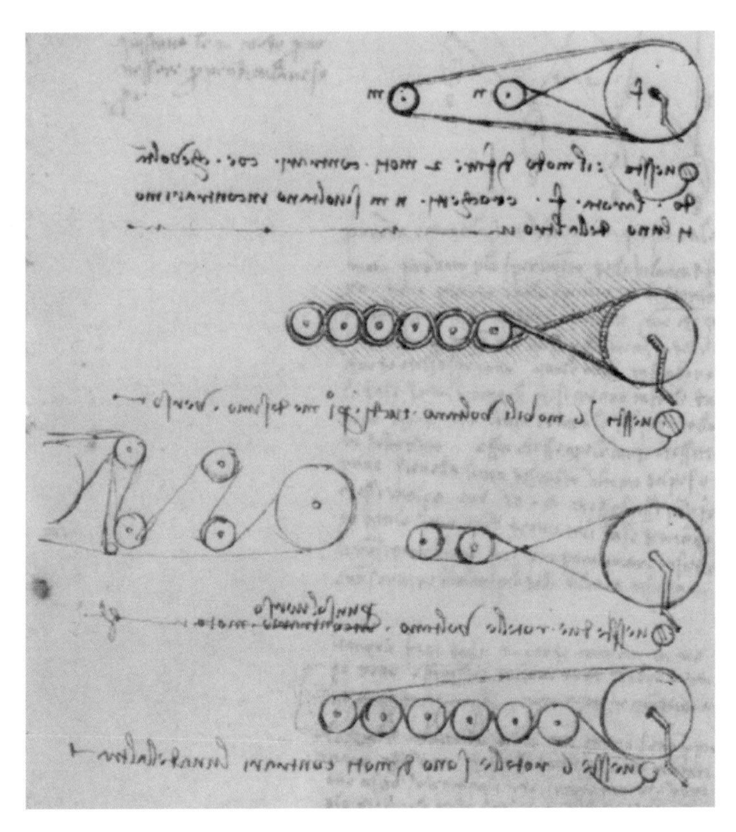

圖 1.2　達文西的滑輪組

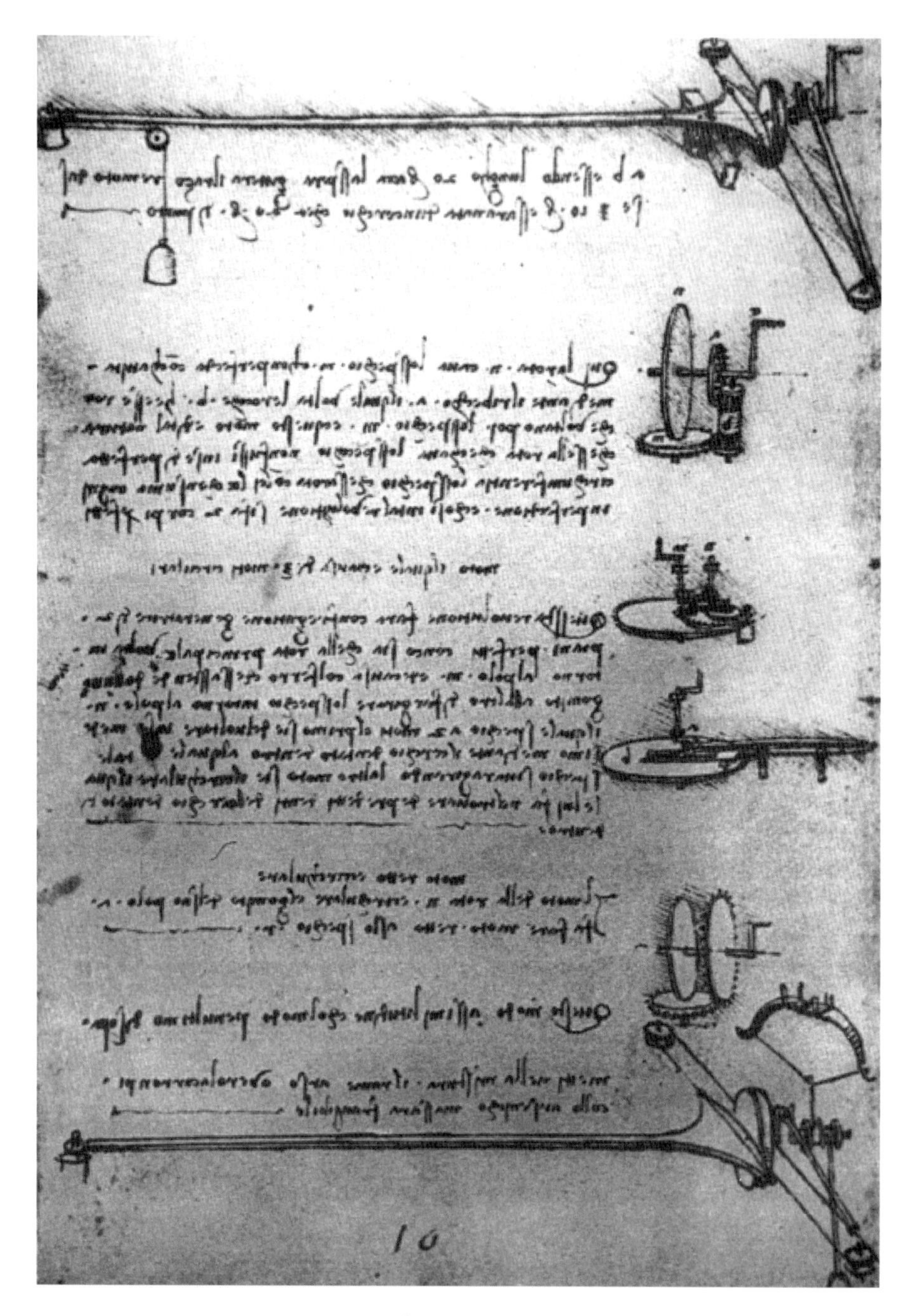

圖 1.3　達文西的鏡片研磨機

3. 系統化工程設計的發展

隨著工業的發展，有許多學者提出一些設計的原則來構築系統化的設計思考，例如零件必須求充足的強度、剛性、磨耗要最小、材料的使用最少，組裝最容易等，這樣的原則被加諸於構成系統零件選擇、設計或製造時可以提供設計者選擇或判斷的依據，但這種原則性的設計方式應用於一個較爲龐大的工程系統，有時會出現見樹不見林的缺點。

1942 年 Kesselring 提出形態設計（Form Design）的理論，以 5 個設計原理規制設計思考的方向：

(1) 製造成本最低

(2) 占有空間最小

(3) 重量最輕

(4) 製程損失最少

(5) 操作最容易

形態設計理論的實踐，不論巨觀的概念建立或個別零件的設計，都必須盡可能接近上述目標，如此得到的設計解也會趨近於理想的境界。

隨設計方法論方面研究的進步，Hansen, Rodenacker 等人更發現適當的設計流程及步驟可以比上述的設計原理更可能使設計者建立理性的思考方法，尤其許多工程師們偏向「解決方法型（Solution Oriented）」的思考傾向，更需要藉由恰當的步驟來引導他們朝「了解問題型（Problem Oriented）」方向去思考解決問題的方法，其中 Rodenacker 提出的步驟幾乎奠定了現代系統化設計方法。

Rodenacker 的設計步驟如下所示：

(1) 確定功能需求

(2) 功能需求構築

(3) 選擇適當的物理程序（如製造的方法，系統的流程邏輯）

(4) 實體的決定（如 Layout，形狀特徵的確立）

(5) 理論的評估（如強度，產能，能量的輸出）

(6) 去除設計障礙缺陷

(7) 細部設計

另外，Roth 也提出一種系統化設計的邏輯，他把設計的過程分爲功能設定、機器構造及形態設計等 3 個階段，其詳細如圖 1.4 所示。

不論何人提出哪一種設計的邏輯，如這種方法無法應用於實際的產品設計或開發，這樣的設計法就無存在的價値，以下的章節我們將基於這樣的思維提出一種適合於各種工學系統的系統性工程設計法。

1.3 工程設計的基礎

如前節所述，一般工程設計的目的在於規劃一種機構系統以達成規格上所訂的各種功能需求，在設計的過程包含需要完成一些零件、裝置、機構、系統等的形狀、尺寸或材質的決定，構成一個工程系統，包含有下列的部分：

1. 零件

零件是工程系統的基礎，這可能是一顆螺絲、螺帽，可以從市面上輕易取得的規格品，也可能是一根傳動軸、齒輪，它們的形狀、尺寸、材質等是由設計的工程師，根據功能需求，經過分析、計算然後決定的。零件的設計要考慮的因素有形狀、尺寸、位置、數量、材質等與形態相關的參數。有時可能需顧慮到機構的運動方式、性質、力量的大小、方向。每一個零件的決定必須是有助於達成設計規格的需求。零件設計的優劣，除了滿足表面上的功能需求外，操作的容易與否，能量損耗的多寡，維修更換的頻度等事項，也是評估的重要對象，零件的設計與選擇是大學基礎課程

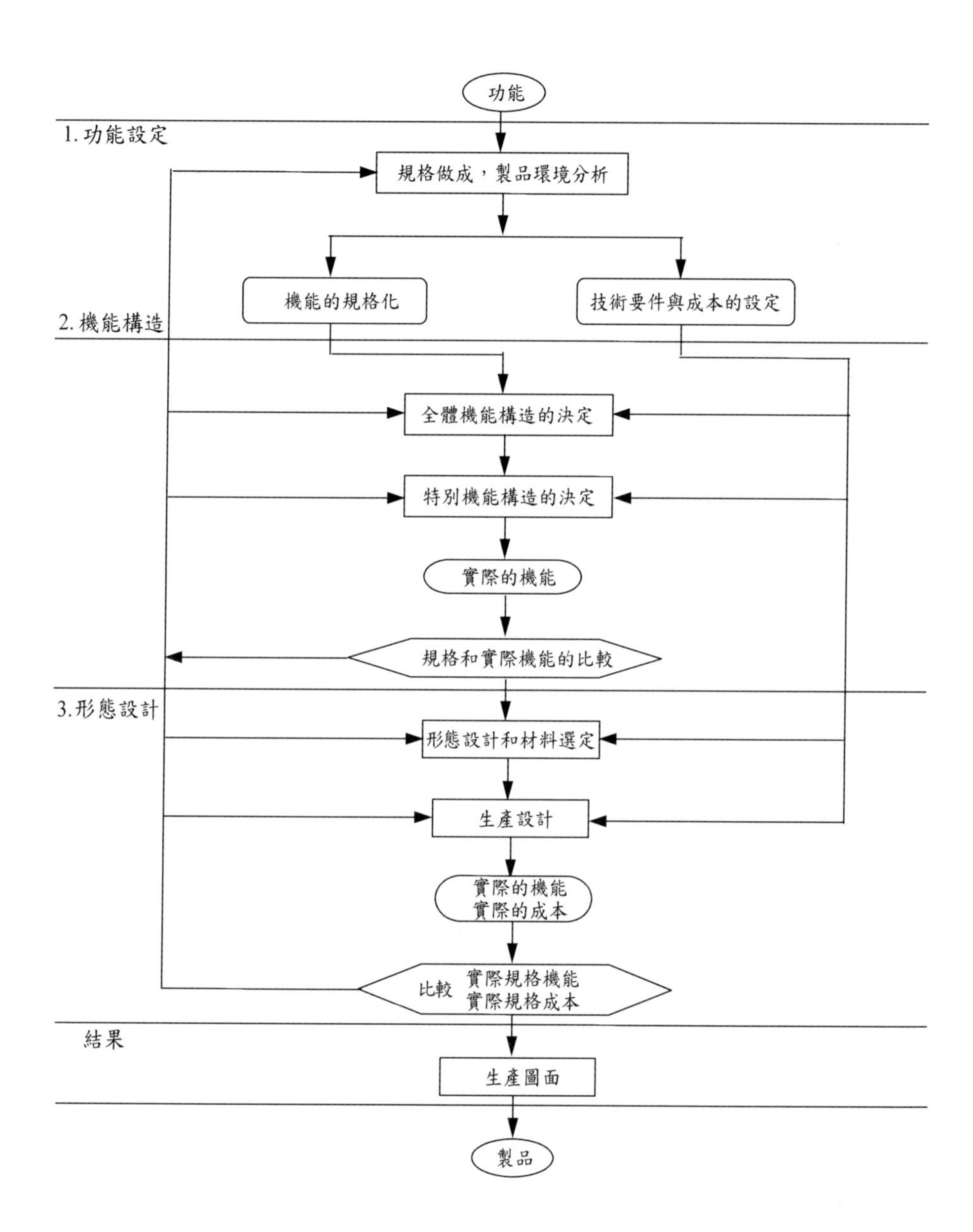

圖 1.4　Roth 提出的設計步驟

的教育目的重要的一部分。

2. 能量、物質、信號的變換

這是系統規劃或設計初期首先要考慮的問題，舉例來說，設計一個可以提起重物的機械，首先設計者要決定以哪一種能量轉換爲提起重物的力之方式，假設最後選用的是機械力，其出發點可能以電、磁作爲出發，然後換爲機械力，這過程包含了能量的變換。不同初期能量，中間的轉換過程也不相同，選擇何種能量最適當是系統設計的工作項目的一部分，其他如物質的搬運、信號的變換也與上述機械力的變換過程相同。

3. 功能相互關係的決定

進行工程系統設計時，產品必須滿足的功能往往不只一項，各功能之間有些存在著先後或上下層的關係。確立主功能與各次要功能之間的關係，有助於系統的設計，在工程設計的流程，此一階段的工作通常稱爲「功能構築」（Function Structure）。

4. 物理現象原理的考察

在我們身處的環境周邊，自然界有許多物理現象、原理，如壓力造成的液面上升、熱的膨脹等，對於概念設計，可以提供許多的線索。仔細的觀察應用既有的自然現象或基本的物理原理，可以幫助概念構想的確立，甚而產生較現有產品更具創意的新設計。

5. 限制條件

近代工業社會，爲提高生活品質、改善環境，產生許多與產品設計相關的法令，規章或工業標準，這些法規標準都是規範產品設計的限制條件。另外，爲保護智慧財產，專利的不可侵犯性，在設計上也是非常重要的因素，特別是競爭劇烈的電子消費性產品；設計前，必先進行專利分析、佈局，避開專利限制，已經是不可或缺的重要步驟之一。

1.4 設計的流程（步驟）（The design process）

工程設計的流程，可以概略的區分爲如下的 6 個階段：

1. 確定需求（Recognition of a need）
2. 定義問題（Definition of a problem）
3. 資料收集（Generate potential solutions）
4. 概念設計（Conceptualization）
5. 檢討評估（Evaluation）
6. 設計報告（Communication of the design）

我們常常聽說「設計了 …… 系統」，那麼什麼樣的設計稱得上系統呢？一個系統涵蓋的可能是一整串完整的硬體、軟體，甚至於包含要使整個系統操作發揮功能的人力的所有組合，比方說某一座水力發電站，或某一條汽車裝配線。大的系統還可以分成許多的子系統（Subsystem），而每一個子系統再由許多零件（Components）組合而成。

隨系統規模大小不同，所謂設計的步驟也自然不同，圖 1.5 是 Morris Asimow 提出的設計步驟，他對設計就有如下的看法：

設計工作包括由依賴端，如客戶、上司等取得的資訊、需求外，還需要從諸如使用者、維修人員或市場上競爭產品方面等取得的特殊資訊需求方能動手進行，設計的結果也須經預先訂定的標準或規格評估才能進行下一個步驟。

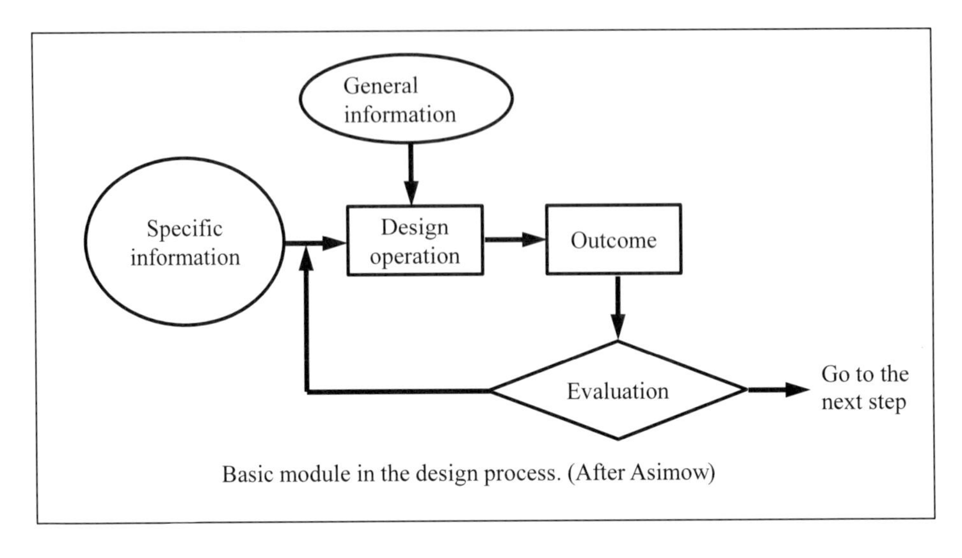

圖 1.5 Asimow's design process module

以下將對設計步驟的各個階段做一簡略的說明。

1. 功能需求

設計一件產品或規劃開發一個系統，首先要確立的就是這件產品要達成的功能或需求到底是什麼。需求可能來自使用者的不滿、製造單位內部的意見或使用上危險上的顧慮等各個不同的考慮，最常見的情況是

(1)對現有機具的不滿

(2)降低成本

(3)增進信賴性

(4)增進功能

在開始概念設計前，先確定這些功能需求爲何是成功設計的第一步。

2. 定義問題

設計過程中要解決的問題稱爲定義問題。此一步驟幾乎可以說是設計

流程中最關鍵的一步，問題眞正的所在，往往不如一眼所見的表面現象一般，但設計者花在此一步驟所占的時間比率往往極少，其重要性也常被忽略。

問題的定義最好以文字敘述，意義愈明確愈佳，主要的部分應該由下列四項所構成

(1) 目標（Objectives , goals）→ { Musts / Musts nots }　{ Wants / Don't wants }

定義問題的主要目的在找出設計上需要達成的目標爲何，有些目標是屬於絕對性的稱爲 Musts 或 Musts not，有些是選擇性的稱爲 Wants 或 Don't wants。在設計初期將主要的目標用此一方式記下是設計工作的第一步。

(2) 專有名詞的說明（Special technical terms）

系統中難免會出現一些技術上專門的用語，這類的用語需要有統一明確的說明，如此參與設計的工程人員才不致混淆，發生失誤。

(3) 限制條件（Constraints）

現代化的社會，對於保護使用者的安全，環境上的顧慮，通常會透過立法，制定許多法規，這些法規在設計的過程必須優先考慮。

(4) 評估標準（Criteria）

設計目標是否達成，滿足程度的多寡，功能項目有無疏漏等，於設計初期，就必須訂定評估的標準，作爲設計成敗的判別。

比較好的方法是開始時先寫下一段問題的定義，再經過資料收集後修改原有的定義使其更明確具體，這種過程有時又稱爲問題分析（Problem analysis）。

3. 資料收集（Gathering of information）

開始設計工作時，一個設計者最困擾的問題莫過於資料過多或不足，

例如完全陌生領域的問題會令設計者不知從何下手，又有時候成堆的資料不知如何取捨，重要的一點在於設計者必須認識到設計上所要的資料與一般學校學科中遭遇的問題並不一樣，教科書或學術期刊中刊載的論文往往不是最重要的設計參考對象，政府機關、研究單位的技術報告（Technical reports），各行業的專刊（Trade journals），專利、型錄、便覽（Handbooks），廠商提供的產品廣告資料，競爭對手的產品分析才是比較重要的資訊來源。

4. 概念設計（Conceptualization）

在這一階段，主要的零件、機構、動作反應的流程（Processes），外形的構成必須決定，使其功能滿足需求，對設計者而言是屬於最需要創造力的時刻。

概念設計的階段常以分析模式（Analytical）和實驗模式（Experimental）來作設計思考評估，學校教育中強調的學習對象多數屬於前者，後者的重要性也往往被忽略。另一個重要的部分即所謂的合成（Synthesis），亦即把一些片段的構想串聯整理起來的方法，幾乎所有的設計都會有這一步驟。例如汽車設計時，車架（Chasis）採用一般賽車用懸吊系，煞車採用……然後再綜合之方法。

設計工作（方法）本來就因人而異五花八門，世界上並無教導設計的鐵則，有關這方面的文獻又十分貧乏，以下所列數則要點係 Gorden L.Glegg 之建議，對於新進的設計者或有幫助。

(1)未深入檢討前勿輕易沿用原有之設計

(2)部分零件之複雜化往往有助於整體設計之單純化

(3)將材料歸類區分再從中挑選

(4)把過分複雜或龐大的系統區分為許多較小的子系統再下手

(5)注意隨時吸收新知並將之用於設計中

(6) 不要忽視任何未被科學證明的創新發明

5. 檢討評估（Evaluation）

對於設計結果的評估可以分成數值模擬的評占與實體試驗的方式，評估查核設計所根據的計算式有無錯誤當然重要，所以最好在設計進行時盡可能把所有的演算過程記載在同一冊子中以便日後查驗。

除了純粹數值模擬的驗證之外，工程常識的判斷（Engineering-sense）也十分有效，例如某一結構需承受數千，甚至數萬 kg/mm^2 的應力，這顯然有誤。另外如把變數變爲極值來查驗式子的正確與否亦不失爲一良策。而一般工程產品開發最好的評估驗證方式仍然爲實體實驗。量產產品在上市前，會經過原型試製（Proto-type）、試量產等階段，即爲此評估方法的應用。

6. 設計報告（Communication of the design）

設計通常是爲滿足某一種需求而作的，完成設計以後也因此需要提出口頭或書面的報告讓提出需求的客戶了解設計的成果。最近的一項調查顯示設計者花在討論問題整理報告約占全部設計工作時間的 60% ，而從事分析、設計的部分僅占其餘的 40% ，而且要注意的是這種整理報告的工作並非一氣呵成的，工作中隨時記錄會更爲有益。

1.5 設計的思考邏輯

1984 年 Lawson 作了一項試驗，把相同的問題（建築）同時交由一群科學家（Scientists）和設計師（Designers）去解決，結果發現科學家們先是把問題徹底分析，企圖找出與問題有關的定理、原則，再從這些定理、原則找出有關的解決問題的方法。另一方面，設計師們則一開始就提出許多不同的解決問題的方法，再從中找出最佳的方案。換言之，科學家以分析問題的手法來找尋解決問題的對策，而設計師以合成（組合各種不同的解決問題的方法）來找尋最佳的解決問題的對策。前者屬於「問題導向（Problem-focused）」思考的方法，後者則屬於「對策導向（Solution-focused）」思考的方法。

設計師們所用的解決問題的策略與一般工程設計上常用的方法較爲相近，這類問題先天上通常屬於定義不良的問題，設計者很難直接從問題的描述（認識）獲得解決問題的方法。設計師會嘗試找出一種或數種可能的方法作爲出發點，然後從這些解決問題的方法與原先的問題比較之後，再修改解決方法甚至於修正問題的本身，也就是說「Solution」與「Problem」常常是平行的發展而逐漸達到較爲完美調和的境界。

1.6 工程設計的幾個重要觀念

1. 一個問題可能有幾個不同的解決方法

在工程師的養成教育或一般學校的教育中，考試是最常被用來判斷學習效果的方法。考試的問題往往被要求一個唯一的標準答案，這種要求與現實工程上的問題完全不同。有經驗的工程師知道每一種需求都會有許多不同的解決方法，設計者的主要工作在於選出最適合當下的解決方法。

2. 解決問題前須先了解問題

如同前述「問題導向」的思考方式一樣，對問題的認識，可以使設計者從問題的本質思考解決的對策，也比較有機會找出創新的設計解。

3. 對一個設計好壞的判定須有預設的評估標準

產品開發前，設計者及業務人員可能會提出許多的需求，這些需求必須受限於產品開發的費用、時間的條件之下才有意義，而且每一種需求最好有量化的評估標準。

4. 對機構的分析有時以實驗的方式更為適合

許多工程師傾向於使用軟體模擬分析，但這樣的分析結果往往是建立在許多的假設條件之上，如果假設條件的選擇偏差，分析所得結果可能千差萬別，愈是複雜的問題結構，產生的偏差愈大。相對的，使用模型不但更爲具體，也比較不必有過多的假設，更重要的是分析的速度更快、更爲可靠。

第二章 產品規劃及需求的明確化

對於新產品的需求，其來源可能出於使用者對現有產品的不滿，競爭者提供更佳的替代產品，製造或維修部門的抱怨或材料成本的上升等等。設計者在這些不同立場的人提出不同的要求之下，必須以有限的預算、時間，設計出一種滿足上述各個不同的人所提出來的不同要求，可想而知是一件艱鉅的工作。本章將對新產品開發應採取的步驟、考慮的要項做一說明。

2.1 產品的企劃

1. 產品規劃的動機

新產品規劃的動機除了前述來源外，還有許多可能的條件或變化也會促成新產品的出現，例如汽車業於面臨石油價格高漲的情況，紛紛投入替代能源動力車輛的開發，今天市場大量出現的油電混合動力車輛即爲一例。其他的動機可能來自法令的改變（如 CO_2 排放的限制），原材料物質成本的改變，新技術的導入等。如上述所述種種動機的出現，都是新產品開發的動力。

2. 產品規劃探索領域

規劃一個新產品時最值得探索的領域應屬現有市場既存的產品，換言之，市場上既有產品的分析是新產品規劃上非常關鍵的一項。Apple 公司推出其 MP3 palyer 時，市面上已存在著許多的 MP3 撥放器（圖 2.1），但 iPod（圖 2.2）一上市仍然襲捲市場，銳不可擋，iPhone（圖 2.3）的情形也幾乎一樣，仔細的分析這些產品都不是創新的市場領導者，但是由於 Apple 公司的開發工程師徹底的分析了市場已存在產品的種種優劣點，從而設計一種新產品，改變了市場的局面。除了市場分析之外，有時新技術的出現也會提供創新的機會。80 年代之前還未出現的行動電話，現在幾乎變成每一個人生活中不可或缺的工具即是一例。

圖 2.1　MP3 播放器

圖 2.2　iPod

圖 2.3　iPhone

3. 需求分析

產品規劃或者工程設計的核心工作之一可以說即爲「需求分析」。一個徹底、透明、客觀的需求分析必然導致一件成功的產品規格，此一工作的成敗悠關此後的規格訂定及概念設計。

所謂好的需求分析指的是客觀公正的取得使用者對產品的期待，或對既有產品的抱怨、客訴或失望。此一分析工作，在許多消費性商品，如洗髮精、沐浴乳、化妝品或醫藥等的開發中早已納入。如規劃消費者訪談、醫生的座談，產品開發者希望可以直接且客觀的掌握使用者實際的需要，然後再進行產品的開發。在工程產品的設計方面，顯然不像消費性產品一般具有爲數廣大的使用者（汽車或許是一例外），因此規劃新產品時往往不做系統性的市場調查、使用者訪談或問卷調查之類的前置分析工作，設計工程師以自己聽到的、看到的主觀的問題便從事新產品的設計開發，這也許就是許多工程上的新產品在開發後無法獲得使用者認同，導致失敗的主要原因之一。需求分析的有效方法方法之一爲從市場上既存的類似產品中，收集比較其差異，再經過適當的消費者調查，確定必要的功能需求。圖2.4係眼科用顯微鏡開發時需求分析的一例。表中縱欄列出的項目即爲市販各個不同品牌（列於横欄）具有的功能，從此表中可以清楚的區分哪些需求是大家共同具備的，哪些是既有產品中缺乏的。

需求分析必須探討的領域極爲廣泛，有時受限於產品開發擁有的資源，無法逐一搜尋，圖 2.5 是一比較完整的需求分析可以涉獵的領域範圍，可以讓工程設計人員參考。

4. 產品的選擇

經過前節所述的市場分析等過程，設計者可以得到許多產品設計的構想概念，如何從這些設計的構想判斷其具體化的可行性可以稱爲產品的選擇。在這一個階段設計者要從經濟面，時間的限制或專利的布局等各個角度考慮，然後決定產品的規格、功能及適用的範圍。

2.2 需求的明確化

對產品功能的需求，從規劃的初期就必須明確的訂定，隨著設計工作的進展，原先規劃的功能、需求不斷的被修正、改變，這些修正一般是配合預算所做的折衷。需求的本質在這一過程會愈來愈明確，而如何可以不要偏離核心，可以考慮下述的條件。

1. 考慮事項

(1) 問題的本質爲何

產品設計欲解決的主要問題即爲問題的本質，此一本質的核心必須謹愼處理，不能失焦。

Field:Opthalmology

NO.	Make and model / Feature and function	COOPERVISION	ZEISS (J) SLITLA	ZEISS UNIVERSAL	WILD MS-C	WILD MS-B	WILD MS-F	WECK 10108	WECK (CEILING)	AMSCO, AMSCOPE	KEELER K-380FW	ZEISS E.M. CEILING	Graphic representation of percentage	%
1	Coaxial illumination				v	v	v	v	v	v			xxxxxxxxxxx	54
2	Moto.vert.course movement						v	v	v	v	v	v	xxxxxxxxxxx	54
3	Moto.vert.fine movement		v						v				xxxx	18
4	X-Y attachment	v	v	v				v	v	v		v	xxxxxxxxxxxxx	64
5	Motorized zoom (microscope)	v	v	v	v	v	v	v	v	v	v	v	xxxxxxxxxxxxxxxxxxxx	100
6	Motorized focus (arm)							v	v	v			xxxxx	27
7	Auto. step magnification		v	v	v	v	v			v	v	v	xxxxxxxxxxxxxxx	73
8	Hand switch controls			v	v	v	v	v	v	v	v	v	xxxxxxxxxxxxxxxx	82
9	Mouth switch													0
10	Foot swith	v	v	v	v	v	v	v	v	v	v	v	xxxxxxxxxxxxxxxxxxxx	100
11	Counterbalnced by weight									v			xx	9
12	Counterbalnced by spring	v		v	v	v	v				v		xxxxxxxxxxx	54
13	Energized locking		v							v			xxxx	18
14	Friction locking	v		v	v	v	v	v	v		v	v	xxxxxxxxxxxxxxxx	82
15	Stepped locking				v	v	v						xxxxx	27
16	Rotation free around stand	v	v	v	v	v	v	v	v	v	v	v	xxxxxxxxxxxxxxxxxxxx	100
17	Vert. course mov. of assy		v		v	v				v	v	v	xxxxxxxxx	45
18	Course mov. in horiz.plane	v	v	v	v	v	v	v	v	v	v	v	xxxxxxxxxxxxxxxxxxxx	100
19	Vertical mov.of the arm	v		v	v	v	v				v		xxxxxxxxxxx	55
20	Tilt of micros.attachm	v	v	v	v	v	v	v	v	v	v	v	xxxxxxxxxxxxxxxxxxxx	100
21	Rotation of micros.attachhm.	v		v				v	v	v		v	xxxxxxxxxxx	55
22	Yaw of micros.attachm			v	v	v	v						xxxxxxx	35
23	Connection facil. for attachm	v	v	v	v	v	v	v	v	v		v	xxxxxxxxxxxxxxxxxx	91
24	Stand leveling facilities			v									xx	9
25	Stand braking facilities	v	v	v	v			v			v		xxxxxxxxxxx	55
26	Fibre optic illumination	v		v				v	v	v	v	v	xxxxxxxxxxxxx	64
27	Down limiting stop	v	v	v						v		v	xxxxxxxxx	45
28	Manual step magnification		v	v	v	v	v			v	v	v	xxxxxxxxxxxxxxx	73
29	Slit illumination		v	v				v	v	v	v	v	xxxxxxxxxxxxx	64
30	Manual zoom													0
31	Horiz. mov.on plane of arms		v					v		v		v	xxxxxxx	36
32	Floor mounted	v	v	v	v	v		v			v		xxxxxxxxxxxxx	63

圖 2.4　眼科診療用顯微鏡

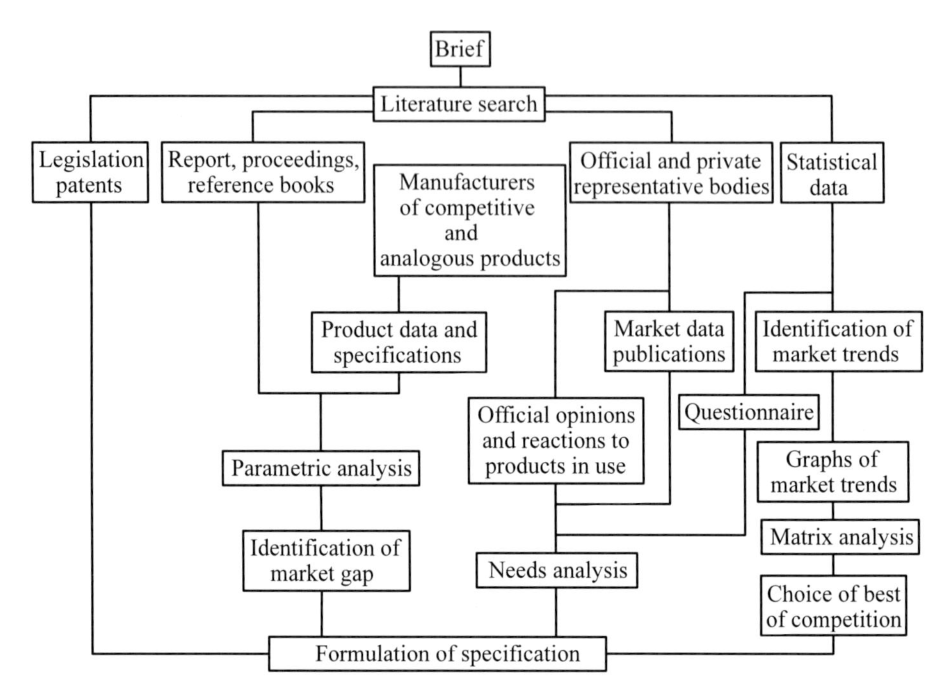

圖 2.5　需求分析討論的領域

(2) 設計時的需求和期待爲何

對功能的需求於設計初期可能極爲多樣，到底哪些功能是絕對必需，有哪些屬於可有可無，哪些是絕對不能出現的條件等等，應於設計的過程中隨時修正、調整。

(3) 限制條件

使用條件、專利束縛、環境限制、法令、規章，廢棄處理，材料回收，或社會文化民情都必須考慮。

(4) 必要的取捨

絕大多數的新產品的開發都有時間或財務上的限制，產品開發的過程也往往必須考慮這樣的限制條件而作必要的取捨，配合產品銷售的目標對象，從功能需求、成本、開發的時間等各方面決定各項個別的產品特色，有助於加速開發的速度，節省成本。圖 2.6 爲設計時必須考慮的取捨的項目。

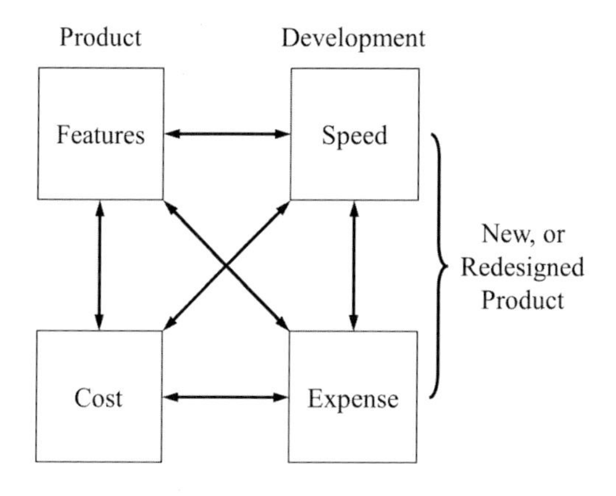

圖 2.6　設計時取捨的範圍

(5) 可能的設計解

除了上市已存在的產品可以做爲可能設計解的參考，專利分析，或專業雜誌期刊上的特載，往往也會提供寶貴的借鏡。另外，大型的專業產品的展覽會，聚集各式類似產品於一堂，更是提供產品開發設計人員極佳借鏡的絕好機會。

以下圖 2.7、圖 2.8 是設計需求規劃表以及其實例：

User		for Requirements list Project. product	Identification Classification Page
Changes	D W	Requirements	Responsible
Dale of change	Specify whether item Is D or W	Objective or proper with quantitative and Quantitative date II necessary split into sub-systems (functions or assemblies) or based on checklist headings	Design group responsible
		Replaces issue of	

Layout of a requirements list.

圖 2.7　設計需求規劃表

SIEMENS		Requirements list for a printed circuit board positioning machine	Issued on 27/4/88 Page :1
Changes	**D W**	**Requirements**	**Resp.**
		1. Geometry:dimensions of the sample	Langner's group
		Circuit board:	
	D	Length = 80-650 mm	
	D	Breadth = 50-570	
	W	Height = 0.1-10 mm	
	D	Required height = 1.6-2 mm	
	W	Clearance between basic grid boards ≦ 120 mm	
	D	"Clamping area" ≦ 2 mm (3 edges of the board)	
		2. Kinematics :	
27.4.88	D	Precise positioning of the test sample	
27.4.88	D	Mininum of 2 mm displacement of the sample normal to the board	
27.4.88	D	Feedback to transfer position	
	W	Separate stations for input and output	
	D	Design of clearance zone	
	W	Minimum handing time (as fast as possible)	
		3. Forces	
	D	Weight of the test sample ≦ 1.7 kg	
27.4.88	W	Maximum weight of the test sample ≦ 2.5 kg	
		4. Energy:	
	D	Electrical and/or pneumatic (6-8 bar)	
		5. Meterial:	
	D	Free from rust	
	D	Isolation between test sample and testing device	
27.4.88	W	Thermal expansion of testing device adjusted to expansion of printed circuit	
27.4.88	D	Consideration of influence of temperature	
27.4.88	D	Temperature range: 15-40℃	
27.4.88	D	Humidity: 65%	
27.4.88	W	Circuit boards:epoxy-fiberglass sheet	
27.4.88	D	No condensation	
		6. Safety:	
27.4.88	D	Operator safety	

		7. Production:	
	D	Consideration of tolerance build up	
		8. Operation:	
	D	No contamination inside the testing device	
	D	Destination :production line	
		9. Maintenance:	
	W	Maintenance interval > 10^6 test operations	
		10. Schedule:	
	D	Embodiment finished by july 1988	

圖 2.8　設計需求規劃表之實例

2. 規格書（Specification）

一旦確定需求的項目後，接下來就要把這些需求功能盡可能的給予量化的指標，有些需求屬於不可妥協的要項（Demand），有些則屬於期望的要項（Wish 或 Want），把這些項目組合起來則爲規格書。

規格書的內容，除了前節所敘述的各項外，最重要的應爲提供更具體，具有量化標準的指標。要注意的是規格書會隨設計工作的進行，更正調整，最後的結果必須符合設計初期設定的問題的本質。

爲避免掛一漏萬，出現疏忽，表 2.1 提供一種設計者作爲檢查的要項，從產品設計相關的製造、維修或使用的各個角度核對規格上的疏失，對規格的制定十分有效。

表 2.2、表 2.3 是汽車燃料計設計初期的規格書的一例，表中之 D（Demand）代表必須達成之功能，W（Wish）則爲期望可以達成的功能，但不得已的情況之下是可以被犧牲的。

表 2.1 規格訂定檢查表

主要項目	
幾何形狀	尺寸，長寬高，直徑，所需空間，數量，配置，接合，擴張
運動學	運動的形態，速度，加速度的方向
力	力的方向，力的大小，頻率，重量，荷重，形變，剛性，彈性，慣性力，共振
能源	出力，效率，損失，摩擦，換氣，壓力，溫度，加熱，冷卻，供給，儲藏，容量，轉換
材料	材料的運輸，初期製品與最終製品之物理或化學性質，輔助的材料，材料規範（食品安全規範等等）
信號	輸入與輸出，型式，表示，控制裝置
安全	直接的保護系統，操作上的安全與環境安全
人體工學	人機介面，操作種類，操作位置的高度，配置秩序，照明，形狀適合性
生產	工廠規範，最大生產尺寸，優先之生產方法，生產手段，生產品質與公差，廢棄物
品質管理	試驗與量測，特殊規範與標準規格的適用性
組立	特殊規範，裝設，裝設位置，基礎
輸送	吊具相關規範，放置場所，運送方式（考慮高度與重量）
操作	噪音，服裝要求，特殊利用，市場區域，地區特性（硫磺氣，熱帶性等等）
保養	定期檢查，替換與維修，塗裝，清掃
成本	最大可接受生產成本，工具成本，設備投資
開發日程	開發最終期限，計畫之規劃與管理

表 2.2　汽車用燃料計規格書（1/2）

		燃料計	Page: 1
變更	D W	要件	負責人
		1. 容器，連結，距離	
	D	容積：20l-160l	
		外觀是否有規範	
	D	材料：鋼或是塑膠	
	W	與容器的連結方式：以法蘭連結	
	D	於上方連結	
	D	於側面連結	
		H = 160 mm-600 mm	
	W	d = 71 mm, h = 20 mm	
	D	容器與指針的距離	
		≠ 0 m. 3 m-4 m	
	W	1 m-20 m	
		2. 内容物，溫度範圍，材料	
	D	液體　使用溫度範圍　保存溫度範圍	
		汽油或柴油　-25 ℃～+65 ℃　40 ℃～+100 ℃	
		3. 信號，能源	
	W	發信機的輸出：電氣信號（量變化對應電壓變化）	
	D	可用電源：DC 6 V，12 V，24 V	
		電壓變動：-15%～+25%	
	D	輸出信號精度：最大值的 ±3%	
	W	±2%	
		（如包含指針誤差爲 ±5%）	
		基準狀態、水平狀態之 V = 定值	
	D	響應感度：最大值的 1%	
	W	最大值的 0.5%	
	D	輸出信號不受液面傾斜影響	
	D	輸出信號可以校正	

表 2.3 汽車用燃料計規格書（2/2）

		燃料計	Page: 2
變更	D W	要件	負責人
	W D D D D W D D D D D D D W D	充滿內容物的狀態下也可以進行校正 最小量測量：最大值 3% 4. 行駛條件 前後方向加速度：±10 m/s² 側向加速度：±10 m/s² 上下方向加速度（振動）：±30 m/s² 前後方向衝擊 30 m/s² 內不會受損 前後方向可傾斜至 ±30° 側向可傾斜 45° 容器為非加壓式（換氣型） 5. 性能試驗 顧客要求內外構件成品需進行鹽霧試驗 容器本身進行耐壓試驗（30 kN/m²） 6. 容器的耐久性 預想壽命 5 年並符合大型車輛規範 7. 生產 需容易修改以對應不同尺寸之容器 8. 操作與保養 非專家亦可進行設置 可直接更換、無需保養 9. 生產量 可調整型：日產 10,000 個、標準型：5,000 個 10. 成本 製造成本需低於 DM 3.00	

規格設計由此可見，並非一成不變，不是一旦決定就不能更動。相反的，隨者設計工作的進行，有些功能被增加，有些可能被捨棄，有些量化指標可能會加大或減小。這類的變動，應該在諸如表 2.2、表 2.3 的變更欄內詳細記載，避免同樣的思考過程反覆，對往後從事後續產品開發的設計人員，也可提供重要的參考。

第三章　設計法

一件設計案執行的成敗，除了前章所述包含從需求確認，規格的制定開始，到最終試車完成，商品上市的各個階段執行上的優劣之外，最重要的一環仍在於概念設計的階段。在這個階段，設計者必須將工程上的知識轉換成具體的形體。所謂工程設計法就是幫助設計者解決這一階段中複雜而且龐大的決策過程的方法，手段和技術。現在流行廣泛的被使用的電腦輔助設計（CAD）即爲一種輔助性的設計法，對於各個零件尺寸、配置等規畫特別有效，但在概念設計的過程更需要設計者自主思考的場合，傳統上慣用的設計法仍有其必要性，本章講的內容即著重於傳統的設計方法。

傳統常用的設計法可以分爲兩大類，一是公式化，亦即設計過程逐一記下，減少疏忽的可能性。另一種方法可以稱爲圖表化，及把設計者腦中的種種構想，給予具體的圖像的方法，對於複雜的系統，此法尤其有效。

3.1 創意（Creativity）

所謂的具有創造力的人比較突出的能力是在於把新的構想（Idea）和觀念變成具體而有用的形體。工程上所謂的創意與發明是一體的兩面，創意強調構想剛形成初期的階段，而發明則指創意後期較爲具體的部分。大部分的人都希望被稱爲具有創意的人，但一方面也認爲這是少數人才有的異穎，並且覺得創意和靈感一般，是瞬間爆發出來的。事實上從許多這方面課程的訓練結果看來，大多數創意都是經過長時間的思考，學習與實作而得來的。每個人與生俱來或多或少的都擁有一部分這樣的能力，成長的過程中這種能力也隨之消失。尤其工程教育講求的唯一正確的數學式訓練，對創造力培養更是一種傷害。

一個創意的形成，剛開始時往往只是對於整體具有一種大略的概想，有許多的細節並不清楚，但隨著對問題認識的逐漸深入，這些細節的部分也一件一件的具體化。所以這樣的過程可以說是由思考的演化而形成的。

1. 創意的特徵

創意演進的過程，基本上如下所示：

渾沌（Amorphous） ⟶ 清楚（Well-structured）
混亂（Chaotic） ⟶ 有序（Organized）
朦朧（Implicit） ⟶ 具體（Emplicit）

工程師先天上的訓練重視的即具體、有序的細節，對於一個初期出現的模糊不清的意念容易忽視排斥，因此往往失去一個絕佳的創意的可能性。所以學習如何把握各式的意念並將之發展成較明確的構想是很重要的一種訓練。而發明是指新奇而有用的機具或事物，這是上述創意思考經由設計的過程最後獲得的結果。

2 發明的七種的型態

(1) 單純合併（The simple or multiple combination）

最簡單的發明就是把兩種既有的發明物合併而使其產生新的功能。

(2) 省力觀念（Labor-saving concept）

應用自動化的觀念，改變部分的機構使原有機具發揮更節省人力，更大的效用。

(3) 專案對策（Direct solution to a problem）

典型的工程上的問題多是針對一特別的需求而規劃設計一種專用機具。

(4) 舊瓶舊酒新風味（Adaptation of an old principle to an old problem to achieve a new result）

沿用既有的設計構想，增加部分新的功能所產出的新設計。

(5) 舊瓶新酒（Application of a new principle to an old problem）

如電子產品，電腦不斷的提供新的功能，不斷的微小化。

(6) 新瓶新酒（Application of a new principle to a new use）

廁所沖水裝置不斷以更新的感應裝置，提供新型的沖水方式。

(7) 偶然的發現（Serendipity）。

不刻意思考的情況下，突然想起的創意轉化而成的設計產品。

3. 以下是開發創意能力的一些步驟

(1) 建立創意的思考態度（Develop a creative attitude）

(2) 開啓想像力（Unlock your imagination）

不時追究「Why」，「What if」，隨時訓練觀察力。

(3) 要堅持（Be persistent）

如愛迪生所說，發明是 99% 的汗水加上 1% 的靈感所組成的（Invention is 99% perspiration and 1% inspiration）。

(4) 廣納衆議（Develop an open mind）

隨時注意身旁的事物，多聽多看多比較，接受不同的意見。

(5) 不遽下斷論（Suspend your judgement）

當你的直覺告訴你，某一些結論有誤時，記得追根究柢，不要憑直覺遽下結論。

(6) 縮小問題範圍（Set problem boundaries）

有些問題表象超多，系統龐大不易理解，此時不妨將問題切割，縮小範圍，這樣也可以使思理明晰，易於掌握。

有很多人都有同樣的經驗，即長時間思考一個問題而不得其解，但若暫時放下思維的進行，轉而從事其他的輕鬆的遊戲一段時間後再回頭處理時，解決問題的創意反而泉湧而至。

3.2 創意的方法（Creativity methods）

進行概念設計時，有許多方法可以用來刺激構想的產生，其中不受既定的教條法規限制，而由參與設計工作的人，自由而無拘束的提出構想的方法即爲創意的方法。以下介紹的三種都可以稱爲創意的設計法。

1. 腦力激盪（Brainstorming）

腦力激盪是激發意念（Idea generation）的一種方法。這種活動一般是由一群從事設計工作的成員聚集在一起，針對某一個特定的問題，互相提出解決的方法，此一過程稱爲腦力激盪，參與人數通常以 4～8 人爲最佳。腦力激盪最主要的目的在於增加解決問題方案的選擇的可能性。進行腦力激盪時，最好問題能夠明確，參與的人員也都比較熟悉的問題，並且是容易以語言描述者較爲恰當。腦力激盪時有 4 個原則必須遵守：

(1) 不許批評。進行中不容許對參與者提出的構想作任何批評，排斥，即使這種構想明顯荒謬，不可行。
(2) 提出的創意必須讓參與者全部理解。
(3) 參與者不可有先入爲主的觀念，要能接受別人的構想。
(4) 進行腦力激盪的過程中，提出的構想越多越佳（鼓勵多提），任何型態的構想皆應受歡迎，爲提高腦力激盪的效果，在進行過程當中不妨隨時注意使用綜合（Combinations）、替代（Substitution）、修正（Modification）、取消（Elimination）、反面（Reverse）等字眼鼓勵參與者提出新的構想。

腦力激盪的進行，必須有引導人。作爲腦力激盪活動的引導人，必須能指引參與的人員遵守遊戲規則，不可把問題的範圍訂的太廣或太狹，對於問題的描述盡量以「如何可以改進……　」的方式提出較佳。通常參與的人員在問題提出後會有幾分鐘的時間讓他們思考並把最先想到的構想記下，然後再輪流把自己的構想發表出來，在這個階段是不允許任何形式的批評，即使發表者的構想荒謬不羈也無所謂。換言之，此一階段的目的並不在於評審各個構想的可行與否，保持參與人員的思路流暢才是重點。在別人發表自己的意想時，參與者一方面要吸收，另一方面更要思考改進的方法，以此作爲一種激勵，發展出新的構想。

腦力激盪的持續時間不宜過長，20～30 分鐘較爲恰當。激盪的結果要適當的給予分類，再從其中求取新的意想。進行時要讓氣氛輕鬆，並讓參與者踴躍的提出新的意想。

2. 連想類推（Synetics）

此法係由一群人集體的參與構思，對特定的問題應用類推連想，提出解決方法的一種活動。在活動進行過程中要盡可能應用類推（Analogy）的方式，亦即：

(1) 直接的連想（Direct analogies）

例如從動物的活動連想至機構的運動，例如 Wright 兄弟發明的飛機，可以說是由觀察鳥類的飛行滑翔連想的結果。

(2) 置身處地（Personal analogies）

以自身當成設計對象的一部分，例如把自己當爲直升機葉片的一部分，想像轉動時可能會受到的種種障礙進而做出設計的一種方式。

(3) 象徵性的連想（Symbolic analogies）

日常生活中所使用的文字語言，常常將兩種不同事物中具有相似功能的部分連想在一起，例如河「口」（Mouth of a river）、槌「頭」（Head of a hammer）、a tree of decisions 等所使用的象徵性連想。

(4) 幻想性連想（Fantasy analogies）

科幻電影中最常出現這一類的連想成果，例如可以幫忙處理家務打雜的聽話機器人等。

進行連想類推活動時，通常是把複雜或界定不清的問題，以比擬的方式找出類似的事物，讓參與設計者增加對問題的認識，然後再以比擬連想的方法找出解決問題的對策。這種方式常常可以得到比較新奇而具有創意的構想。

3. 擴大思考的領域（Enlarging the search space）

在創意思考的過程中，阻礙思考空間的因素之一即在於思考的範圍太窄，如何可以擴大思考的領域有以下的幾種技巧：

(1) 轉換（Transformation）

尋找問題的解答時盡量應用一些轉換意義的名詞幫助思考方向的改變，例如加大（Magnify）、縮小（Minify）、修正（Modify）、統合（Unity）、增加（Add）、分割（Divide）、旋轉（Rotate）、重組（Rearrange）、去除（Eliminate）等。

(2) 隨意連想（Random inputs）

意念的產生常常由隨意的連想而得，比方隨意的翻閱辭典再由翻到的文字任意的連想，刺激大腦找出適當的對應關係的思考方式。

(3) 為什麼（Why？Why？Why？）

刺激大腦增加思考能力的方法之一，即無時不追問為什麼，一直到沒有任何方法可以追究的地步，如此可以從問題解答的循環中找出解決問題的較佳對策。

(4) 逆向思考（Counter-planning）

面對問題時故意由表面上解答的另一極端思考，然後再求出一個較爲妥協的方案也往往可以擴大思考的領域，產生不同於傳統，更具原創性的概念。

4. 創意的過程（Creative process）

以上講述的是一些幫助創意思考的技巧，有許多的設計者、藝術家都認爲創意來自於靈感，而靈感似乎是瞬間爆發的，但是心理學家們深入研究後發現，大多數創意思考都具有如下所述相似的過程：

(1) 認識（意識）問題的存在。

(2) 了解問題的本質，思考解決的方法。

(3) 遠離問題，讓潛意識作用。

(4) 靈感的衍生。

(5) 擴大並測試來自靈感意念的可行性。

以上的過程基本上可以說是「工作→休息→工作」循環之下的結果，努力是不可或缺的一環，如其他任何的創作一般，需要 99% 的汗水（Perspiration）和 1% 的靈感（Inspiration）。

3.3 邏輯式的方法（Rational methods）

此法在於以較具有邏輯的思考方式，有系統的求出一適當的設計對策，其目的與創意的方法並無二致，同樣的都可以經由團隊合作方式來擴展構想或決定對策。所以所謂的邏輯方法並非是創意方法的反面。

也有一些設計師反對以邏輯的方法進行設計工作，他們擔心一個系統化的設計步驟會使參與者過於僵化而失去創新的機會。事實上不管使用思考方式是那一種，其目的既然相同，上述懷疑是沒有必要的。所謂邏輯的方法應被視爲一種安全的方法，有提醒設計者不可疏忽重要設計需求的功能。

最簡單的邏輯的方法即一般設計人員常用的檢查表（Checklist）。檢查表可以把設計過程中必須進行的項目逐一記下，而不必全部暗記在心中，避免遺漏，並且在分工時便於溝通。檢查表中的項目包羅萬象，最主要的可分爲下列三類：

(1)有關設計規範的需求（Questions to be asked in the initial stages）

(2)設計過程中必須達成的功能（Features to be incorporated in the design）

(3)評估測試必須滿足的標準（Criteria, standards that final design must meet）

各個項目中呈現的形式可以是問句，也可以是數値，也可以是一些概念似的描述文句。英國的製造師工程師協會（Production engineers of Great britan）經過長期的蒐集，整理出關於產品設計規格（Product design specification）的主要項目可以作爲設計的Checklist的參考，這些項目包括：

1. 功能（Performance）
2. 使用環境（Environment）
3. 使用壽命（Service Life）
4. 保養維修（Maintenance and Logistics）
5. 目標價格（Target Product Cost）
6. 競爭對象（Competition）
7. 輸送方式（Shipping）
8. 包裝（Packing）
9. 生產數量（Quantity）
10. 可用的製造設備（Manufacturing Facility）
11. 大小（Size）
12. 重量（Weight）

13.外觀處理（Aesthetics, Apperance and Finish）

14.材質（Materials）

15.產品壽命週期（Product Life Span）

16.規格（Standards of Specifications）

17.人體工學（Ergonomics）

18.使用對象（Customer）

19.品質及信賴度（Quality and Reliability）

20.儲存週期（Shelf Life in Storage）

21.廠內加工（Inhouse Processes）

22.設計（Design）

23.測試檢驗（Testing and inspection）

24.安全性（Safety）

25.公司的限制條件（Company Constraints）

26.市場的限制條件（Market Constraints）

27.專利（Patents）

28.社會政治因素（Social and Political Factors）

29.法律約束（Legal）

30.安裝（Installation）

31.設計製造及使用手冊（Documentation）

32.廢棄處理（Disposal）

除了以上所列的 32 項之外，困擾許多設計者的主要因素之一是容許的設計時間過短，沒有充分認識問題的餘裕，甚至於許多從事設計工作的人還必須同時身兼數職，跳躍在許多不同的工作項目，這些都是設計者必須克服的障礙。

另外圖 3.1 也是設計過程中查核各種功能需求的一種檢查表。

Main headings	Examples
Geometry	Size, height, breadth, length, diameter, space requirement, number, arrangement, connection, extension.
Kinematics	Type of motion, direction of motion, velocity, acceleration.
Forces	Direction of force, magnitude of force, frequency, weight, load, deformation, stiffness, elasticity, stability, resonance.
Energy	Output, efficiency, loss, friction, ventilation, state, pressure, temperature, heating, cooling, supply, storage, capacity, conversion.
Material	Physical and chemical properties of the initial and final product, auxiliary materials, prescribed materials（food regulations etc）.
Signals	Inputs and outputs, form, display, control equipment.
Safety	Direct safety principles, protective systems, operational, operator and environmental safety.
Ergonomics	Man-machine relationship, type of operation, clearness of layout, lighting, aesthetics.
Production	Factory limitations, maximum possible dimensions, preferred production methods, means of production, achievable quality and tolerances.
Quality control	Possibilities of testing and measuring, application of special regulations and standards.
Assembly	Special regulations, installation, siting, foundations.
Transport	Limitations due to lifting gear, clearance, means of transport（height and weight）, nature and conditions of despatch.
Operation	Quietness, wear, special uses, marketing area, destination（for example, sulphurous atmosphere, tropical conditions）.
Maintenance	Servicing intervals（if any）, inspection, exchange and repair, painting, cleaning.
Recycling	Reuse, reprocessing, waste disposal, storage.
Costs	Maximum permissible manufacturing costs, cost of tooling, investment and depreciation.
Schedules	End date of development, project planning and control, delivery date.

Checklist for drawing up a requirements list.

Requirements list for a printed circuit board positioning machine（Siemens AG）.

圖 3.1　功能需求檢查表

3.4 構想的流程

前面兩節所述的內容在於幫助設計者激發創意，形成概念設計。而概念設計除了前述的構思之外，還需包含對這些構思的結果進行比較評估，一直到有最佳的方案浮現。整個構想設計最初階段係由下列考慮要點形成：

1. 形成各式解決問題的構想方案
2. 評估各個方案的優劣利弊

決定採用某一構想之前，對於已形成的各種初步構想必須反覆的評估淘汰或追加。要注意的是針對一特定問題，要把所有提出的可能的解決方案全部列出，並進行評估比較，執行上可能有困難，但如長期反覆的對同一的產品或同一的設計標準檢討比較之後，很容易會產生一套具有重點項目和施行步驟的方法，而避免冗長的評估時間，同時也避免犯下重大決策錯誤的可能性。

3.5 構想選擇法

概念設計是以各種設計方案構成提供解決方法的一個階段，也可以說是設計者最需要發揮創造力的階段。在此一階段，工程科學的知識（Practical know-how），製造方法，市場需求等等必須結合，設計決策過程中的主要決定都落在此一階段，也是設計工作的成敗關鍵之所在。

構想選擇法是由 S.Pugh 和其同僚所提出的一種有系統的選擇法。因爲欲從爲數龐大的構想中將這些構想改進成爲滿足設計規格（PDS）的各項需求，並進行評估實在是相當困難的浩大工作。因此構想選擇法就以比較有系統的方式，協助此項工作的進行並避免發生重大錯誤的機會。其主要的規則如下：

1. 第一階段

(1)所有比較的構想必須是針對於相同的設計對象，相同的規格（PDS）的解決方案。

(2)將所有的構想最好以草圖（Sketch form）列出，各個構想中的細節部分適當的包含於其中。

(3)把各種構想和評估標準以表列方式整理。

(4)製表時應將草圖，線路圖等放入表中，使參與設計的人員能夠清楚的了解，必要時也可補以文字敘述。

(5)各個構想間做比較時必須基於相同的條件基礎。

(6)選定評估標準（Criteria）。此一標準是由 PDS 的需求項目所衍生出來的，與構想之間無任何關係，而且必須明確。

(7)選定一種設計作爲各個構想比較的基準，如現成既有的設計或產品，可以以此作爲基準，如沒有現成的設計，則可以從眾多的構想中選一個多數人直覺上認爲最佳的構想作爲比較基準。

(8)各個構想之間做比較時，可以

＋：代表較基準構想更佳

－：代表較基準構想更差

S（Same）：表示與基準構想相似或難以分辨優劣

作爲評比的方式，也可以分數作爲評比。

(9)上述方法將各個構想與基準構想之間的比較結果列表整理，並按＋、－、S 的多寡記入表中作爲參考，而非絕對的結果。

(10)上述的概念積分表中有些概念積分高，而有些會偏低。

(11)對積分較高的構想弱點加以思考，檢討有無改進的可能？修改後會不會影響原來的優點？如整個構想可以修改則應另外記入構想評估表中，並保留未修改前的概念以備他日之用。

(12)對積分較低的構想的弱點也如前項一般給予檢討，並將修改後的構想記於表中，擴大評估表的內容。

(13)經過前 12 項的分析評估之後，較差的概念應被淘汰，留下少數較佳的概念。

(14)如所剩的構想爲數仍多則可能由下列原因所造成：

a. 作爲評估的標準不夠明確

b. 各個構想之間差異太少

(15)以此最佳構想作爲基礎構想再重複前述各項，再查驗本最佳構想是否仍爲最佳，如果是，評估即告完成。如果不是則重複步驟 11～12。

表 3.1 即爲此一方法應用的實例。此外也有如表 3.2、圖 3.2 所示之構想評估選擇的方式，設計者應選擇適用於其產品的評估方法，客觀的找出最佳的概念應用於設計。

進行上述各項比較時，應把細節記於黑板或大型展示物中，讓參與評估的各個人員可以同時看見、了解。

以上是初步評估（Initial Evaluation）階段。經過這一階段之後，參與的人員必然對規格的需求、設計面臨的問題、可能的解決方案、各種方案之優劣及其限制有更進一步的認識。

2. 第 2 階段

前階段中所發展出來最佳的構想應逐漸的具體化，細節的部分應逐一完成。在這一階段中衍生的構想也應比照第 1 階段所述的方法給予整理、檢討、評估。有些參與的人員會因爲自己所提出的構想未被採用而變得不客觀、排斥，培養客觀公正的評估態度也是設計訓練重要的一部分。如無其他意外，第 2 階段的細節構想的結果並不會產生與第一階段不相容的概念。以上所述的構想評估法，其最大的特點在於能使參加設計的人員從眾

表 3.1　構想評估表

Concepts / Criteria		V 1	V 2	V 3	V 4	5	6	7	8	9	10	11	12	13	14	15	V 16	17	18	19	V 20	21	22	23	V 24	25	V 26	V 27	V 28	V 29	V 30	V 31	V 32
Check items	1	s	s	s	s	s	s	s	s	s	s	—	—	—	—	—	s	s	s	s	s	—	s	s	s	s	s	s	s	s		s	s
	2	+	+	+	+	+	+	+	+	+	+	+	+	+	+	+	+	+	+	+	+	+	+	+	s	s	s	s	s	s		s	s
	3	—	—	—	—	—	—	—	—	—	—	—	—	—	—	s	—	—	—	—	—	—	—	—	s	s	s	s	s	s		—	—
	4	s	s	s	s	s	s	s	s	s	s	—	—	—	—	—	s	—	s	s	—	—	s	—	s	s	s	s	s	s		s	—
	5	+	+	+	+	+	+	+	+	+	+	+	s	+	+	+	+	+	+	+	+	+	+	+	s	s	s	s	s	s		—	—
	6	+	+	+	+	+	+	+	+	+	+	—	—	+	—	—	+	—	—	+	—	—	—	—	+	+	+	+	+	+		+	—
	7	—	—	—	s	—	—	—	s	—	s	—	—	—	—	—	s	—	—	—	—	—	s	—	s	s	s	s	—	+		+	—
	8	+	+	+	+	+	+	+	+	+	+	s	—	+	—	s	s	—	s		+	+	—	—	+	+	+	+	s	+		+	—
	9	+	+	+	+	+	+	+	+	+	+	—	—	—	—	+	—	s	s	—	+	—	—	+	+	+	+	+	+	+	1st datum	+	—
	10	—	—	—	—	—	—	—	s	—	—	s	s	—	—	—	s	s	s	s	s	—	s	s	s	s	s	+	+	s		s	s
	11	+	+	+	+	+	+	+	—	+	—	—	—	+	—	—	s	—	—	—	+	—	—	—	s	s	s	s	s	+		+	—
	12	+	+	+	s	+	+	+	+	—	—	s	s	+	—	—	s	—	s	s	+	s	s	—	s	s	s	s	s	s		s	s
	13	s	s	s	s	s	s	s	s	s	s	s	s	s	+	—	s	s	s	s	s	s	s	s	s	s	s	s	s	s		s	s
	14	+	+	+	+	+	+	+	+	+	+	—	+	—	+	—	s	+	s	—	s	s	+	+	s	s	s	—	+	+		+	—
	15	s	s	s	s	s	s	s	s	s	s	s	s	s	s	s	s	s	s	s	s	s	s	s	s	s	s	s	s	s		s	s
	16	+	+	+	s	s	+	+	s	+	—	—	+	—	s	—	+	s	s	—	+	+	s	s	s	s	s	+	+	+		+	—
	17	s	s	s	—	s	s	s	—	s	—	—	+	—	s	—	+	s	—	—	+	—	s	s	+	+	s	+	+	s		s	—
	18	—	s	—	s	—	—	—	s	—	s	s	s	—	—	s	s	s	s	—	+	s	—	s	s	s	s	s	—	—		—	s
Score	+	9	9	9	7	9	9	9	6	9	5	2	5	6	4	2	6	3	2	3	8	4	3	3	4	4	3	6	6	7		7	0
	—	4	3	4	3	4	4	4	4	4	7	10	7	10	11	12	1	8	5	8	5	9	6	8	0	0	0	1	2	1		2	10
	s	5	6	5	8	5	5	5	8	5	6	6	6	2	3	4	11	7	11	7	5	5	9	7	14	14	15	11	10	10		9	8

表 3.2　汽車燃料計構想選擇表

客户	選擇表 燃料計	Page.1

代替設計解（Sv）

代替設計解（Sv）之評價選擇基準
（+）可
（-）不可
（?）資訊不足
（!）確認規格

決定
代替設計解（Sv）之評分
（+）追加設計解
（-）刪除設計解
（?）蒐集資訊
（!）確認變更的規格

A：全體功能之整合性
B：要求規格的實現性
C：原理實現的可能性
D：成本的容許範圍內
E：加入直接安全對策
F：設計者公司的優先度
G：充足的情報

Sv		A	B	C	D	E	F	G	觀察點（對應方式、理由）	決定
a1	1	+	+	+	?	+	+		D：衰減？測量位置的數目	?
a2	2	−	−						A：積蓄質量；B：誤差容許值	−
a3	3	+	+	−						−
a4	4	+	+	−						−
b1	5	+	−						B：誤差容許值，容器形狀無指定	−
b2	6	+	−		?				B：誤差容許值，通氣容器	−
c1	7	+	+	+	−				D：2 個容器	−
c2	8	+	−						B：誤差容許值	−
c3	9	+	!	+	+	+	+		B：容器的適應性	!
d1	10	+	+	−						−
d2	11	+	+	−						−
d3	12	−			−				A：所需空間，D：2 個容器，幫浦	−
d4	13	+	+	+	+	+				+
d5	14	+	+	?					D：全體系統	−
e1	15	+	+	+	+	+				+
f1	16	−							A：液體不導電	−
f2	17	+	−						B：誤差容許值	−
	18									
	19									

日期	姓名	

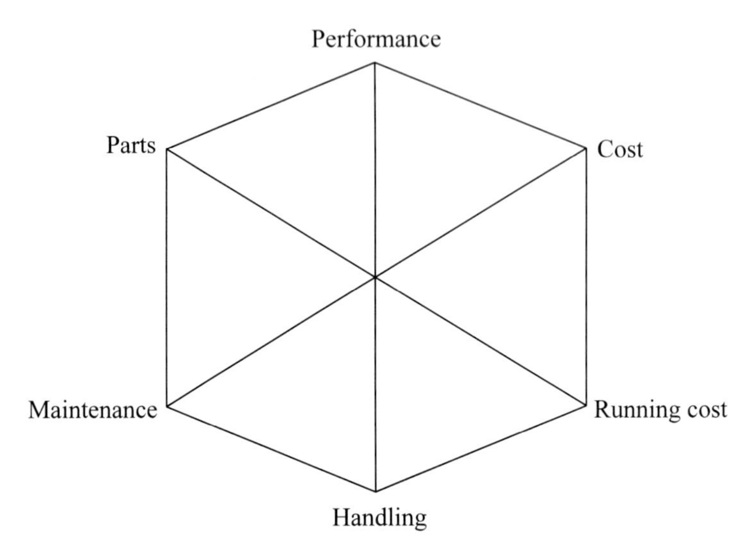

圖 3.2　以雷達圖方式之構想評估方法

多的構想之中挑選出較佳的結果，各個構想透明化，產生新的概念，導引設計的指向。

3. 後續階段

通常設計可能需要 5～6 次的反覆評估比較，列舉的構想有時達 6、70 件，表面上看起來較沒有效率，但此法所得的結果一般都經的起考驗，也較可能出現創新的設計概念。尤其此法適應性佳，不受行業領域的限制，幾乎都可找出最佳的設計方案。熟練的設計人員傾向排斥這種費時的步驟，但只要給予他們參與的機會，應該他們的觀念也會改變。

除了上述構想比較的方法之外，也有將各個構想比較的要素以量化的評比整理，再選取最佳的設計方案。表 3.3 之單壓式混水栓之設計概念選擇表即爲一例。

表 3.3 單壓式混水栓設計概念選擇表

TH Darmstadt			評價表 One touch 混合水栓									Page 1			
檢查表之項目順序		P：現行設計案 （P）：改善後可能採用之替代案		A		B		C		D		E		F	
	NO.	評價基準	W	P	(P)	P	(P)	P	(P)	P	(P)	P	(P)	P	(P)
機能	1	止水時完全不漏液	1	1		3		3I	4	1					
動作原理	2	可靠度高之設定 （不易鈣化、耐磨之零件）	1	2		3		2I	3	3					
實體設計	3	小型化的要求	1	3		2		2		4					
生產	4	較少的零件數	1	1		2 I		1W		4					
	5	製造簡單	1	1		3		2		1?	4				
組立	6	組裝簡單	1	2		3		2		2J	3				
操作	7	操作便利 敏感的設定	1	1		3		4		2					
	8	保養簡單（清理簡單）	1	4		2 I		3		2					
維修	9	維修簡單（無須拆卸之組件）	1	1		1		2W		1?J	3				
	10														

TH Darmstadt			評價表 One touch 混合水栓								Page 1			
? 不確定之評價 ↑ 傾向標誌：改善 ↓ 傾向標誌：惡化	P_{max}=4	Σ	16		24	(26)	21	(23)	20	(26)				
	Rt		0.4 5		0.6 7		0.5 8		0.5 6					
	順位		4		1	(1)	2	(3)	3	(2)				
替代案／基準的理由（J），缺點（W），改善（I）														
C1	增加組裝 O 型環													
B4	簡化拉桿的機構設計													
D6 D9	組立中閥球的位置不確定													
B8	與 B4 同時改善													
D9	拉桿的附件													
決定	改善設計解 B 的控制要素進行開發 再檢討設計解 D 的生產可能性，並在 2 個月內提出結果													
日期 11.10.73			製表人：Dhz											

3.6 評估參數

1. 評估的基準

進行構想選擇時，首先要選定評估的參數及基準。概念設計階段確立之規格可作爲此一階段的依據，如需求確立過程中所訂的各個必要功能是否滿足，應該列入評估的項目。表 3.4 是訂定評估基準時，應該選擇那些參數的檢查表。

表 3.4　概念設計階段評估參數檢查表

主要項目	例
機能	爲實現選擇之設計解原理或代替概念所需之必要輔助機能要素的特性
動作原理	能簡單實現所選擇之原理或機能、可預期良好效果、受外部影響小之動作原理
實體化	構件少、複雜程度低、所占空間小、布局與形體設計上沒有特殊問題
安全	優先使用原本就安全的技術、無需外加額外的安全對策、產業與環境上需保證安全
人體工學	人機介面不造成操作員的壓力、不影響健康、良好之外觀設計
生產	生產方法的簡潔明確、設備成本低、構件少且形狀單純
品質管理	必需的試驗或查核點少、製程簡單且可靠度高
組立	組立方式簡單快速、不需要特殊的輔助工具
輸送	可以使用普通方式運送、不會危險
操作	操作簡單、產品壽命長、磨耗少、控制容易
保養	不需要或容易維修及清潔、易於檢查、易於修理
成本	營運成本或者相關成本之支出是否爲必需、日程規畫上是否有問題

2. 加權評分法

前述的構想評估表可以比較眾多構想彼此間的差異，使較佳的構想脫穎而出，而淘汰不適當的構想。但若在各個標準上加上一套評分配重的方法時，一方面可以使得評估精度提高，一方面使難以評估的項目量化，而使得各個構想之間的比較更客觀，更容易。此法對於已經有商品存在於既有市場的情況的評估特別有效。

一般評估標準上分爲 1～5 或 1～10 等級作爲加權配重（Weighting factor）計量的差異，數字越大代表該項目評估標準的相對重要性愈高。而對於依特定評估標準也將各個構想的該項表現分成 1～5 或 1～10 等級，數字愈大者代表該構想在此項評估上愈爲優秀的程度。

計分時需將（加權計量 × 評估等級）的結果記於各該項的空欄中再統計其總値。

3. 評估不確定性的預估

概念設計階段，許多細節仍未確定，構想的優劣仍可能存在著不確定性，設計者在可能範圍，應盡量的排除這樣的不確定性項目。例如對較有疑慮的構想，有時候要做模型實驗，確認其機構運動方式的可行性，減少評估的不確定性。

第四章　概念設計

概念設計是設計步驟中最重要的階段之一，一個產品是否具有創意，往往在這一個過程中決定。在此一設計步驟中，設計者首先需將問題透過抽象化，把較次要的功能需求簡化或省略，只考慮問題的本質核心，針對此一核心本質的需求思考解決的方法可以稱爲概念設計。

4.1 概念設計的步驟

概念設計的進行通常是在產品的功能需求已經明確之後開始著手。當然在往後的設計過程中難免也會遭遇一些困難，而不得不再修改部分功能需求項目，但核心的功能不應該在此一階段有幅度太大的變更。圖 4.1 所示即爲概念設計步驟的一例。

4.2 問題的抽象化及功能構築

1. 問題的抽象化

在此一設計階段先把規格訂定，功能需求確立過程中所設定的次要功能或需求拋開，只對問題的本質或核心部分的功能需求思索解決問題的方案。如此抽象化（或簡化）後的問題本身會相對的單純，也比較容易求出適當的設計解。

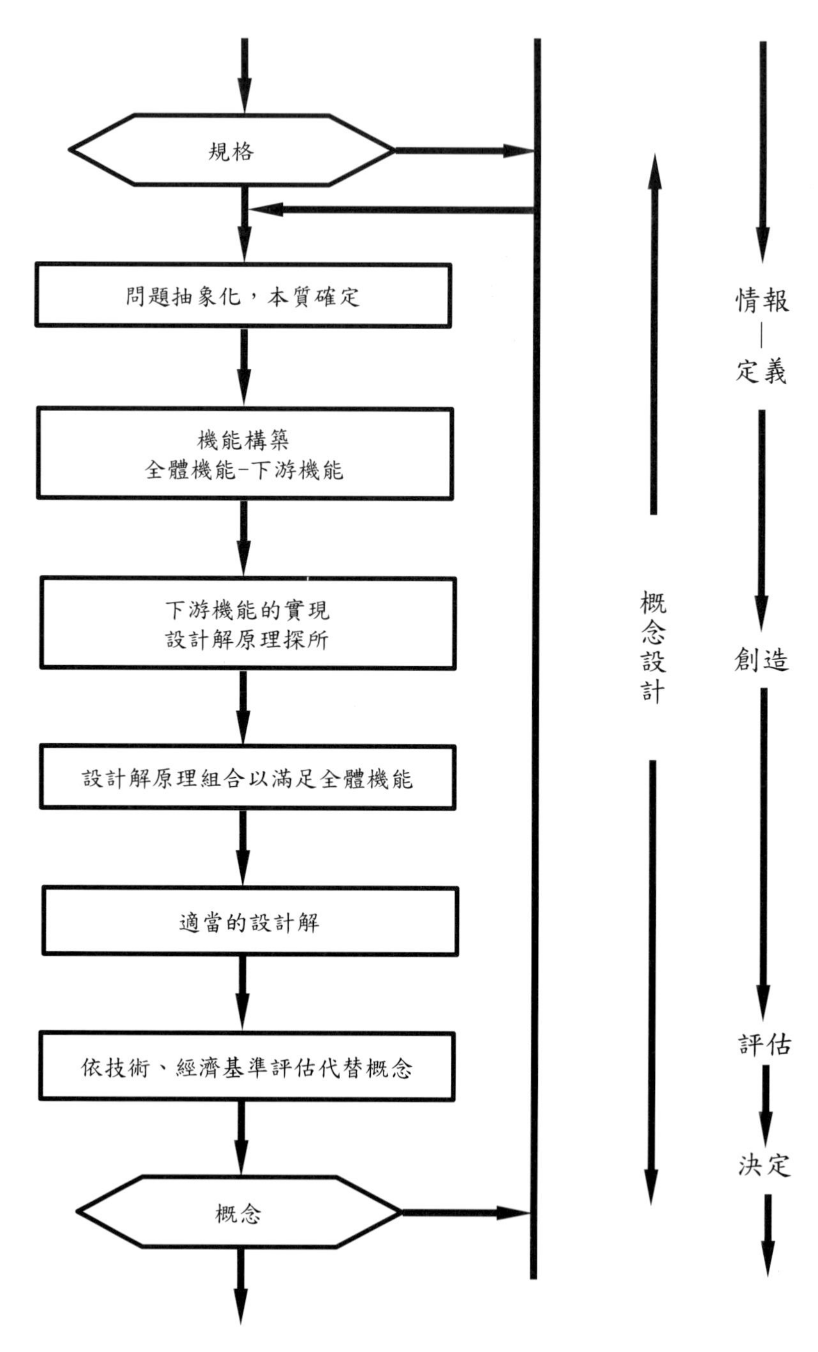
規格
問題抽象化，本質確定
機能構築
全體機能-下游機能
下游機能的實現
設計解原理探所
設計解原理組合以滿足全體機能
適當的設計解
依技術、經濟基準評估代替概念
概念
概念設計
情報
—
定義
創造
評估
決定

圖 4.1 設計概念的步驟

舉一個設計例來看概念設計的抽象化，比方我們對汽車的擺動式雨刷在大雨的情況下，往往使駕駛者難以清楚的看到車子前方路況，在這一設計過程所謂的問題核心或本質應該是大雨造成視線不良，再深入一點分析，可以發現過多的雨滴造成光線的折射，改變了眼睛的成像，使得駕駛者無法清晰的看到車子前方，如何去除水珠造成的光線折射才是問題的本質。如此要解決的問題的本質就不一定是雨刷的設計了，而是如何減少或消除水珠造成的光線折射的影響，這就是抽象化的效用。

2. 功能構築

工程設計的對象隨其系統大小的不同，所需達成的功能，需求的項目也有極大的差異。有些需求是系統核心內部的必要項目，有些可能屬於附屬系統的次要部分。將這些設計上想要達成的項目依其相互關係、從屬關係、先後關係、上下關係等，逐一的堆積，建立稱爲功能構築。每一功能需求項目可以用一個方塊表示，再將這些方塊按前述的對價關係堆積，各個功能之間的衝突與否、重複與否，從屬關係，便可清楚明確的建立起來。圖 4.2 即功能方塊堆積的一例，在圖最上方的方塊代表產品的核心功能需求，其次，在核心功能下方的方塊可以子系統的需求建立，每一個子系統又可以分成許多不同的需求類別等，如此各功能需求之間的重複牴觸便可看得出來。

4.3 搜尋滿足基本功能需求的設計原理

一件產品的功能需求經歷上述的方塊構築之後，應該可以清楚看出來最基本的需求爲何，設計者須根據這些需求，從各方面去搜尋可能的設計解。設計解探索的領域極廣，以下所列即其一例。

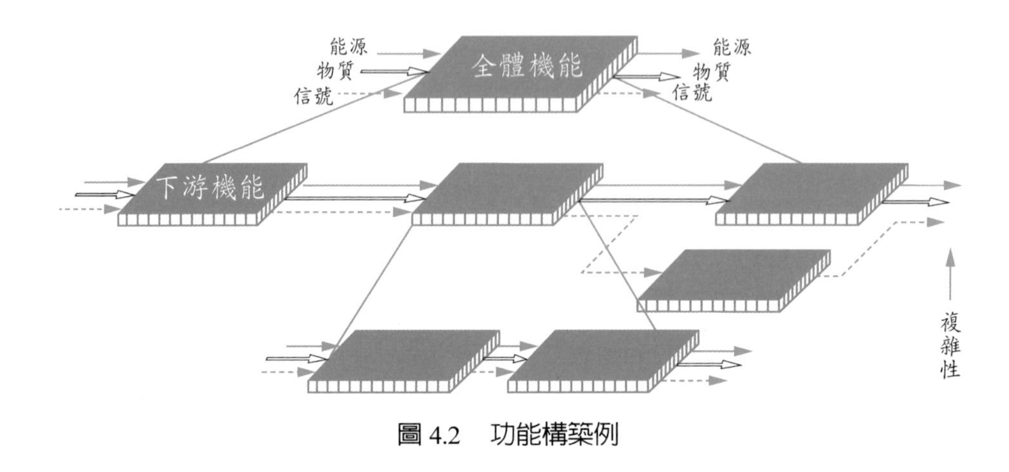

圖 4.2 功能構築例

1. 文獻探索

各種專業領域可能都存在著一些特別的期刊、雜誌、專刊等，有時競爭對手產品的功能說明、操作、維修手冊，甚或廣告，都可以提供實質有效的參考。尤其網路的發達、方便性更促進文獻搜尋的重要性。

2. 自然界的分析

我們周遭的自然界存在的各種動物、植物，經歷億萬千年的演化淘汰，能夠存活的生物必然有許許多多的結構、組織、機構、型態值得設計者仔細分析參考。下圖 4.3 所示如小麥的莖桿、蜜蜂的巢等結構分析，造就了輕量建材的實現。如達文西、萊特兄弟等天才在設計飛行器具的初期也都是由自然界的鳥類為靈感，逐漸建立起可以飛行的航空器。圖 4.4 為達文西設計的飛行器。

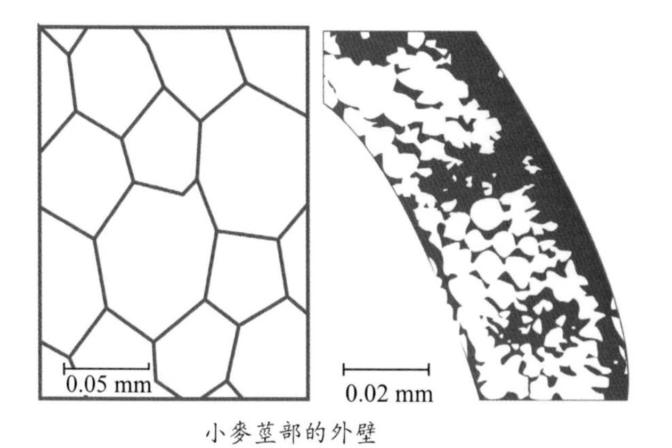

小麥莖部的外壁

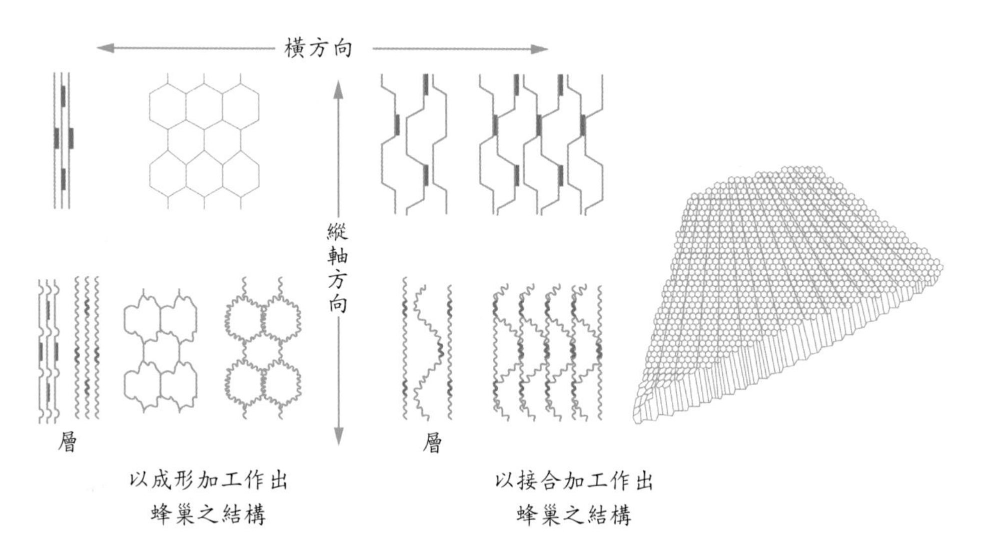

圖 4.3　蜂巢式結構參考概念

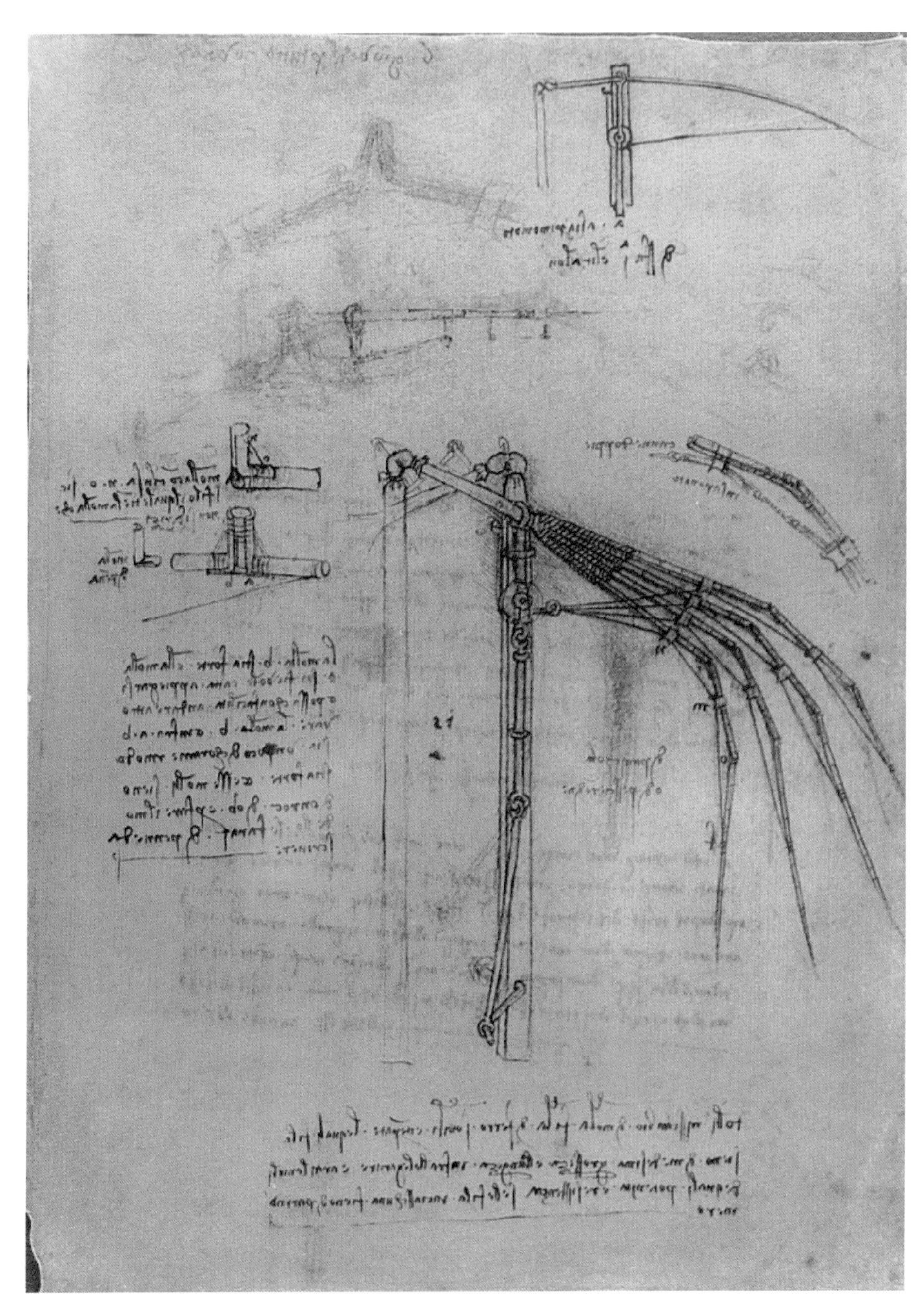

圖 4.4　達文西的飛行器

3. 既有技術的分析

大部分的商用機器設備往往都存在著競爭者，他們的產品分析是設計上十分重要的一環。尤其是消費性產品，徹底分析競爭對手的產品功能，所用的設計原理，比較其產品性能的優缺點，絕對是產品設計成敗上最重要的一個步驟，有時候他山之石可以攻錯，了解別人的缺點，使它變成自己設計對象的優勢則距離成功不遠矣！Apple 的許多產品多是市場上較其他競爭對手晚出現的產品，他們的成功就是建立在這樣的基礎之上。

4. 模型建立與試驗

許多設計工程師於設計新的機具時，偏向於使用電腦軟體建立模型進行分析。此法固然可以方便的變更參數或設計條件，迅速分析模型的可行性與問題點。但只要做過數值模擬分析的人都知道，任何的數值分析都是建立在許多的假設、初期條件、邊界條件之下所得到的近似解。如果這些條件與事實差距過大，數值模擬的結果必然不可信。特別是機構較龐大複雜時要精確的建立模型更是困難。這樣的情況下，以縮小或放大比例，做出簡化的實體模型，經由實驗更容易獲得值得參考的結果。

5. 設計便覽手冊零件型錄的參考

工程上有許多常用的零組件已經存在標準化的商用品，如軸承、管件、接頭等等，各種零件製造商提供的產品型錄，技術手冊，都是多年的技術經驗的累積所得的成果，具有相當價值的參考文件。圖 4.5 是軸承型錄上所舉的軸承組合的設計例。

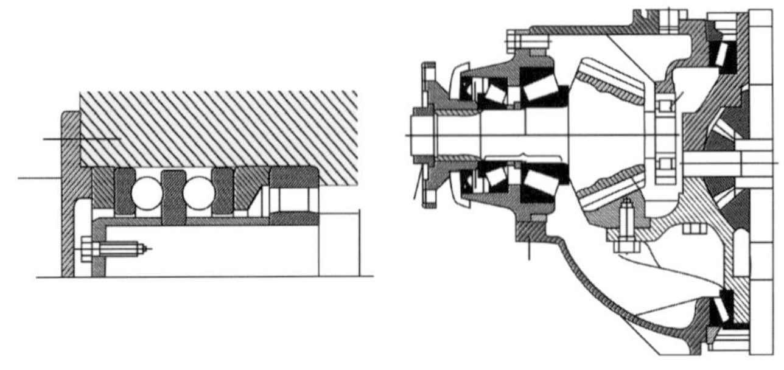

圖 4.5 軸承組合設計案例

4.4 概念設計之確立

依前述方法衍生之各種設計概念，需先組合驗證是否滿足既定的規格功能需求，然後再以 3.5 節所述之構想選擇法，針對各項功能要素，製造組裝成本，反覆比較、淘汰、最後選出最佳之設計解。在這一過程，極有可能，既定的規格，或功能項目會有變更、修正。圖 4.6 之小型乘用車之車體設計的構想圖中列出多種可以滿足小型安全及適當乘載人數的車體形態，並比較所需達成的乘座空間，安全性等要項，此即概念設計過程中對於形體設計探討選擇之一例。設計對象中之關鍵組件皆可以如此的方式給與歸納整理。圖 4.7 則爲概念設計時，各種構想彼此之間比較選擇的圖表，此圖中針對汽車之燃料計，以各種構想是否滿足功能需求、概念實現之可能性，或者是否在容許範圍，是否有安全對策，公司內部各種條件（如加工設備、專長等）是否有利等，作爲評比的主要參數。

在此一階段，各種可能滿足功能需求的構想，概念一一被提出，如何以一種客觀、有效的方法，選出適合成爲產品設計依循的設計概念是最重要的工作。前述的構想評比選擇表只是其中之一例，每一個設計者，產品依賴的公司，銷售對象所在的地區，都存在著獨一無二的條件，設計者必須審視這些特殊性，小心的選出足以滿足這些條件的適當的設計解，才是好的設計。

	Sub-function	Function carrier	Task	Principle of evaluation	Weight factor	Type 1		Type 2		Type 3		Type 4		Type 5		Type 6
A	Offers space support, protection for people and luggage	Body and frame of car	Optimal form for car	Internal space Protective ability	0.12	5		6		5		10		7		3
B	Generates the power for transmission	Motor and trans-mission	Optimal position for motor	Available space complexity of transmission	0.08	7	8	6	9	8	9	8	10	7	10	9
C	Supports people in a safe and comfortable	Seats	Optimal disposition for seats	Safety comfort possibility of getting 4 seats	0.08	4	5	5	6	5	6	9	10	5	6	5
D	Offers space for luggage	Luggage room	Optimal position and higher capacty of luggage room	Space use for luggage Internal room	0.08	5	4	9	8	3	1	10	9	8	6	2
E_1 E_2	For entry and exit For views outside	Doors Windows	Optimal number, dimensions and position of doors and windows	Facilties for entry, exit and putting in luggage, Visibility for driver and passengers	0.08	7	7	10	9	6	6	10	9	7	7	8
F	Changes direction of car driving	Steering system	Optimal disposition steering system	Postion of motor complexity of steeing system	0.08	9	10	9	10	9	10	7	8	7	8	10
G	Aesthetic evaluation				0.08	9		8		8		7		6		12
H	Cost evaluation				0.16	4		5		7		6		5		8
I	Satety evaluation				0.24	4	5	4	5	2	3	*3152	*3161	5	8	6
	Total wum					5.48	5.88	6.64	6.96	5.32	5.64	*6.96 (6.44)	*7.12 (7.84)	6.04	6.52	6.78
	Order of merit					9	7	3	2	10	8	2	1	6	4	5

NOTES 1. Evaluation marks O = unacceptable; 1-3 = sitll acceptabie; 4 - 6 = fair; 7-9 = good; 10 = very good (optimal solution)
2.Total sum = (mark ×weighting factor)
3.*The marks in parentheses are for the car with two seats

圖 4.6 小型乘用車設計概念比較圖

客户	選擇表 燃料計	Page.1

代替設計解（Sv）	代替設計解（Sv）之評價 選擇基準 （+）可 （-）不可 （?）資訊不足 （!）規格檢查	決定 代替設計解（Sv）之評分 （+）追加設計解 （-）刪除設計解 （?）蒐集資訊 （!）確認變更的規格

A：全體功能之整合性
B：要求規格的實現性
C：原理實現的可能性
D：成本的容許範圍內
E：加入直接安全對策
F：設計者公司的優先度
G：充足的情報

Sv		A	B	C	D	E	F	G	觀察點（對應方式、理由）	決定
a1	1	+	+	+	?	+	+		D：衰減？測量位置的數目	?
a2	2	−	−						A：積蓄質量；B：誤差容許值	−
a3	3	+	+	−						−
a4	4	+	+	−						−
b1	5	+	−						B：誤差容許值，容器形狀無指定	−
b2	6	+	−		?				B：誤差容許值，通氣容器	−
c1	7	+	+	+	−				D：2 個容器	−
c2	8	+	−						B：誤差容許值	−
c3	9	+	!	+	+	+	+		B：容器的適應性	!
d1	10	+	+	−						−
d2	11	+	+	−						−
d3	12	−			−				A：所需空間，D：2 個容器，幫浦	−
d4	13	+	+	+	+	+				+
d5	14	+	+	?					D：全體系統	−
e1	15	+	+	+	+	+				+
f1	16	−							A：液體不導電	−
f2	17	+	−						B：誤差容許值	−
	18									
	19									

日期	姓名	

圖 4.7　燃料計概念設計評比圖

4.5 設計概念之評價

概念設計過程中，設計者們所共同激發出來的種種設計構想必須經過審愼的比較選擇，然後才能挑出一個較佳的設計方案。進行構想評比時，毫無疑問的，設計概念是否有用、値得、有足夠的能力是主要的關心對象，爲能達到目的，以下的條件參數不能不予留意。

1. 評價基準的確立

對於設計的對象，需以那些要項作爲設計好壞考慮的依據可以稱爲評價基準。有些產品講求的是價格的高低，有些則可能是功能的多寡，有些要求外觀是否吸引人的目光，有些則希望使用上的便利。每一種工程上的產品可能都有其獨特的評價基準，這些基準是否適當的反應使用者的需求，也決定了設計的成敗。

2. 權重的訂定

上述的評價基準可能有五項、十項甚或更多。每一個基準的重要性不盡相同，此時設計者可以以權重的方式賦予評價基準該有的重要性，如此更可客觀的訂出比較的標準。權重給予的分式，可能從 100% 中分出各個基準應付予的百分比，也可以給予倍數作爲彼此之間的重要與否。不論上述何者，不同的評價基準相對之間的差異能否適度凸顯，是權重訂定考慮的要項。

3. 評價參數的編集

依各設計概念之優劣通常是基於許多不同判斷基準決定的，而每一個判斷的基準就是一個評價參數。例如設計一個汽油引擎，設計工程師根據預定的設計規格，可能會追求省油、耐用、重量輕、加工或成本低、扭力、馬力、保養間隔時間長、組裝簡單……等等，而如省油、耐用等等的每一項功能需求應以何種方式衡量評價即爲參數編集。比方，省油可以用每公升汽油可以行駛的里程作爲參數。每一種功能必須盡可能以容易量化的參數進行評比才是客觀的評價。

4. 價值的估算

有了前述的評價參數，權重之後，必須對每一個評比的對象給予一適當的價值估算，亦即對於每一評價項目給予一個分數以定高下。分數價值尺度給定的方法並無固定的方式，圖4.8所示爲兩種價值尺度的分類方式，其一將價值的評點分爲 0～10 等 11 個等級，另一個則僅分爲 5 個等級。

<table>
<tr><th colspan="4">價值尺度</th></tr>
<tr><th colspan="2">利用價值分析（use-value analysis）</th><th colspan="2">VDI 2225</th></tr>
<tr><th>評價</th><th>代表意義</th><th>評價</th><th>代表意義</th></tr>
<tr><td>0</td><td>完全無價值</td><td rowspan="2">0</td><td rowspan="2">不滿足</td></tr>
<tr><td>1</td><td>幾乎無價值</td></tr>
<tr><td>2</td><td>不完全解</td><td rowspan="2">1</td><td rowspan="2">下限解</td></tr>
<tr><td>3</td><td>下限的解</td></tr>
<tr><td>4</td><td>勉強的解</td><td rowspan="2">2</td><td rowspan="2">滿足</td></tr>
<tr><td>5</td><td>滿足解</td></tr>
<tr><td>6</td><td>幾乎無缺限的良好解</td><td rowspan="2">3</td><td rowspan="2">良好</td></tr>
<tr><td>7</td><td>優良解</td></tr>
<tr><td>8</td><td>優秀解</td><td rowspan="3">4</td><td rowspan="3">優秀（理想的）</td></tr>
<tr><td>9</td><td>超標準的解</td></tr>
<tr><td>10</td><td>理想解</td></tr>
</table>

圖 4.8　價值尺度

5. 全體價值的總和

將以上各參數的評點乘以權重之後的綜合評分即為全體價值。設計過程中出現的各個概念經由如此的分析評點總和之後，就成為以數值比較高低的較為客觀的價值評比。

6. 替代概念的比較

到目前所述的概念評價方法，必須針對設計過程中所提出的各個設計概念同時比較評比，若有一設計概念其價值遠大於其他各個設計概念，則此一概念明顯是較佳的。但也有些情況，同時有 2、3 個設計概念，其價值十分接近，此時可以評比價值相近的參數，再仔細分析，特別是從技術、經濟兩個不同的立場，徹底檢討比較。有時也可藉由改變價值的間隔尺度（如原分為 5 個等級的評分，改為 10 個等級），擴大差異，提高評價精度。

7. 評價不確定性的評估

所有概念的評價皆是由設計者本身執行，難免出現主觀、偏見造成誤差。如何減少這樣的誤差的方法之一即讓參與設計的人員都能獨立評價給予分數，再從全體的均值取得較佳的設計概念。有些場合則參數本身的評比難以量化數字精準描述，此時不如以言語文字概略區分，如高、普通、差等說明來區分優劣，反而更能反應參數的價值。

8. 弱點的探索

概念設計評比中，若出現極有潛力的替代概念存在，某一參數價值明顯較低，此時應對此一弱點進行分析，設法改善，使其總和價值可以提高。當然評價最高的概念，也一樣的應對其弱點給予強化，如此所得的設計概念才經得起考驗。表 4.1 係以上所述評價步驟的整理。

表 4.1 評價步驟

	步驟	價值分析	VDI 2225 標準
1	藉由檢查表、規格書評估替代概念	根據規格及功能要求構築功能需求	滿足工程特性之最低需求之編集功能
2	針對設計解之各項需求訂出配重，評估標準及重要參數	設定評估基準之配重（weighting factor）不重要之評估項目給予剔除	只有在評估基準之重要性差異大時才給予配重
3	代替概念適用之參數編集	目標參數之構築	無
4	個參數評估值之評定（如 0～10 或 0～4）	配點方式建立或評估價值訂定	以 0～4 配分
5	個代替概念之綜合評估之決定（通常需設一理想設計解作爲基準參考基準）	綜合評價值之決定	以理想設計解爲基準、考慮配重、從技術面、製造成本等經濟面評估
6	代替概念之比較	全體評估值之比較	技術面、經濟面之比較
7	評估不確定性之評估	目的參數評估值之分布評估	無明確說明
8	改善已選取設計方案之弱點	評估值之概算	2、3 項之特性確認

第五章 實體設計

5.1 前言

在概念設計決定之後，接著的步驟就是把決定好的概念發展成爲一個品質優良的產品，這一過程中把前一階段建立好的大概架構加上了肌肉外皮而變成有血有肉，可以動作的形體，有些人把這一階段稱爲硬體設計（Hardware design），外形設計（Shape design），細部設計（Detail design）或實體設計（Embodiment design）。圖 5.1 即實體設計階段的詳細過程。

所謂實體設計所指的是概念設計確定後之局部，細部的設計，其中包括了整個系統的布置（Layout），形體、材料、尺寸、加工等等各種與實際製造過程相關資訊的提供。在此過程中，技術上及經濟上的顧慮必須同時兼顧，各個零件系統的詳細製造圖面必須完成，並接受各種技術上和成本上的評估與檢討。

5.2 實體設計的基本原則及原理

進行結構、形態設計時，特別是詳細之實體設計時，除了遵循設計初期訂定之規格及各項功能需求外，各個零件機構之設計也有一些通則或原理可以參考，這些原則或原理可以使設計工作更有效率，更有價值，以下是這些原理之說明。

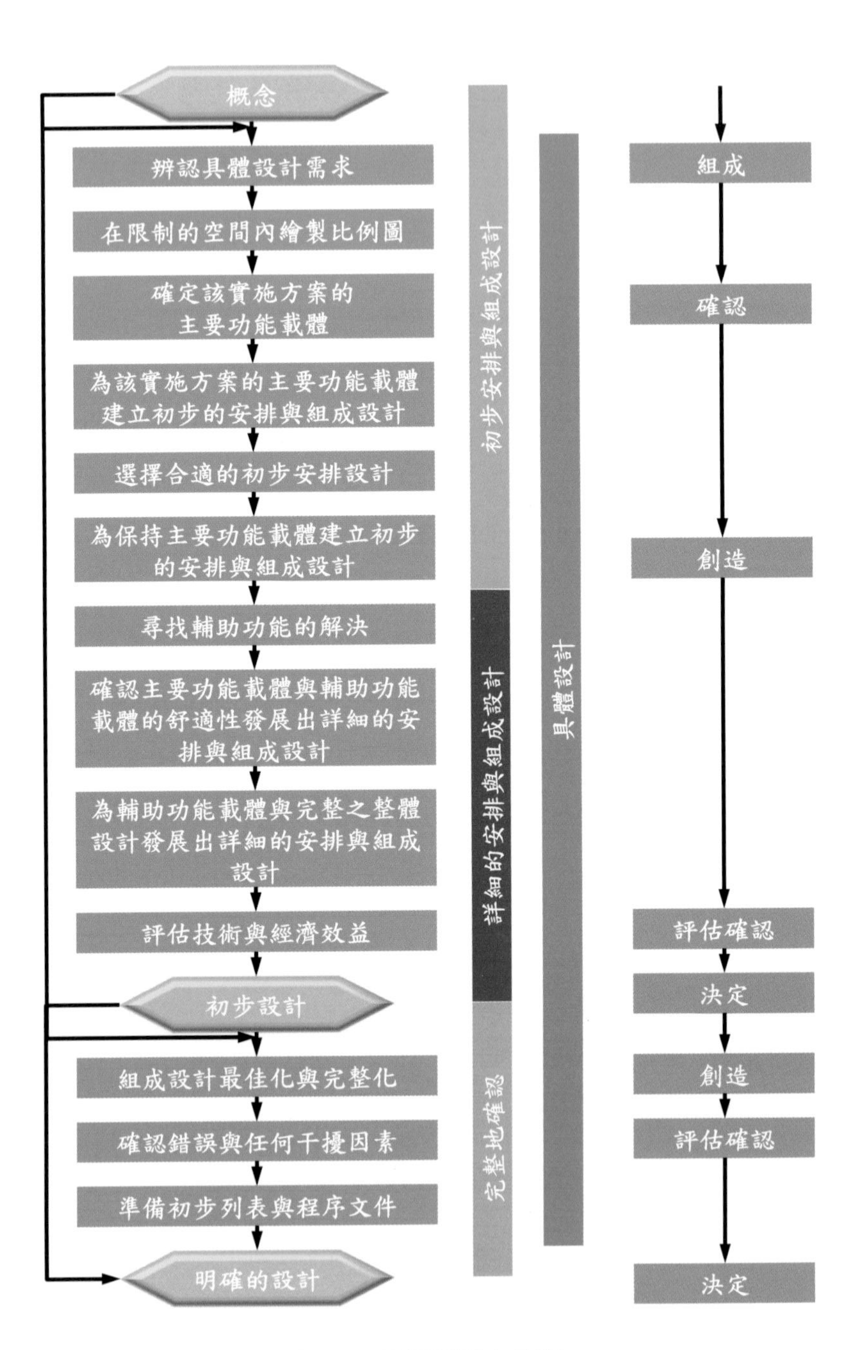
概念
辨認具體設計需求
在限制的空間內繪製比例圖
確定該實施方案的
主要功能載體
為該實施方案的主要功能載體
建立初步的安排與組成設計
選擇合適的初步安排設計
為保持主要功能載體建立初步
的安排與組成設計
尋找輔助功能的解決
確認主要功能載體與輔助功能
載體的舒適性發展出詳細的安
排與組成設計
為輔助功能載體與完整之整體
設計發展出詳細的安排與組成
設計
評估技術與經濟效益
初步設計
組成設計最佳化與完整化
確認錯誤與任何干擾因素
準備初步列表與程序文件
明確的設計
初步安排與組成設計
詳細的安排與組成設計
完整地確認
具體設計
組成
確認
創造
評估確認
決定
創造
評估確認
決定

圖 5.1　實體設計之步驟

1. 實體設計的基本原則（Rules）

(1) 明確（Clarity）

每一個零件之設計，不論是其機能、動作原理、形態、品質、組裝或操作，在實體設計的階段必須非常明確，不能與概念設計初期一般，容許部分曖晦不清。

(2) 簡單（Simplicity）

在既定概念之下，各個零件，組件之設計應盡可能求其簡單，不論是機構之零件形狀、數量，藉由簡單明確之原則，往往也提升了產品功能之確定性。

(3) 安全（Safty）

產品安全之重要性，在工業化國家社會，受到消費者，甚至法令的重視及保護，如何達到完美的安全設計，雖有困難，在工程設計上，可以有效的應用如：

①安全壽命原理（Safe-Life Principle）

在定期維修，更換零件的條件之下確保產品安全，如汽車、機器的定期維修保養。

②故障保安原理（Fail-Safe Principle）

設計時選擇讓部分次要零件先行故障，避免造成主要零件之失效或釀成更大之災難，如電氣迴路中使用的保險絲。

③多重性安全原理（Redundancy Principle）

重要的功能，設置多重安全保護，如電梯、起重機之纜繩通常會同時使用多股、多條，防止其中之一斷裂時造成危險，如此可以提升產品使用之安全性。

2. 基本原理（Principles）

除了上述的設計通則之外，零件的細部設計，仍有許多條件、參數必須考慮。以下所列出的基本原理其目的在於作爲各個零件設計時可以遵循的通則，確保各項功能可以滿足。

(1) 力的傳遞原理

① 強度均一原理

在機械系統中，力的傳遞可能需經由數個零件機構連結而達成，這些零件組件由於功能上的考慮，具有不同形狀、尺寸、材質，如何讓力的傳遞可以流暢，各個構件所承受的負荷均一，避免應力過度集中於某一位置或零件，對於產品運動的精度，使用壽命的延長十分有利。

② 力的傳遞路徑最短原理

直接而且最短力的傳遞路徑，同時也是減小變形或降低力偶的條件，這種現象在靜態負荷的場合顯而易見。在動態負荷之下，較長的力量傳遞路徑，除了變形加大之外，還會產生振動，擴大振幅，造成共振等種種缺點。

③ 變形調和原理（Principle of Matched Deformation）

設計承載負荷的零件時，使各個構件上受力的方向、大小盡可能等量，稱爲變形調和，若各個零件的變形大小相近，則產品均稱性也會較佳。

④ 力之平衡原理

如承受負荷之零件間產生不平衡的作用力，則設計者必然要設法創出另一個打消這種不平衡的構件，這樣的結果是使零件複雜化，徒增組件數量。另一方面，放任不平衡力的存在會使變形加大，產生振動，各種不期望的後果隨之出現。

(2) 功能分割原理（Assignment of sub-functions）

① 次要功能分割（Principle of the Division of Tasks）

在功能構築的階段，已經確立必須達成的多項功能需求，到底是要由一個機構的設計來完成，或要將這些功能需求分散在多個機構之中，是實體設計階段需要檢討的重要工作。設計者須從前述的基本設計原則的觀點，再考慮產品經濟效益，決定適當的功能分割方式。

② 明確功能分割（Division of Tasks for Distinct Functions）

具有明確個別功能需求的要項，應由不同的結構或零件分別承擔稱爲明確功能分割。此一設計原理的主要目的在於增加需求的透明度，對於重要的功能應盡可能分割至獨立的機構或零件，以增加其可信賴度。

③ 相同功能分割（Division of Tasks for Identical Functions）

有時候爲了安全上的理由，具有相同功能的零件可以分成數個，重複或重疊用於機構之中，以便萬一其中一個零件失效時，不致於導致整體的功能喪失。例如使用於電梯、吊橋的鋼索或傳動零件皮帶，皆具多重相同零件的重疊即爲此例。

(3) 自我充足原理（Principle of self-help）

此一原理，基本上與安全性設計相關，對於重要關鍵性的功能項目，實體設計時必須適當的給予安全上的考慮，即使在發生問題時，也不致引起系統的破壞或失能的一種原理。例如在壓力容器的設計中，通常備有洩壓閥，萬一壓力過高時，容器內的氣壓可由此排放，避免容器的破壞。此外，也可以在重要的機能構件，增強諸如承重的結構，讓結構件具備更大的厚度的補強（Self-reinforcing），或爲保護重要功能，而設計一自我犧牲（Self-damaging）的零件搭配，如保險絲即是一例。其他還有類似的自我防護（Self-protecting），自我平衡（Self-balancing）等方法。

3. 實體設計的準則（Guidelines）

進行實體設計時，除了前述「明確」、「簡單」、「安全」三原則外，尚有基本原理中介紹的許多重要的考慮因素。在實體設計的準則中，主要談論的項目可以視爲設計時的一些檢查表或限制條件。設計工程師在從事工程設計的過程，必須同時兼顧許多不同的需求，爲避免顧此失彼，提出一種類似檢查表的設計準則，可以減少設計階段的不周全，減少錯誤。

(1) 考慮膨脹

工程結構、元件由於受熱膨脹變形，造成結構零件的尺寸干涉、摩擦力加大等種種問題，實體設計的階段，必須考慮此一現象，讓膨脹的影響減至最低，特別是局部升溫較大的零件，必要時須配合適當的冷卻，減少溫昇及零件的變形。

也有一部分的設計是利用受熱膨脹變形來達成零件的移動或機構的作動，這種情況，設計者必須要精確的計算結構或零件受熱變形量的大小，以滿足作動的需求。長時間反覆的零件尺寸膨脹收縮造成疲勞破壞的現象也不容忽視，材料的疲勞強度、壽命在這種應用的情況下，必須事先規劃。圖 5.2 是部分金屬的線性熱膨脹係數，表 5.1 則列出一些常用的工程材料的熱傳導係數。

表 5.1　常用工程材料的熱傳導係數

	Thermal Conductivity (k)		Thermal Conductivity (k)
Material	(W・m^{-1}・K^{-1})	Material	(W・m^{-1}・K^{-1})
Pure Metals:		Ceramics:	
Ag	430		
Al	238	Al_2O_3	16-40
Cu	400	Carbon (diamond)	2000
Fe	79	Carbon (graphite)	335
Mg	100	Fire Clay	0.26
Ni	90		
Pb	35	Silicon Carbide	up to 270
Si	150	AlN	up to 270
		Si_3N_4	up to 150
Ti	22	Soda-lime glass	0.96-1.7
W	171	Vitreous silica	1.4
Zn	117	VycorrTM glass	12.5
Zr	23	XrO_2	4.2
Alloys:		Polymers:	
1020 steel	100	6,6-nylon	0.25
3003 aluminum alloy	280	Polyethylene	0.33
304 stainless steel	30	Polyimide	0.21
Cementite	50	Polystyrene	0.13
		Polystyrene foam	0.029
Cu-30% Ni	50	Teflon	0.25
Ferrite	75		
Gray iron	79.5		
Brass	221		

Note : $1 \frac{cal}{s} cm^{-1}K^{-1} = 418.4Wm^{-1}K^{-1}$

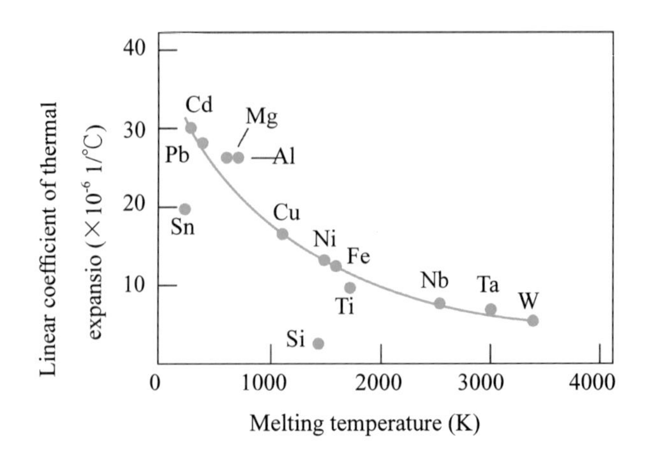

圖 5.2　金屬的熱膨脹係數

(2) 考慮潛變現象（Creep）

有些零件受熱後除了膨脹變形外，在高溫且長時間承受負荷的場合，會發生潛變的現象，亦即零件會在一定負荷之下，變形的程度隨時間而改變。圖 5.3 即金屬的應變與時間之關係示意圖，對處於高溫環境之下的金屬，其潛變速率會隨時間而改變，尤其到了潛變的第三階段時，潛變破壞可能於瞬間發生。

金屬一般熔點較高，非高溫之下潛變的影響較小，但高分子材料，有些在室溫之下甚至就會出現潛變。要避免潛變造成的影響，必要時需以絕熱或冷卻，降低溫昇或者減少零件所受的負荷。

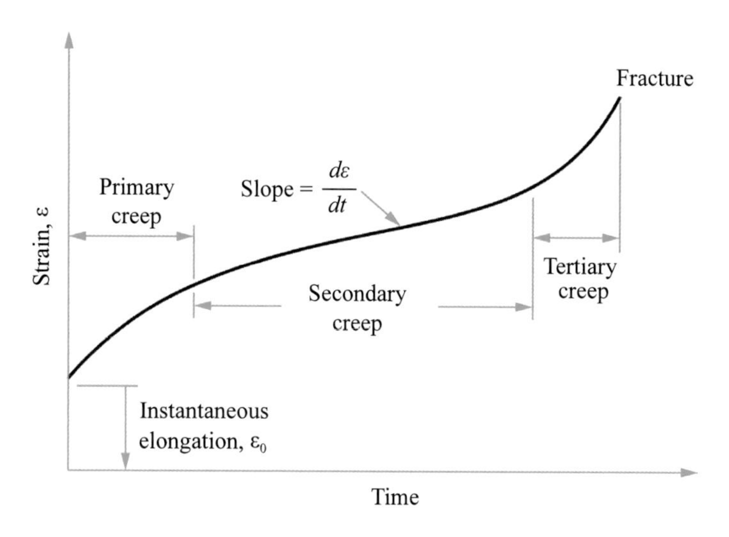

圖 5.3　金屬的潛變

(3) 考慮腐蝕

許多材料不僅在酸性，鹼性氣氛之下會有腐蝕現象，甚至在大氣環境之下都會腐蝕，如鐵金屬，必須施以適當的表面處理，如鍍鋅或其他的表面塗裝以避免腐蝕。其中尤以不銹鋼（Stainless steel），由於翻譯名稱的誤導，讓許多工程師認爲不鏽鋼不會生鏽！其實不鏽鋼充其量不過是在一般大氣環境中較碳鋼有更好的防蝕能力，在某些不同於大氣的環境之中，如圖 5.4 的海水環境中，其防蝕能力並不佳。除了環境影響外，零件上具有較大的殘留應力、異質材料的接觸電位腐蝕、高壓高溫氣體等，也會造成腐蝕，設計上必須留意。

Metal or alloy	Resistance
Hastelloy C276 Titanium	Inert
Cupronickel（70/30）+ 0.5% Fe Cupronickel（90/10）+ 1.5% Fe Bronze Brass	Good
Austenitic cast iron Cast iron Carbon steel	Moderate
Incoloy 825 Carpenter 20 Copper	Low
316 stainless steel Ni-Cr alloys 304 stainless steel 400 series stainless steels	Poor-pit initiation at crevices

圖 5.4　海水環境中不同金屬的防蝕能力

(4) 標準規格品的選用

機械零件中有許多屬於標準化的規格品，如螺絲、螺帽、插梢、傳動皮帶、鍊條、聯軸器、軸承、管、接頭等，市場上都有已經制定的標準品，設計者應盡可能選用容易取得的標準規格零件，一方面可以降低成本，也不必準備大量備用庫存，而且這些大量生產的標準規格品，一般有較佳的品質及使用壽命，對維修成本的降低也有幫助。

5.3 產品設計圖面

在實體設計階段，不但設計概念已經確定，各個主要機構、元件的相對位置關係，甚至於部分的形狀、尺寸也已初步規劃完成。這時，各個元件的詳細尺寸、形狀、材質、加工的步驟、表面精度或尺寸公差都應該漸次訂定。實體設計除了應該參考設計概念所規劃的邏輯、布置或運動原理進行設計之外，配合實際的需求，產品設計過程中會產生許多不同類型的圖面，首先在概念設計時主要的圖面是構想草圖（Sketch），這些草圖逐漸地增加細節，有形化後就成爲布置圖（Layout），在布置圖中包括整個機具，系統的部分組立（Sub-assembly）和主要的零件規格等，然後再由這些布置圖中提供的資料衍生出來細部設計的圖面。

1. 布置圖（Layout drawings）

包括整體設計中主要零件彼此之間的相對位置關係，規格等資料的圖面，其所提供的資料隨著設計的進行，具體化，可能需隨時更新。布置圖必須按比例繪製，所需填入的尺寸只有關鍵性及各個部分組立之間相關的位置、距離等等，必要時，布置圖圖面上還可以加註文字說明，例如組裝的方法，先後次序或特別的要求等。

2. 零件圖（Detail drawings）

在布置圖繪出之後，整個機具，系統已漸趨明朗，根據這些資訊，各個零件，組件的規格尺寸也可以確定，所謂的細部設計即根據上述資料把產品相關的各個零組件的形狀、尺寸、材料、加工等規定清楚的過程。細部設計圖面中必須提供所有零件的尺寸、公差、加工精度、處理方法等。這些圖面是加工部門據以爲依的唯一標準，在設計藍圖發出前必須有管理階層的認可。

3. 組立圖（Assembly drawings）

組立圖可以顯示出各個零件之間配合組立之間的關係，通常多以三面圖表示，現在隨電腦繪圖軟體的進步，設計工程師比以往更容易可以繪製零組件的立體圖，提供製造工程師們對加工對象更深刻的了解。有些組立圖提供主要零件的材料、數量、規格等資料，組裝時各個零件之間必須要求的間隙、組合方式、工具或特殊要求都可以在圖面上載明。完整的組立圖應提供工程人員於產品組合階段所需的主要資訊。

5.4 材料表（Bill of materials）

材料表或稱爲零件表（Parts list），每一組立圖最好能有一份材料表，其中必須包括：

1. 零件項次號碼或文字
2. 零件編號
3. 數量
4. 零件名稱圖號
5. 材料
6. 零件規格或供應商

圖 5.5 所示係一種油壓式支柱的組合圖及材料表，圖中圓圈內所示之數字即爲該零件之編號，而圖右側之表即爲材料表，其最左側之數字爲零件編號，其次則爲該零件之數量及名稱。

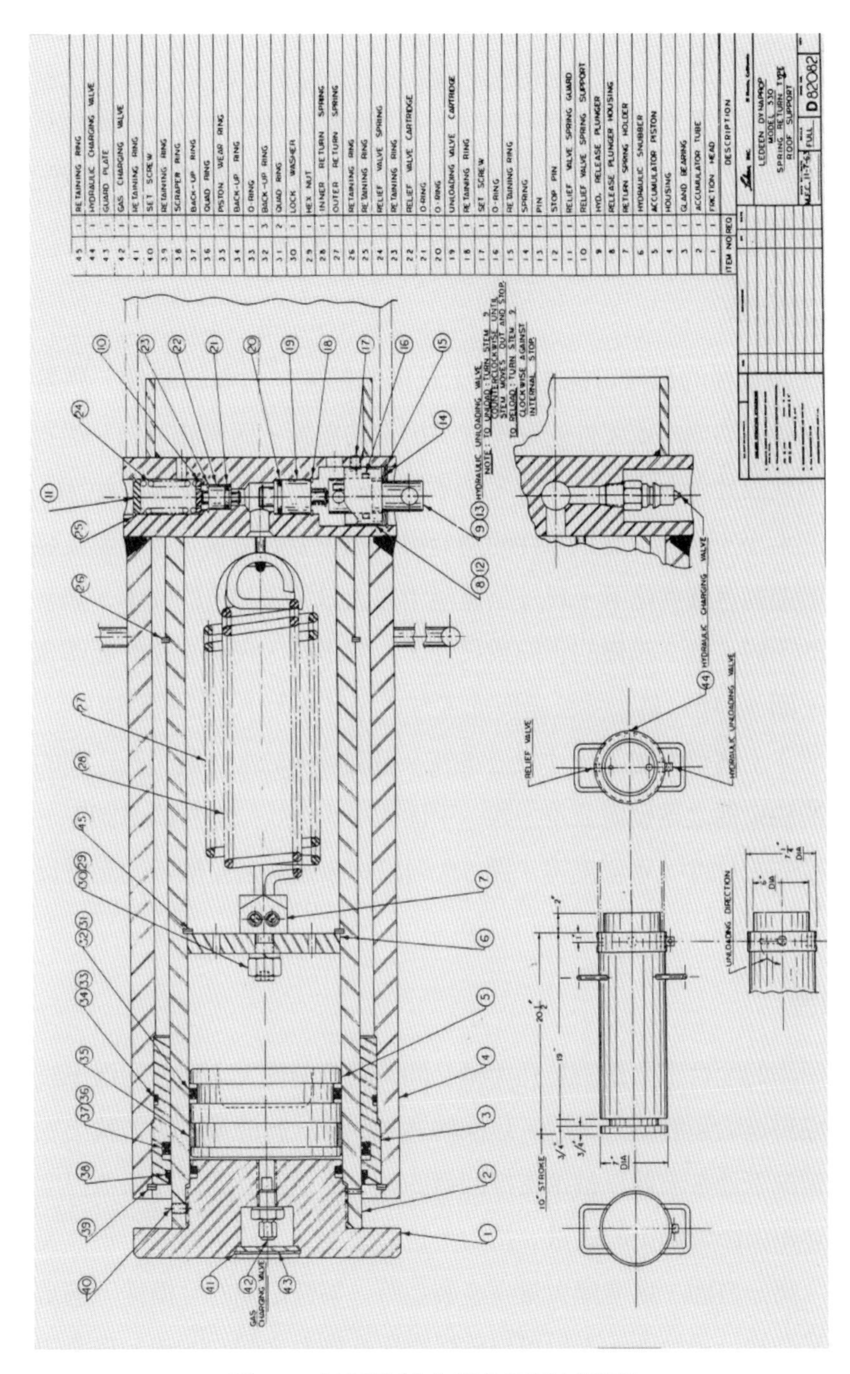

圖 5.5　油壓支柱之組合圖及材料表

5.5 公差與配合

所謂的公差即付予零件的尺寸，其容許的上限與下限之範圍稱爲尺寸公差。另一方面，實體設計中常有需要兩個零件相互接觸、穿過或配合，此時兩個零件之間容許的間隙或過緊即稱爲配合。

1. 尺寸公差

一個零件的尺寸可能由於加工設備的精度，刀具的磨耗，測量的不準度、加工的成本或零件的互換性等因素的影響，而無法達到一絕對的準度，因此設計者在標示尺寸時，必須給予一定的尺寸變化容許範圍，尺寸公差的大小，原則上應以零件的功能需求爲主要的考量，不影響及組裝、機構的運動等條件之下，尺寸公差應予放大以節省加工的成本。隨著加工方式的不同、加工設備的不同或尺寸大小的不同，尺寸公差的範圍也隨之改變。圖 5.6 所示爲尺寸公差與加工方式、尺寸大小之間的關係。

除了上述單純加工尺寸之公差外，有時候對於加工面，孔之間的相互關係的約束稱之爲幾何公差，如一平面的平坦度、一圓柱的眞圓度、兩個面之間的平行度、垂直度等。圖 5.7 列出許多幾何公差標示的記號以及其意義。

2. 配合

所謂的配合主要指的是孔與軸之間的鬆緊關係，大部分的機械設備需由諸如馬達之類的驅動裝置，以回轉運動的方式將能量、扭力輸出。在這樣的情況下通常需要以軸承支撐回轉的軸，而兩者之間需要何種程度的鬆緊配合不但影響輸出的能量、扭力，也影響磨耗、使用壽命、零件溫度、精度。另一方面，爲考慮大量生產製造時，零件之間的互換性，適當的訂定軸和孔的公差範圍，不但可以確保軸與孔兩者之間的間隙，也連帶使得製造的工時可以縮短，檢查的量具容易製作，這樣的關係即爲配合。

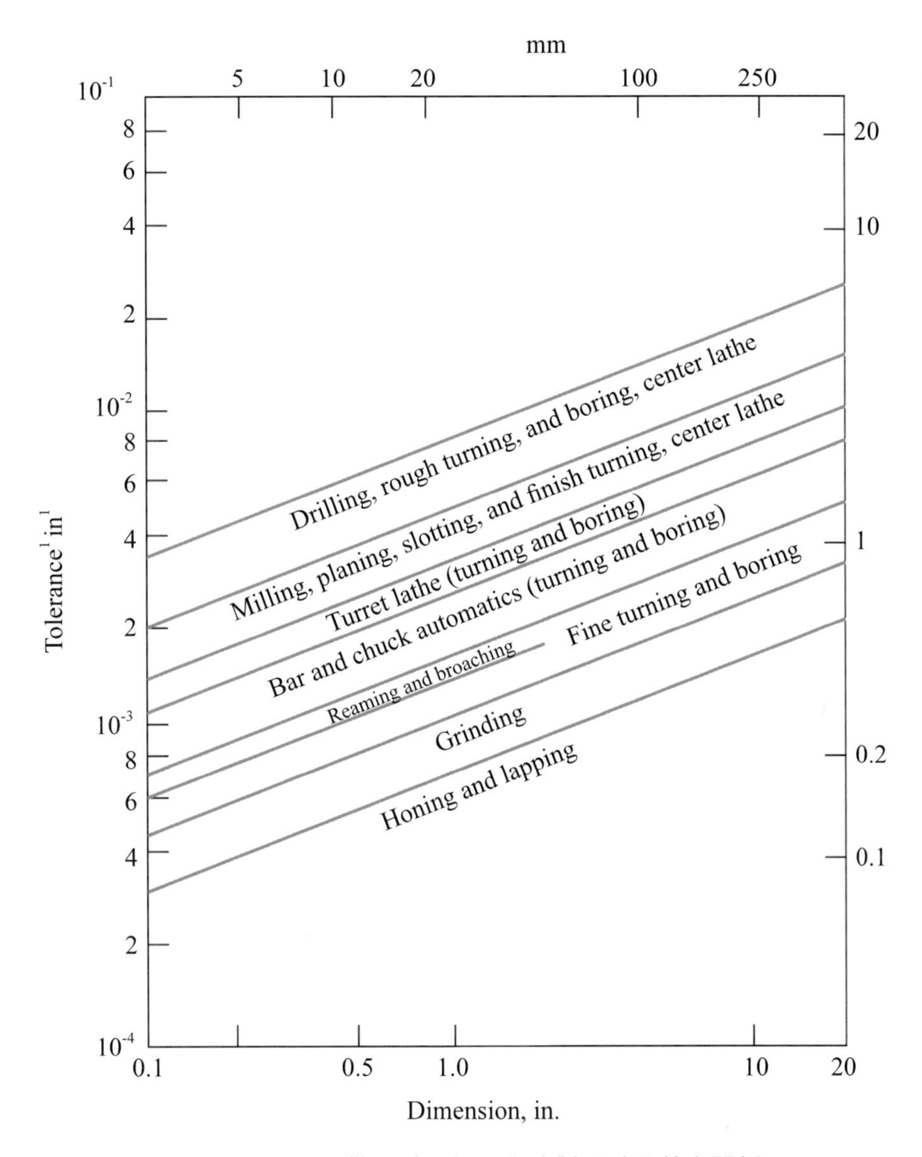

圖 5.6　零件尺寸、加工方法對尺寸公差之關係

Type of feature	Type of tolerance	Characteristic	Symbol
Individual (no datum reference)	Form	Flatness	⏥
		Straightness	—
		Circularity (roundness)	○
		Cylindricity	⌭
Individual or related	Profile	Profile of a line	⌒
		Profile of a surface	⌓
Related (datum reference required)	Orientation	Perpendicularity	⊥
		Angularity	∠
		Parallelism	//
	Location	Position	⌖
		Concentricity	◎
	Runout	Circular runout	↗
		Total runout	⌰

.605
Basic,or exact,dimension

-A-
Datum feature symbol

Ⓜ
Maximum material condition

Ⓢ
Regardless of feature size

Ⓛ
Least material condition

Ⓟ
Projected tolerance zone

∅
Diametrical (cylindrical) tolerance zone or feature

⌖ | ∅.005Ⓜ | A
Feature control frame

A1
Datum target symbol

圖 5.7　幾何公差及其標示記號

關於軸與孔的配合方式可以分爲 3 類，亦即餘隙配合、中間配合及緊配合 3 種。餘隙配合係指軸與孔之間，不論何種加工公差之下，孔與軸之間都維持一定的間隙。反之，緊配合則不論哪一種加工的公差，軸與孔之間都一定會產生干涉，兩者於組裝時必須藉由熱脹冷縮才能完成。而軸與孔之間，在某些加工公差之下會出現間隙，在另一些公差之下則產生干涉者稱爲中間配合。

軸與孔的配合關係用國際標準機構，指定基軸制及基孔制兩種標準的配合與公差關係。基軸制是於加工時以軸作爲尺寸標示的基準，藉由改變軸的尺寸公差而達到所要間隙的尺寸標示法，而以孔的尺寸標示爲基準的則爲基孔制。機械工程設計以基孔制作爲尺寸標示的方式較多。表 5.2、5.3 列出基孔制與基軸制的尺寸公差，表 5.4 則爲常用的配合等級。

5.6 資深設計者的建言

設計者的養成本來就無一種簡單、快速的方法。許多成功的設計者多是在長久的工作期間，逐漸的累積經驗，吸收失敗的知識而慢慢學習而成的。以下是一些有豐富設計工作經驗的工程師，針對工程上的機具開發設計，特別是實體設計方面所提出的建言。

1. 考慮惡劣的使用環境

工程上的產品不見得時常處於理想的使用環境，隨者周遭環境的變化、使用時間的增長、磨耗、熱量、噪音、振動等條件也隨之改變，設計初期就必須將這類使用環境變化的因素列入考慮。

表 5.2 基孔制之等級區分與尺寸公差

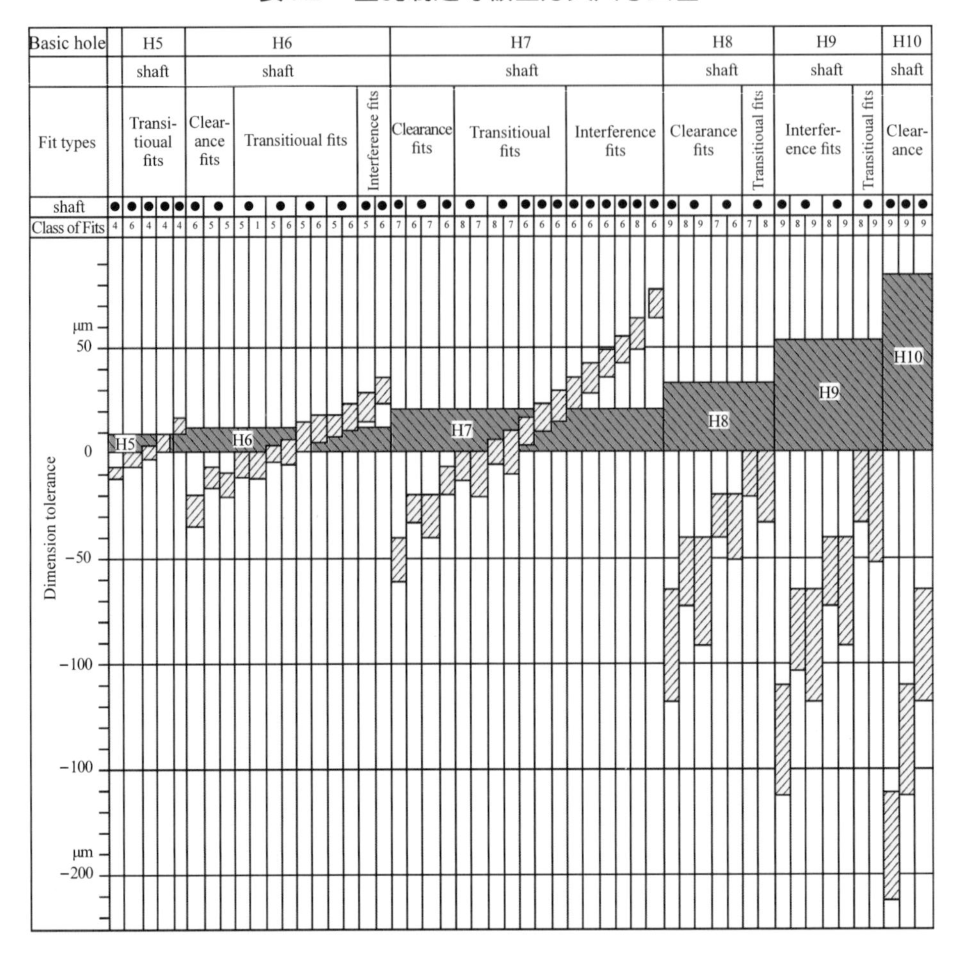

表 5.3　基軸制之等級區分與尺寸公差

Basic hole	h4				h5					
	Hole				Hole					
Fit types	Transi-tioual fits				Transi-tioual fits				Interference fits	
Hole designation	H	Ji	K	M	H	Ji	K	M	N	P
Class of Fits	5	5	5	5	6	6	6	6	6	7

Basic hole	h6																				
	Hole																				
Fit types	Clearance fits				Transitioual fits										Interference fits						
Hole designation	F		G		H		Js		K		M		N		D		R	S	T	U	X
Class of Fits	6	7	6	7	6	7	6	7	6	7	6	7	6	7	6	7	7	7	7	7	7

Basic hole	h7					h8							h9									
	Hole					Hole							Hole									
Fit types	Clearance fits			Transitioual fits		Clearance fits					Transitioual fits		Clearance fits								Transitioual fits	
Hole designation	E	F		H		D		E		F	H		B	C		D			E			F
Class of Fits	7	7	8	7	8	8	9	8	9	8	8	9	10	9	10	8	9	10	8	9	8	9

Dimension tolerance

μm
200
150
100
50
0
μm
−50

h4
h5
h6
h7
h8
h9

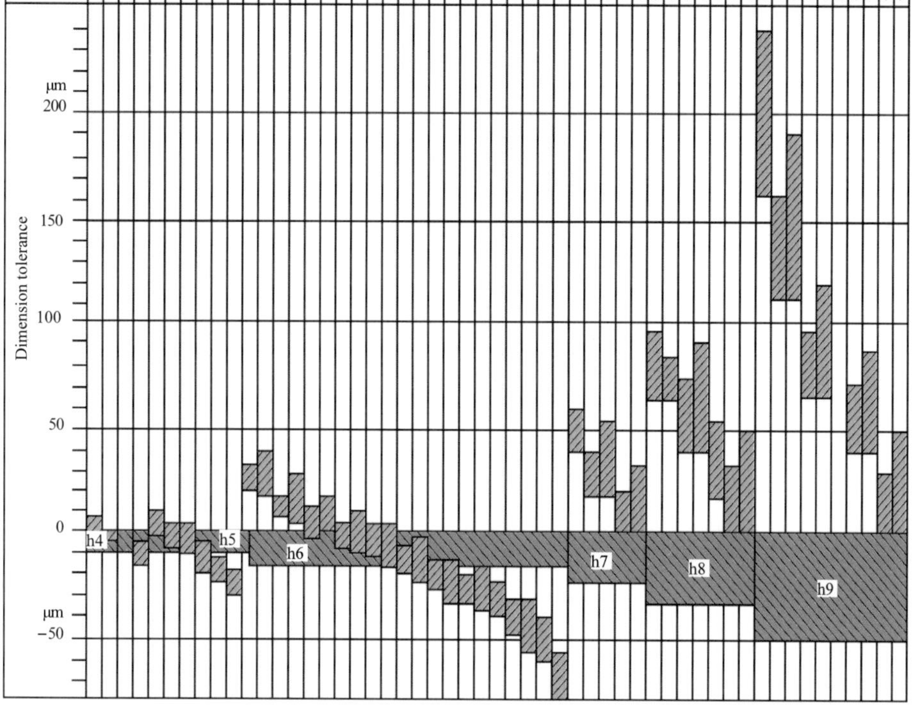

表 5.4 常用配合等級

基準孔	軸的公差等級																
	餘隙配合							中間配合			緊配合						
H6						g5	h5	js5	k5	m5							
					f6	g6	h6	js6	k6	m6	n6[1]	p6[1]					
H7					f6	g6	h6	js6	k6	m6	n6	n6[1]	r6[1]	s6	t6	u6	x6
				e7	f7		h7	js7									
H8					f7		h7										
				e8	f8		h8										
			d9	e9													
H9			d8	e8			h8										
		c9	d9	e9			h9										
H10	b9	c9	d9														

基準軸	孔的公差等級																
	餘隙配合							中間配合			緊配合						
h5							H6	JS6	K6	M6	N6[1]	P6					
h6					F6	G6	H6	JS6	K6	M6	N6	P6[1]					
					F7	G7	H7	JS7	K7	M7	N7	P7[1]	R7	S7	T7	U7	X7
h7				E7	F7		H7										
					F8		H8										
h8			D8	E8	F8		H8										
			D9	E9			H9										
h9			D8	E8			H8										
		C9	D9	E9			H9										
	B10	C10	D10														

2. 考慮機具的耐用性

工程機具的設計多會考慮安全係數，但設有安全係數並不代表機具設備的使用就安全無慮。設計過程的安全係數，有許多只是抵消設計者對使用條件、材料性質（如疲勞限度）等的顧慮。要做一件耐用不易損壞的機具，必須預想種種可能遭遇的運轉時間、疲勞限度、腐蝕的影響、使用者的粗暴等條件，設定足夠的防火牆，務使機器設備能夠可靠堅固耐用。

3. 降低成本

有許多工程產品在開發階段，設計者過度集中於產品功能的達成，沒有餘力注意到材料、零件或加工成本的降低，要避免這種現象，設計工程師在實體設計的過程，就得盡可能考慮材料、製造或組裝的費用，設法降低不必要的浪費。表 5.5 是降低成本考慮的檢查表，可以作爲實體設計的參考。

表 5.5　降低成本檢查表

順位	區分	檢查項目	繪圖者	核准者	檢查者	課長
1	性能	過剩規格？				
2		裕度過大？				
3		功能無法兼用？				
4	構造	組立容易，能確保精度的構造？				
5		零件的省略、減少可能嗎？				
6		零件可否統一？				

順位	區分	檢查項目	繪圖者	核准者	檢查者	課長
7	形狀	加工容易、餘料較少的形狀？				
8		形狀可否更簡單？				
9		尺寸可否縮小？				
10		可否較輕量？				
11	材料	可否使用便宜的材料？				
12		可否改用易加工的材料？				
13	加工	可否改用便宜的加工法？				
14		治具可否活用？				
15		提示是否適當？				
16		表面粗度是否適當？				
17		表面處理是否適當？				
18		熱處理可否省略？				
19	低廉化	是否使用低價市購零件？				
20		是否使用標準品？				
21		零件能否流用？				
22		可否改用更低價零件？				
23		運輸費用是否太高？				
24		安裝費用可否降低？				

4. 是否有違反法規之嫌

近年隨著生活水準的提高，消費者、政府機構對於環境的重視，有許多公共安全、公害、環境相關的法規出現，設計者必須熟悉與自己產品相關的各種規定、法規，積極的配合改善環境、減少公害，更不能輕忽因機具設備之作動而可能產生的種種潛在的對環境、使用者不利的因素。

5. 設計容易保養的產品

爲維持機器設備長期穩定的運轉，定期的保養是不可或缺的一環，實體設計過程中必須設想日後的保養維修，如何讓保養工作容易省時，有助於產品的長期的競爭力。

6. 盡可能使用標準化零件

如軸承、管接頭等已經充分標準化之零件，設計者應盡可能從市販標準零件中選擇符合功能的零件，如此不但可以降低成本，也較易取得性能較佳之零件。

7. 完成前須反覆驗證

不論是新開發的設備或既存設備的改善，特別是量產的產品，在上市前必須反覆檢查驗證，假想各種可能的情況，務使產品在交到消費者手上之前夠把缺失改善，減少使用者對產品的品質的不良印象。許多產品的使用條件、環境，在不同消費者的手中可能會有極大的差異，設計者必須讓產品在實體設計階段，預備較長的驗證實驗，提前找出問題。

第六章 材料、加工與設計之關係

6.1 材料的選擇

選用材料時，除了考慮是否滿足功能上的需求外，同時也需考慮加工的難易以求降低成本。但也有些情況需要預留較多的材料，例如鑄造品的表面常有氣孔，裂隙等缺陷存在，此時必須有較最終尺寸稍大之外形以供去除可能存在的缺陷。其他如熱處理後材料表面的脫碳層、氧化層，鑄造時之冒口、澆道，或爲搬運、定位等作用而必須增加之材料。表面上這樣的作法似乎有增加成本之嫌，但若無此多餘之材料而造成成品的不可使用其損失更大。

有些材料如鋁合金，鋼鐵等，在製造廠即有多種不同處理的等級可供選擇，例如退火、淬火、回火、應力消除、冷作，溶液熱處理，時效硬化之各種素材，依需求的不同選擇適當處理過之材料會比材料購入後再對工件進行上述處理更爲經濟。

工程產品的設計，除非絕對必要應避免使用高級而價昂之材料，而加工的成本太高時必須考慮改變製程或者更換比較容易加工的材料（例如有些合金不易焊接、切削或塑性成形）。

由於整體資源的匱乏，材料成本有愈來愈貴之傾向，雖然近來切削加工機械非常發達，製造的成品尺寸精度極高效率亦佳，但從素型材至成品的過程，以金屬材料而言，一般仍有近 30～70% 左右的廢料（Chips）。這些廢料雖然可以再生使用，但處理所需的成本，能源，仍然十分可觀，因此無屑加工（Chipless machining）愈是受到注目。如何以精密鍛造、鑄造，成形加工，粉末冶金等方法，在一次加工的過程中作出接近成品形狀，尺寸的淨成形（Near net-shape）加工受到廣泛的重視。

1. 材料選擇的程序

材料選擇與構想設計的程序相似，都是屬於 Problem-solving 的過程，簡單的歸納如下。

(1) 分析需求條件

(2) 篩選（比較各種不同材料之特性）

(3) 選定最佳材料（考慮功能、成本、加工性，容易取得與否等條件）

(4) 做成成品零件之性能確認

以上的過程只不過是整個工程設計過程中之一部分，此步驟與整個設計過程中逐步建立（累積）屬於自己的資料庫，對日後材料選擇的效率與正確性會有極大的幫助，這些資料庫應該包含如：

(1) 如圖 6.1 所示的各種不同材料的特性特徵的大分類圖表。

(2) 各種不同素材的價格，取得容易與否。

(3) 相對的加工費用。

(4) 對各種腐蝕環境，化學藥劑之抵抗能力。

(5) 加工之難易度（分爲切削、焊接、冷熱鍛壓、擠拉、鑄造等等）及其他各不同合金之單項性能比較表。

材料的選擇通常只有一至高之標準，即降低零件之成本，因此選擇時必須針對需求、功能、原材料成本、加工成本和取得之難易等各種條件仔細衡量再作取捨。

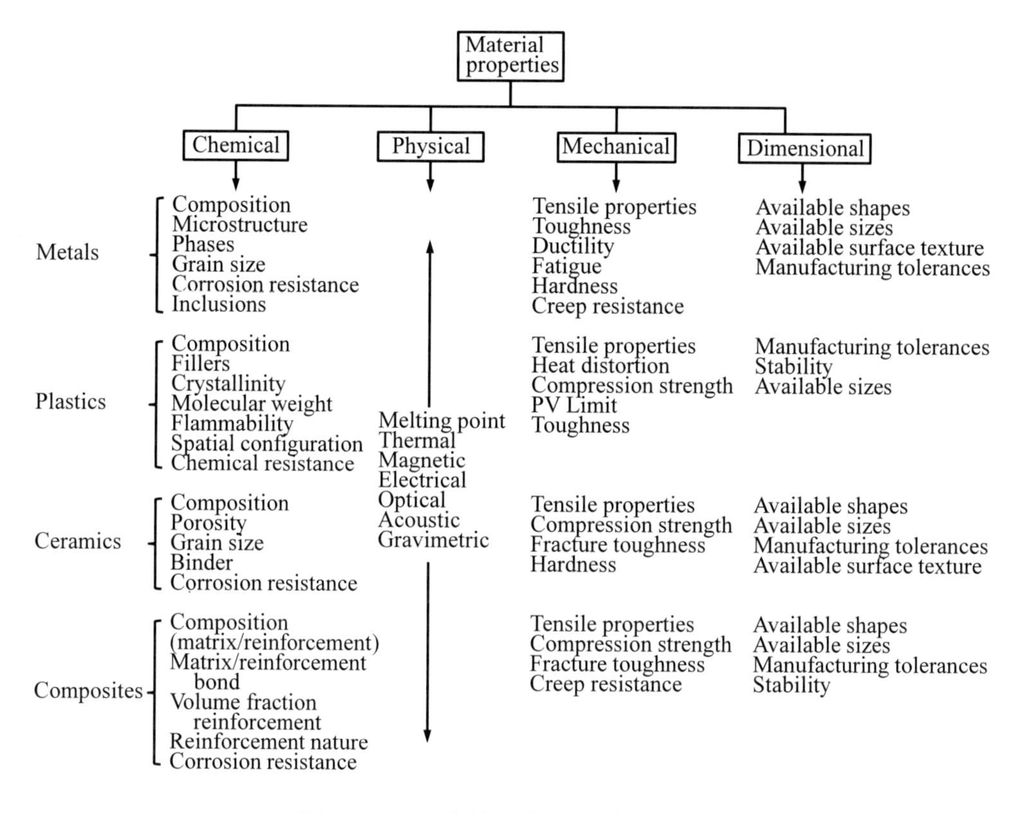

圖 6.1　工程上常用材料的特性區分

一般既有的產品，其所容許的材料變更幅度較小（涉及刀具、治具、模具、人工熟練度、機械設備、場地、資金的問題較多之故），而新的設計最好在構想設計的階段就能夠擴大選取的材料領域，以期獲得最佳的結果。篩選時除應廣泛的參考各種有關材料性質的手冊（Handbook）之外，其他如製造廠提供之型錄、規格、品質證明書（Mill Sheet），過去的設計案例，書籍（材料的選擇應用）等也是重要的材料選擇的參考。

材料的性質包羅萬象，以圖 6.2 鋼材的機械性質爲例就包含許多不同特性，而相同的化學組成並不代表相同的性質，如圖 6.3 所示，不同的熱處理形成的不同顯微結構，一樣的對材料的強度具有決定性的影響。

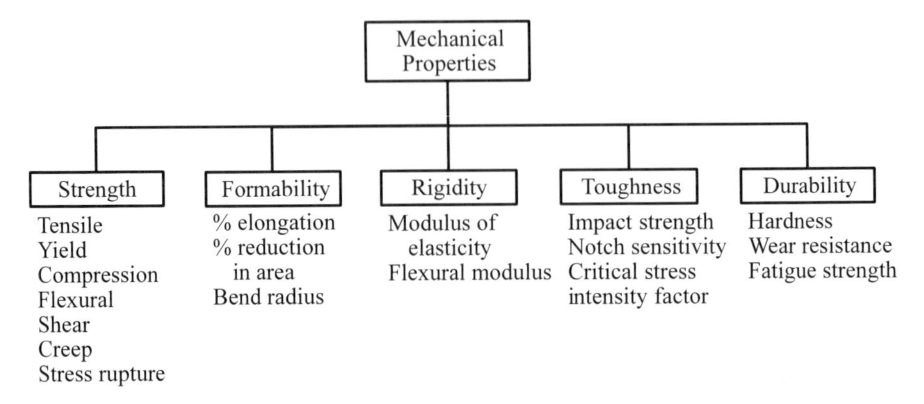

圖 6.2 鋼材的機械性質

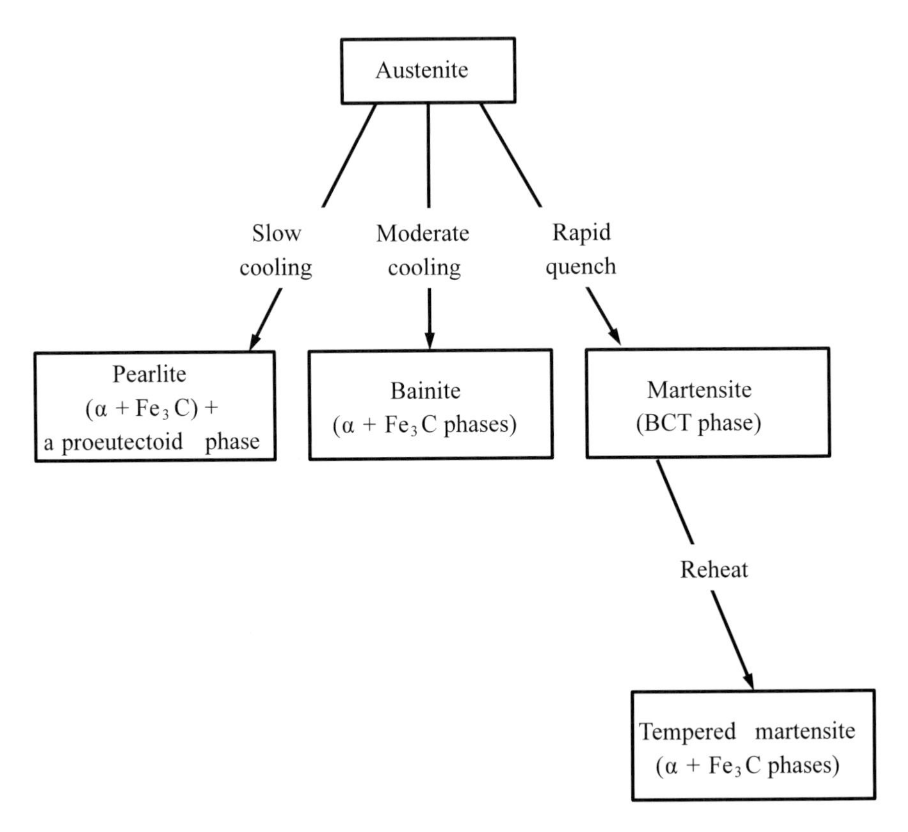

圖 6.3 鋼的熱處理與顯微結構之關係

2. 經濟上的考慮（Econnomics of materials）

所有的設計在最後的階段都必須在性能與成本之間取得平衡，兩者之間那一項所占的比例較重與產品有關，以一極端例子來看，航太機具和國防武器屬於幾乎只追求性能不計較成本的一種設計對象，另一極端則為一般廉價的家電器材，通常價格競爭是至高無上的決定關鍵的一種產品，生產這種廉價的家電器材的廠家並不會使用最好的材料，利用最精密的加工設備來使產品的性能達到極致的境界，相反的這些製造廠關心的是他們製造的產品是否與競爭對手「相當」或「更優」而價格更低，所謂的「Value」是指功能上達到評估標準的程度。「Cost」則為欲達此一標準所必須付出的代價。

成本在許多材料的選擇上是非常重要的考慮的因素，一般材料的價格取決於：

(1) 稀有性（Scarcity）

(2) 提煉或加工所需耗費的能源

(3) 需求量與供應量之間的平衡關係

例如用量極多的石灰、水泥的價格極低，而稀有的寶石，如鑽石則十分昂貴，而加工的層次愈多其價格也愈高，圖 6.4 所示即材料從素材經逐次加工至成品時的價格的變化。

大多數的工程材料都取自存量有限的礦脈資源，長遠的將來，隨著礦藏的逐漸減少，價格必然有升高趨勢。另一方面市場上短期供需的微妙變化也會左右一時的材料價格。設計者對於各種材料價格的取得，一方面可以經由採購部門的管道，另一方面也可以從專業的報紙、雜誌或書刊上獲得（如經濟日報的大、中盤價、American Metal Market, Metalworking News, Iron Age, Ceramic Industry Magazine，鋼鐵新聞 etc.）。

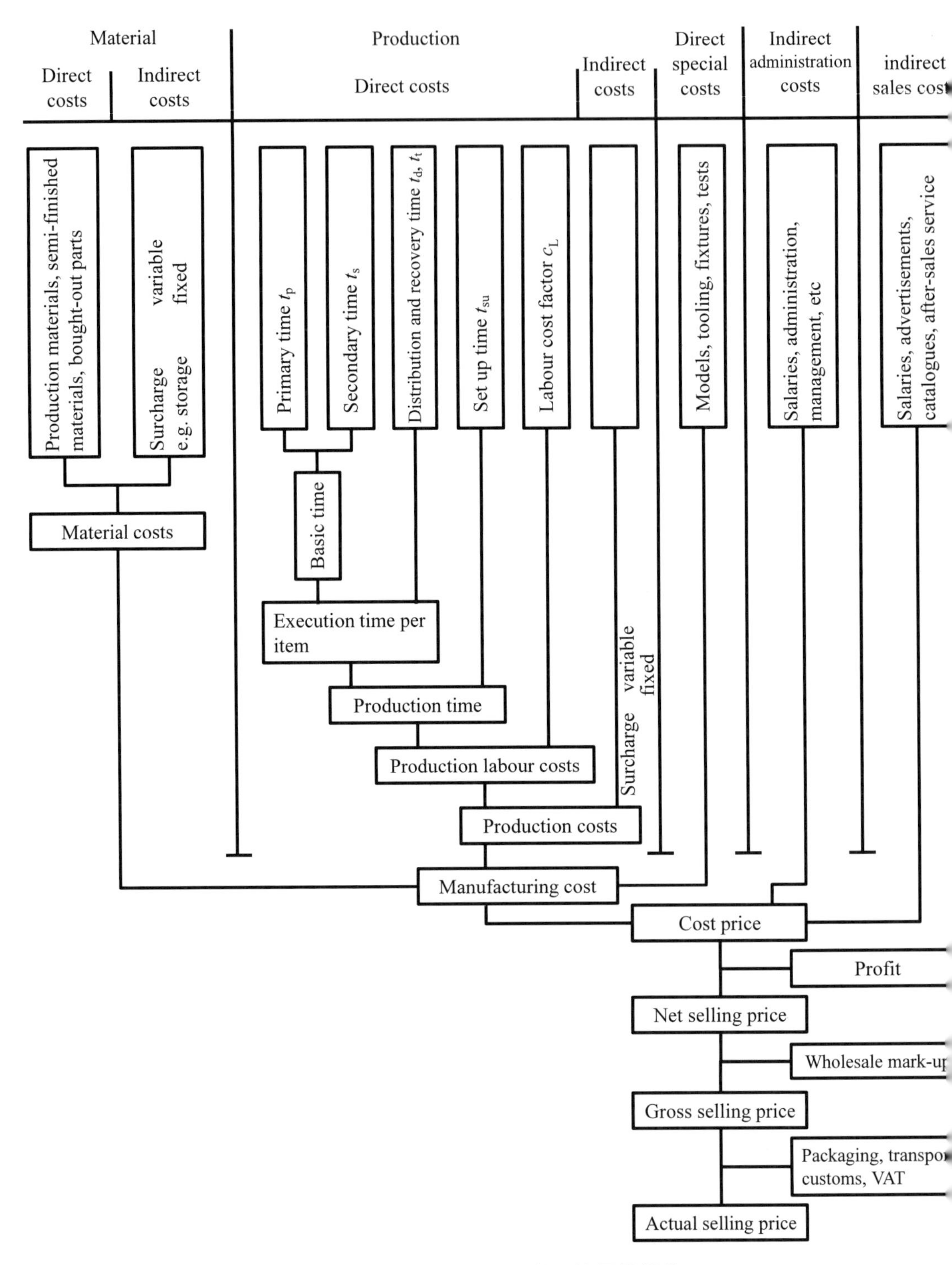

圖 6.4 材料由素材至成品的價格變化

工程材料，尤其是金屬材料的價格結構受到下列因素極大的影響，設計者有相當的程度可以掌握材料方面的成本。

(1) 冶金上的需求（Metallurgical requirements）

如等級（Grade extra）、化學成分（Chemical extra）、品質。

(2) 尺寸（Dimensions）

特殊形狀、尺寸、精確的定尺長度、切斷面毛邊處理、公差的要求。

(3) 加工（Processing）

熱處理或表面處理的要求。

(4) 數量（Quantity）

如一次的購量太少（特殊的合金鋼要求少於一爐的量）。

(5) 包裝、標記、裝運（Pack, Mark, Load）

非標準的包裝、標記，或裝運方式都會提高費用。

(6) 非公制產品（Non-metric dimensions）

非當地習慣的尺寸制需求也會使價格抬升。以工程上使用量最多的鋼材爲例（如圖 6.5），不同的材質可能以不同的素材形狀製出，設計者應對市場上存在的種種可能取得的材質、形狀有所認知，適當的選擇適於自己使用的材料以節省成本。

3. 材料與設計之關係（Interaction of materials, Processing and design）

從構想設計到一件產品的上市，設計是其中最重要的一個環節，尤其在科技發展迅速的現代，設計、製造與材料之間更有不可分割的密切關係。

在廿世紀的前半，製造技術在量產規模和速度方面的進步，不但使生產成本降低也相對的提高了工作者的待遇，提升了生活的品質。由於生產技術的長足進步，也令多數人看輕了製造技術的重要性，尤其在工程教育方面，多把製造視爲不過是一種例行性的工作，對於工程方面的學生更不具吸引力，這種現象直到最近隨著電腦的發達和自動化需求的迫切，才漸

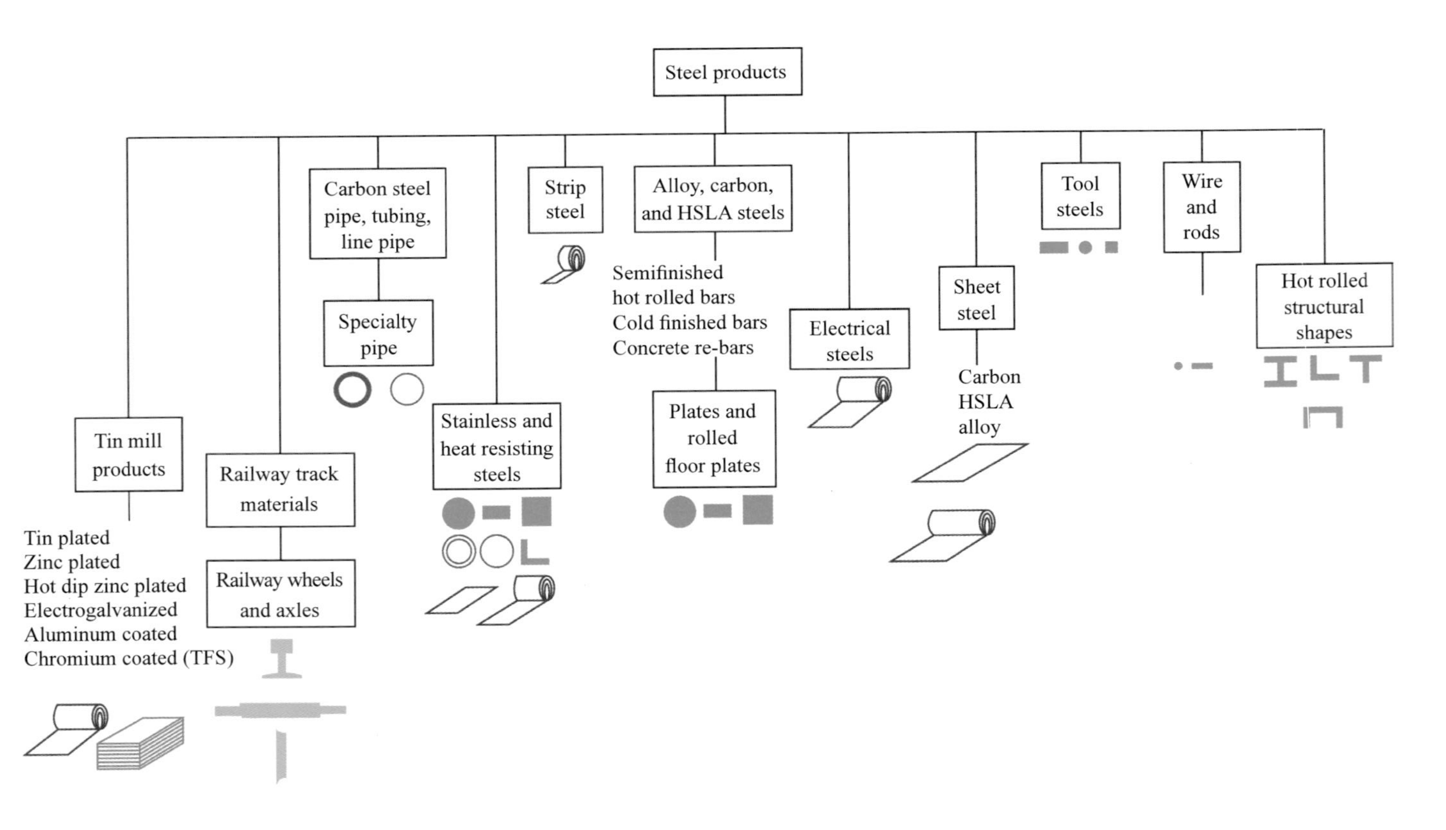

圖 6.5 鋼材可能取得的素材形狀

受到應有的重視。充分了解材料特性的設計者，必能以最經濟的手段，設計製造出性能優異的產品，因此設計工程師必須對材料可能的加工方法徹底比較分析，尤其是大量生產的產品，更需講究加工的成本。

6.2 生產性設計（Design for manufacture, DFM）

在設計與製造之間的關係再度受到重視時，企圖將此關係正式化為一門學問的嘗試也逐漸成形，此即 DFM。在此領域中，從各個不同的角度探討各個零件與製造的關係，然後找出兩者之間的最佳組合，使製造變得更容易。設計的每一部分都得反覆的對其製造上的需求作出檢討，換言之，設計與製造是在同一階段考慮的，所以設計藍圖完成的同時，零件表，組立圖甚至於製造步驟使用的刀具，夾冶具等也皆完成。以下是 DFM 的一些準則（Guidelines）。

1. 減少零件數量（Minimize total no. of parts）

減少零件數量不但可以減少製造所需的材料，加工費用，也一併節省了組裝、檢驗、儲存、清潔、售後維護修理的費用，在構想設計的階段就必須作此考慮，例如將不同功能的部分合併成一個單獨的零件等，使用塑膠成型製造的方法容易達成這樣的效果。

2. 設計模組化（Develop a modular design）

所謂設計模組化是指一個完整的零組件，它與其他模組之間有相同的介面構成，照相機的鏡頭即是一例，電腦的電路板也是一例，模組化的設計可以使產品多樣化，也降低了組立裝配，維修的費用，尤其在自動化裝配上更形方便，當然也會因此增加零件製造的費用是一大缺點。

3. 減少同類零件的變化（Minimize part variations）

例如盡量在同一設計中使用相同尺寸的螺絲，使用標準零件而非特殊的訂製品。

4. 零件多功能化（Design parts to be multifunctional）

將多種功能結合在同一零件上，如定位，鎖緊功用同時存於一螺栓上。

5. 一件多用（Design parts for multiuse）

即同一零件可用於多個不同設計，例如齒輪如能一件多用，可以提高單一零件的產量同時降低生產成本。

6. 設計加工容易的零件（Design parts for ease of fabrication）

在設計時往往會顧及選用能夠滿足需求的最廉價的材料，但要注意材料成本必須一併考慮製造時的費用，在許多產品中，加工成本占總成本的50～60%（汽車），愈容易製造的零件，其成本愈低。

7. 減少螺絲的使用（Avoid separate fasteners）

以螺絲組合零件較緊密配合（Snap fits）昂貴，而且裝組鎖固不良的螺絲還會造成許多不必要的缺失，可以避免使用螺絲應予避免。

8. 減少組裝時的轉換方向（Minimize assembly direction）

一件設計成品最好能由同一方向逐漸組立，如此可以避免在組裝時翻動組件的次數，也可使夾冶具的數量減少。

9. 增加組裝裕度（Maximize compliance in assembly）

多樣零件組合的成品必須考慮其零件製造時的精度，尺寸公差盡可能給予寬鬆，在配合部分給予較大的配合裕度，採用如 Taper 之類的組合，增加組裝的方便性。

10. 減少組裝時搬動（Minimize handling in assembly）

設計時要考慮諸如 Robots 夾持部分等，使搬動的次數減少，夾持容易，如適當的吊勾、吊耳的設計。

11. 孔間距要恰當

考慮一次衝孔成形的可能性並顧及強度。

12. 指示需明確

藍圖上的指示說明必須易懂明確。

13. 尺寸標示要有基點（面）

標示尺寸時要從零件的面或點（非空間點）標起。

14. 尺寸標示要有共同的基面（線）

各個尺寸盡可能從同一基面（線）起標，避免誤差的疊積。

15. 減輕零件重量

如此不但材料成本降低，加工、刀具成本也隨之減少。

16. 使用泛用刀（模）具

刀具的訂製往往需要極長的交期，如能使用泛用的刀具，不但可以減少等待的時間，亦可降低取得的成本。

17. 圓角盡量放大

尤其在鑄件，鍛件或切削工件方面，大小徑交接處或端面應將盡量使用較大的圓角，減少應力集中的可能。

18. 多道加工可以同機進行

即不必移動工件即可在同一加工機械上進行，增加加工精度。

通常設計工程師所容許的工作時限都非常緊湊，要求他在設計的初期面面俱到的思考每一個功能，加工的問題十分困難，爲解決這類的問題，市面上現有許多現成的軟體可以協助設計工程師了解一件零件在製造或組裝時可能遭遇的困難。這些軟體包括：VSAS（Variation simulation analysis software）、Monte carlo simulation。另外人工智慧（AI）的應用也是這方面很有潛力的一項發展。但任憑 Simulation 再佳，因實際製造時面臨的種種加工公差、工具磨耗，機械精度問題仍會出現，而無法得到一完全正確的 Simulation 結果。

6.3 經濟因素（Economic factors in design）

1. 成本因素（Cost estimating in design）

欲讓設計工程師將其設計的新產品之製造成本估算出來是不容易但又很重要的工作，而且這項工作能在設計過程的初期就完成的話，就可以和原先設計好的需求做比較，必要時也可以早期變更設計。在構想完成的階段或在概念初具形態的階段，初步的成本分析也應一併完成。隨著設計的逐步成熟，原來的成本分析也應隨著變更修正。如果是重新設計的舊有產品，其變更的部分往往較少，對現有的成本掌握也較正確，這樣的成本分析可以十分的精確，但若是一種全新的設計其所涉及的零件，功能也許過去完全不存在，那麼成本分析就必須從頭做起。

當設計完成後，該產品的成本必須小於既定的目標內。要做到這一點需要許多的尋價、分析，大多數的製造廠都會有採購部門合作，一起將成本估算出來，尤其在設計初期有許多構想變化的可能性極大，或太過抽象時，設計工程師的參與更是責無旁貸，換言之，設計者對其設計的產品成本是具有相當程度的掌握的能力。

2. 產品成本的決定

產品價格的構成如包括材料、人工、刀具、管銷、利潤等各項，這些項目可以劃分爲直接成本與間接成本兩大部分。凡與產品，零件組裝等有關之支出，稱爲直接成本，其他的皆爲間接成本。每一個公司有他自己的會計系統，因此對於直接或間接成本的定義或許有一些差異，但不論其定義如何，所有的成本仍將歸類爲此二大項。

直接成本中最主要的部分是材料成本，所謂的材料包括直接使用於零件、機器的部分，也包括在製成零件、機器的過程中所形成的餘料或廢料（Scrap）。有些餘料可以回收或再利用，先進國家甚至立法規定一件產品中必須含有一定比率可以回收再使用的材料。廢料則包括材料或零件因製作不良或其他原因所造成無法使用的損失。

購入的零件也是直接成本的一部分。有些場合，所有的零件全部自製，另外一個極端的場合，所有的零件皆爲購入的，製造廠只做裝配的工作，此種情況下也就無材料的成本。

第七章　工程設計之失敗例

工程設計一般肇始於工程上的需求，這種需求有時候係由於新的任務或工程的創新而產生的，但絕大多數皆起因於對現有機具的不滿或改進而產生的，從事工程設計的人員，必須有能力將上述時而曖昧不清，時而矛盾渾沌不明的需求描述，分析闡明改為可以作為設計依據的量化規格，這一段過程通常具有相當的彈性（Flexibility），但卻是影響工程設計的成敗之重要關鍵。

工程設計的流程簡要之步驟可以分為三大段：

(1) 問題分析與規格的訂定（Specification development/planning）

(2) 構想設計（Conceptual design）

(3) 產品設計（細部設計，Product design）

在現實的工程設計案例中，有許多的功能需求十分龐大複雜，必須再分割成許多較小、容易管理、較為單純的子系統，才可以進行工程設計。「挑戰者號太空梭」計畫就是這樣的例子。挑戰者太空梭在開始設計時，就如圖 7.1 所示，將太空梭分成四個主要的子系統，每個子系統再依實際需求、結構繁雜的不同分成若干的次系統。

各個子系統的名稱如下：

(1) 太空梭艙體（Orbiter）

(2) 主引擎（Shuttle main engines）

(3) 外掛燃料筒（External tank）

(4) 固體火箭推進器（Solid rocket boosters）

造成事故的火箭推進器（Rocket boosters）是其子系統中的一項，其下又可分成鼻端、前段、後中段、後段等。

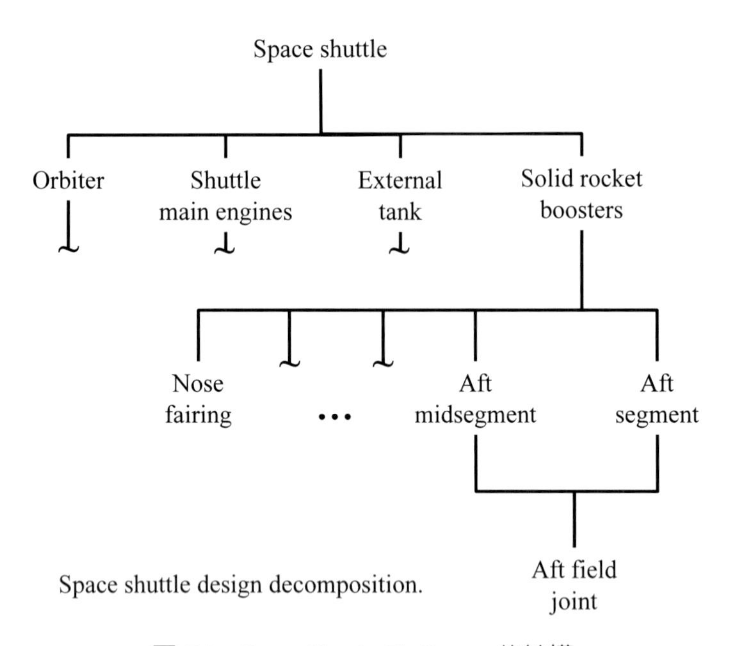

圖 7.1 Space Shuttle Challenger 的結構

推進器的後中段兩後段連結是必須在發射場充填燃料後才進行，稱爲 Aft. Field Joint。這一個部分的設計與整個系統當然有關，但一旦母系統的規格、功能需求決定之後，各個子系統、甚至子系統之下的零件、組立基本上都是可以單獨解決的工程設計上之問題，前述之 Aft. Field Joint 是由於母系統中（Space shuttle system）決定火箭推進器必須可以回收重複利用，因此推進器本身必須分段分別充填燃料（即可以分解組裝），再運送至發射場組合。

美國軍事單位對軍用器材的設計、製造、管理及使用曾訂一套危險評估標準 Mil-Std-8828，根據此一標準，危險出現的頻率分爲從常常發生的 A 等級至不太可能發生的 E 等 5 個等級，如表 7.1 所示。而一旦災難發生時，可能導致的後果也從災難性的 I 等至可以忽略的 IV 等 4 個等級，如表 7.2 所示。所謂的危險性評估即將上述發生頻率與災難後果組合成表 7.3 所示之綜合評分表。如果評估結果介於 1～5 則屬不能接受，其他各級如表所示一般。由此可見，如危險評估結果顯示某一設計存在不可接受的危險可能性，那麼這樣的設計必須變更。

如果設計此一連結部的工程師作了危險評估（Risk-assessment），那麼他可能會了解連結部的功能失常的頻率或屬於「偶而」（Occasional）甚至於「極不可能」（Remote），但是其造成的結果卻會屬於「災難」（Catastrophic）。表7.3是軍用危險評估標準，這種後果是「不祈望的結果」（Undesirable），太空梭應該不能發射。可是設計的工程師把設計上的潛在缺陷報告給管理階層時，並未受到應有的重視。

表7.1　危險頻率區分

MIL-STD 8828

危險頻率敘述	等級	各別項目	備註
經常 Frequent	A	通常在某一特定項目的壽命中很可能發生	連續的發生
可能 Probable	B	在某一特定項目的壽命中可能發生幾次	常會發生
偶爾 Occasional	C	在某一特定項目的壽命中某些時候可能發生	發生數次
很少 Remote	D	在某一特定項目的壽命中未必但仍可能會發生	不太可能發生，但合理的期望會發生
不太可能 Improbable	E	在某一特定項目的壽命中非常不可能且可假設不曾經歷過	幾乎不會發生，但是不排除發生可能

表 7.2　危險嚴重等級

MIL-STD 8828		
危險程度敘述	等級	損害程度
非常嚴重 Catastrophic	I	整個系統喪失或造成致命傷害
很嚴重 Critical	II	主要系統受損將導致任務失敗或造成嚴重傷害
嚴重 Marginal	III	次要系統受損將減低或喪失可能度，導致無法完全達成任務或者造成較小傷害
輕微 Negligible	IV	不致於造成傷害或系統之受損，但須不定期維護或修理

表 7.3　危險評估表

MIL-STD 8828				
	危險類別			
發生頻率	I 非常嚴重（Catastrophic）	II 很嚴重（Critical）	III 嚴重（Margina）	IV 輕微（Negligible）
A. 經常（Frequent）	1	3	7	13
B. 可能（Probable）	2	5	9	16
C. 偶爾（Occasional）	4	6	11	18
D. 很少（Remote）	8	10	14	19
E. 不太可能（Improbable）	12	15	17	20

風險值	說明
1-5	無法忍受風險，需將風險降低
6-9	依據授權將風險值降低
10-17	依據授權將風險值降低
18-20	可接受風險

火箭推進器的主要目的，在於把太空梭的速度增加至可以送入環繞地球的軌道之程度，其各部分之組成如圖 7.2 所示。

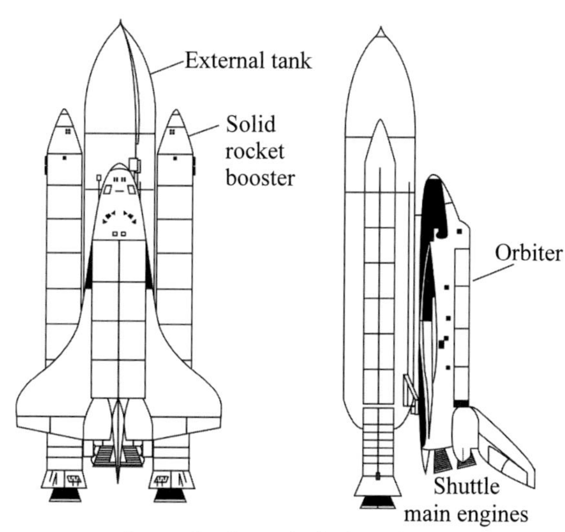

圖 7.2　Space shuttle 的外觀

發射前各個組成的部分分別運送至發射場，然後在於發射場組裝，其中央部注入的固體燃料，點燃後從中心部往外燃燒，燃燒後的氣化燃料體積會膨脹，在推進器的內部形成極大的壓力，進而產生推進力（Thrust），推進器本身是一種薄壁，大徑的壓力容器，燃料燃燒後溫度上升，推進器筒壁的溫度也跟著上升，所以連結部分的溫度也會上升。

此一連結部的設計如下圖 7.3 所示：

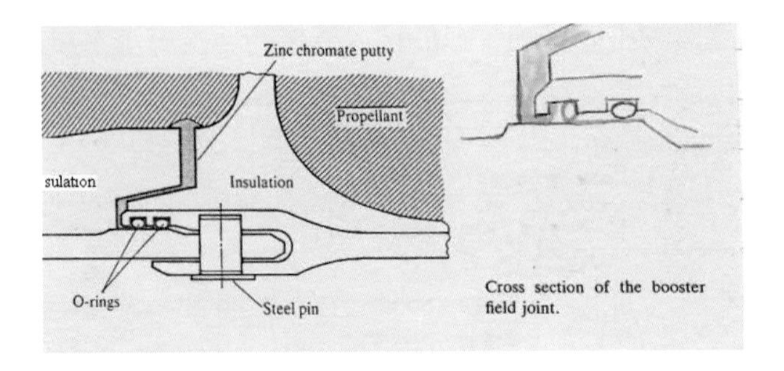

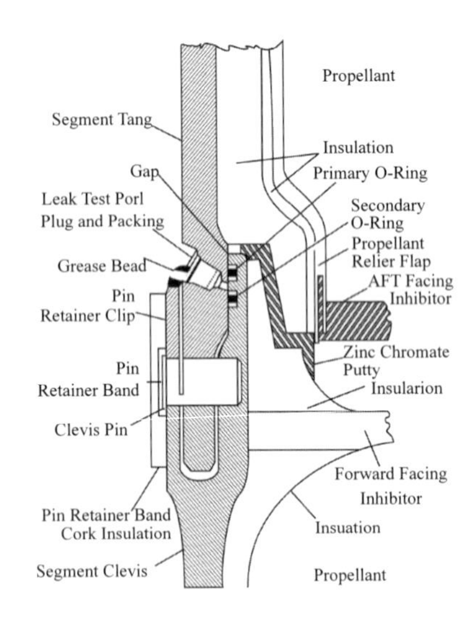

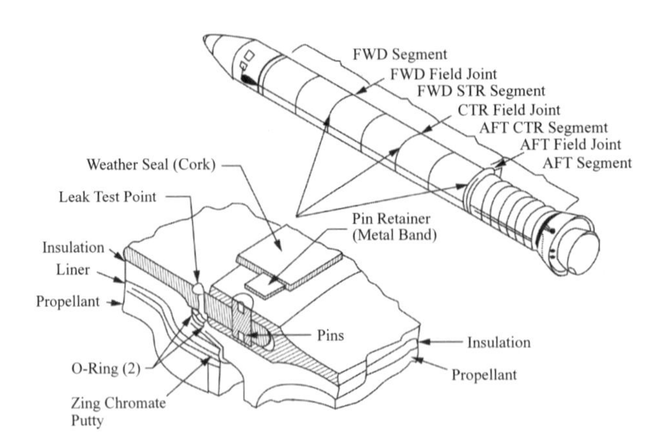

圖 7.3 輔助燃料筒的連接部

這是一種插入型的連結構造，其中有兩個直徑約 3.686 m 的 O 型環，177 支鋼製梢環繞著推進器筒壁的邊緣使中段與後中段連結在一起。填塞於兩個連結體之間隙的是主成分爲鋅的軟金屬，一方面作爲防漏，一方面在壓力作用之下，它會產生塑性變形，而往 O 型環的方向移動。同時在軟金屬前端的空氣受到擠壓，而使 O 型環變形進而封閉了連結部。

如果第一個 O 型環失效，那麼第二個 O 型環就可以承接筒內的壓力，而使連結部密封，這種設計的方式事實上是參考性信賴性極高的 Titan III 號的火箭（圖 7.4），但基本上兩者之間卻存在著許多的差異：

(1) 挑戰者號推進器的直徑比 Titan 大。
(2) 挑戰者號推進器必須重複使用（亦即必須反覆的拆裝），而 Titan 只單次使用。

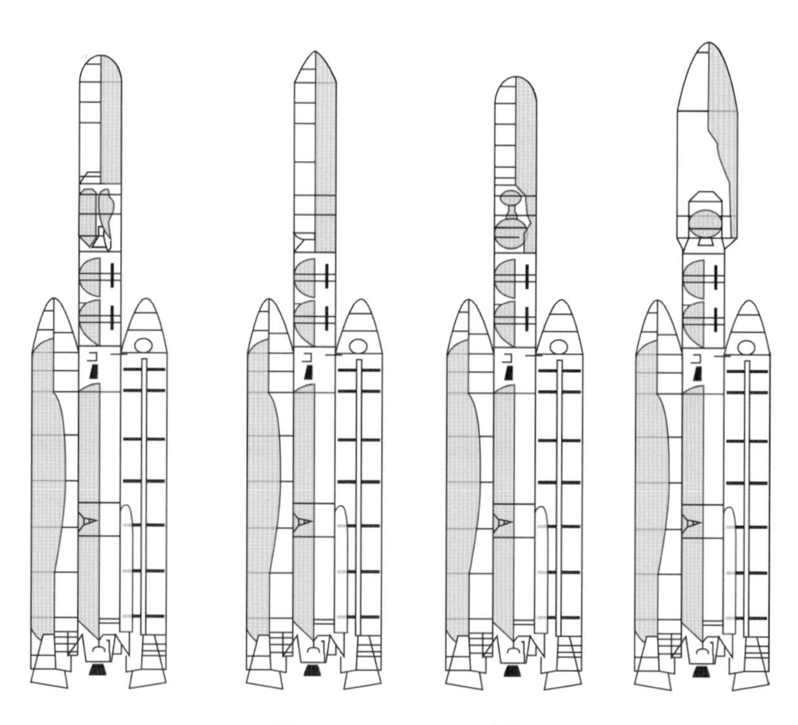

圖 7.4　Titan III 的外觀

(3) 挑戰者號推進器中的 O 型環必須承受燃燒時的壓力，而只有單一 O 型環的 Titan 屬於緊密配合之連結，其 O 型環只需承受燃料漏出之壓力。

(4) 挑戰者號推進器之連結部分的插入端（Tang）比 Titan 更長，而且在受壓後容易變形。

(5) 挑戰者號的 O 型環由於尺寸較大是由端接（Glued together）作成的，而 Titan 使用的 O 型環是無接縫的一體成型。

表 7.4 是使用於太空梭的固體燃料輔助筒與 Titan III C 火箭的部分功能比較，從其中可以明顯的發現兩者之間存在許多重大的差異。如固體燃料輔助筒需回收反覆使用，而 Titan 火箭爲拋棄式，火箭推力也大不相同，承受的壓力也不一樣。設計者如經過這樣的分析比較，往後所採取的設計概念或許就不一樣。

表 7.4 太空梭的固體燃料輔助筒與 Titan Ⅲ C 的功能比較

	Solid Rocket Booster		Titan Ⅲ C			
Dimension	Height	45.46 m	Height		42 m	
	Dia.	3.71 m	Dia.		3.05 m	
Mass	590,000 kg		626,190 kg			
Thrust	12,000 kN		0 stage	1st stage	2nd stage	3rd stage
			5.849 kN	2.339 kN	453 kN	71.2 kN
Burn Time	127 sec.		115 sec	147 sec	205 sec	440 sec
Fuel	APCP		Solid	N_2O_4/50 Aerozine	Aerzine-50/N_2O_4	Aerzine-50/N_2O_4
Manuf.	Thiokol Corporation		Martin			
Repeatibility	Multiple		Single use			
O ring	Glued ring		Complet ring			
Tang	Longer		Shorter			
Pressure	Burning pressure		Non burning leaking			

早期關於連結部分的試驗中，就曾發現連結部的變形（Flexibility）太大，會使插入端在凹入端（Clevis）中扭轉而造成兩者間之間隙增加，這種現象在低溫時更顯嚴重，因爲橡膠質的 O 型環會失去彈性，而無法有效的密封間隙。

從以上的說明，可以發現產生問題的原因出在第一個階段之問題分析 / 規格訂定的過程。設計的工程師並未眞正了解顧客的需求，並把這種需求轉換爲重要規格，調查報告中也指出：

「連結部應該充分的被了解，測試並且證實（其可靠性）」，當然以上的失敗不能完全歸咎於工程師，計畫的成本（Cost）、品質（Quality）和時間（Time）也是重要的因素。此一部分之設計的競標，是由最低價者得標，在競標的計畫書中，他們提出的就是修改既有之 Titan 的火箭設計。在成本的考慮和時間的壓力之下，挑戰者號推進器連結部，並未經重新設計（Modify not redesign），設計者也許對於 Titan 的連結部十分了解，但對於太空梭的部分其了解之程度顯然不足。

其次在構想設計的過程中，似乎所有的構想皆與 Titan 十分相似，而沒有太大的修改，雖然設計工程師們，號稱 8 個人費了 4 個月才完成此一構想，可是成效卻不易看的出來，雖然工程設計上利用過去的經驗、構想的例子屢見不鮮，但必須確認原有設計與新問題直接沒有應用上的盲點或困難。從前面所述可以知道挑戰者號與 Titan 之間事實上是有著極大之差異。

另一方面，在太空梭連結部的設計上，承受負荷與密封之兩項不同的功能需求是必須同時間一併解決，這也增加了問題的複雜性。在極大的變形之下，連接部的形狀有可能如圖 7.5 所示嚴重失效。

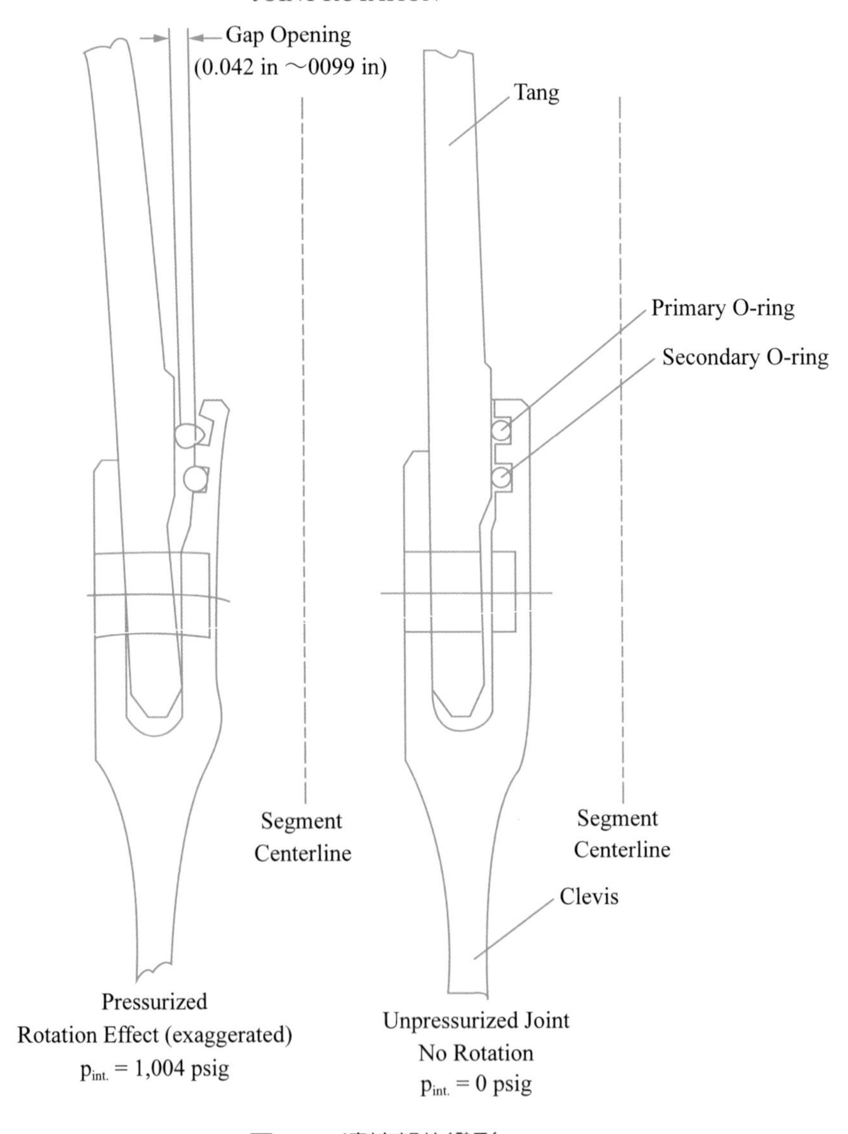
JOINT ROTATION
Gap Opening
(0.042 in ～0099 in)
Tang
Primary O-ring
Secondary O-ring
Segment
Centerline
Segment
Centerline
Clevis
Pressurized
Rotation Effect (exaggerated)
p int. = 1,004 psig
Unpressurized Joint
No Rotation
p int. = 0 psig

圖 7.5　連接部的變形

圖 7.6　連接部設計之一

除此之外，這一設計例還有許多問題，例如在構想設計時，圖 7.6 的組合方式也曾被提出，亦即由一 O 型環設於垂直面另一 O 型環置於平行面上，這種方式在評估時以製造公差不易達成而被排除，評估一種設計是否可以採行，還必須對於承受荷重的結構所受的應力、變形有充分的了解。太空梭連結部的設計者在評估中指出連結插梢的周圍有極大的應力集中現象，這個問題並未被進一步處理。另外雖然理論上的分析計算顯示原設計可行，但實驗卻發現扭曲（Pin）變形而有失效之可能，這樣的問題也未受到注意，難怪其最後的結果是造成災難的失敗例。

挑戰者號太空梭乘載著組員包括組長（Commander）Francis Scobee、正駕駛 Michael Smith 及 Ellison Onizuka、Ronald McNair、Judith Resnik、Gregory Jarvis 及 Christa McAuliffre 等 7 人，原訂 1986 年 1 月 22 日升空，因天氣不良，發射的時間一再變更，1 月 27 日晚上，發射場所在地 Cape Canaveral 的氣溫劇降至冰點以下，負責發射之決策單位曾召集一次檢討會，討論這種氣溫之下發射的可能性，因爲過去太空梭從未在低於 53°F 以下之低溫發射升空過。設計推進器連結部的工程師曾在會議上表達低溫對於 O 型環的彈性之不良影響，不過其嚴重性並未受到與會人員之重視（因無低溫試驗的資料佐證），最後 NASA 仍決定讓挑戰者號發射升空。28 日清晨前溫度降至 19～29°F，太空梭機身上的結冰占去了工作人員的注意力，經檢查之後終於在 1 月 28 日 11 點 38 分點燃升空。

幾乎是在升空之後太空梭右側的固體燃料推進器就已從連結處冒出火舌，不過不論是機內或管制室內，似乎沒有人發現，64 秒後推進器已燒出了一個大洞，72 秒後推進器與主燃料筒（External tank）的連結部已經鬆脫，機內駕駛叫了一聲「Uh oh」，緊接著鬆脫後的推進器將太空梭的右翼撞斷，再撞擊主燃料筒，引起爆炸。此時的太空梭之高度是 48,000 ft，速度約爲 2 馬赫。

爆炸後的火舌四竄，碎片亂飄，在太空梭的設計中，對於升空時，推進器仍在發揮推進力的這一段過程中是沒有考慮逃生蓋裝置的。爆炸的力量使得碎片散落至方圓 20 哩的範圍。承載著組員的太空梭本體在爆炸發生 6 個禮拜之後在大西洋的海底找到。從爆炸到落海的這一段時間內（約 2 分 45 秒），組員們是死是活、有哪些反應等詳細的內情並不得而知，不過從 NASA 透露的消息中可以知道至少有兩位太空人曾啓動緊急氧氣袋，太空梭撞擊海面時的減加速度約高達 200 G ，16.5 呎高的太空梭艙體縮減爲原來的一半。

事故調查委員會的報告中也指出，失效的 O 型環其實在以前的太空任務中都曾發現破損，只不過這些破損並未使 O 型環完全失效，不過設計的主持者決定忽略這個問題對任務成敗的重要性，而不願採取較爲費時的重新設計。

以上所述爲工程設計失敗的一例，類似的工程上的失敗不勝枚舉，以美國 NASA 這樣聚集了全世界頂尖工程人員的組織尙且發生如此致命的失誤，其他的工程設計更不得不戒愼恐懼。可惜的是 NASA 也沒因這一教訓而有改變，2003 年 2 月 1 日，太空梭哥倫比亞號於返回地球中解體造成了 7 個太空人全部罹難的慘劇！

第八章 實際案例分析

8.1 牙周護理牙刷

1. 摘要

牙刷可分爲普通牙刷和電動牙刷，牙刷頭部形狀一般爲方形和菱形。方頭能有效地清潔每顆牙齒的表面，菱形尖銳的頭設計比方形設計，更能深入口腔衛生中達到清潔之效果。牙刷具有各式不同之形狀，刷毛可以清潔牙齒，但刷子的尺寸必須要考慮口腔內的空間、因素和個人習慣。嘗試使用一個小刷子，這樣能深層滲透在嘴裡，確保轉動靈活，清潔後部牙齒。但沒有統一的標準。另外兒童口腔小，應與兒童牙刷的年齡線來選擇。刷毛應選擇軟硬適中或稍軟的，但要注意，太軟毛刷是不容易達到清潔效果。目前多鬃製成尼龍可分爲兩種類型：普通絲和杜邦絲。杜邦絲彈性較好，不容易脫落，但需經過平滑處理，若是太尖銳則容易損壞。光圓形刷毛之牙刷防止這種損傷發生，而且有更強的牙齦的保護作用。一般來說，直式牙刷使用較爲方便，但彎柄刷可以清潔口腔難以到達之部位。撓性牙刷柄，據說避免對牙齦的強度和壓力造成過度損傷牙齦 [1-3]（圖8.1）。刷柄之防滑處理，可降低牙刷從手中掉落機率。事實上，沒有任何形式的刷柄設計爲特殊效果清潔牙齒。所以可以按照自己的喜好來做選擇。於每次刷牙後，牙刷必須用清水清洗並於乾燥通風處晾乾。使用時間長的牙刷刷毛積累的細菌，不利口腔健康，因此有必要每三個月更換一次牙刷以利口腔衛生 [4-5]。

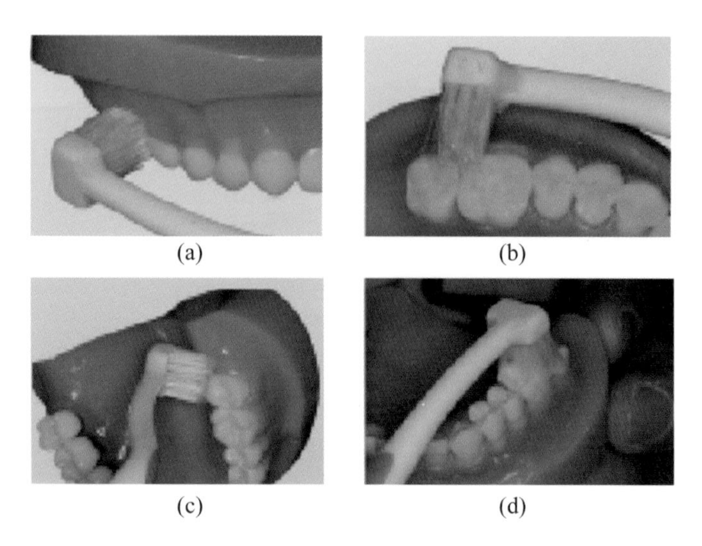

圖 8.1 刷牙的方法可分為四種：(a) 橫刷法、(b) 挑刷法、(c) 彎刷法以及 (d) 直刷法

電動牙刷隨著技術的各種改進，一般的旋轉搖動來清潔牙齒，和一些高端超聲設備安裝，通過脈衝射流清洗牙齒。現在市場上普通之電動牙刷，只是單純的震動、旋轉、頻率和強度是固定的。超聲波牙刷一般不會造成牙齒和牙齦傷害，牙齒清潔可以很乾淨，但價格上非常昂貴。電動牙刷刷毛的方法是採用旋轉的，所以你需要留在每個牙面上有一段時間，要考慮三個牙面，以達到清潔牙齒的目的，較爲耗時。因此，需要有足夠的耐心使用電動牙刷，才能眞正清潔牙齒，如果你只是把牙刷放進嘴裡，而不是向上和向下的作動，是無法徹底清潔牙齒、牙齦溝等特殊部位的窩溝，這也將導致牙齒問題。正確使用電動牙刷確實有清除牙菌斑、預防齲齒和牙周炎的作用。電動牙刷只是改變了人們刷牙的方式，但清潔牙齒的目的並沒有改變。但很多人在手動刷牙，不當的方式，刷牙強度過大，容易造成不必要的損害的牙齒和牙齦，若使用電動牙刷即可以減少這種損傷，也可達到按摩牙齦之作用。如果使用電動牙刷，但用錯了方法，就可能會損傷牙齒。振動頻率與電動牙刷的強度是相對固定的，旋轉的齒面是

相似的橫刷，牙齒可能會導致一些磨損，可能導致嚴重的牙周炎。如果牙齒本身條件不是很好，如有牙齦炎、牙周炎，建議不要選擇電動牙刷。

2. 確定需求

牙刷是現今常見的牙齒清潔工具，主要用於清潔牙面及牙縫之食物殘渣。一般而言，握柄前端之寬度及厚度都會比頭部小，以便在維持刷牙面積的情況下，減少握柄卡到牙齒或其他部位的情況發生，而就牙刷之結構而言，常見之牙刷大致可分成I形及T形牙刷。I形牙刷大致包括：一握柄、一頭部及許多刷毛，使用者握持該握柄以便利用刷毛清潔牙齒，可達到清潔牙面及牙縫之目的。I形牙刷頭部之長度大約可橫向跨越三齒，因此在橫刷時可大面積地清潔牙面，但是，卻容易使人下意識地用力橫向刷牙，造成牙齒刷耗及牙齦萎縮 [6-8]（圖 8.2）。

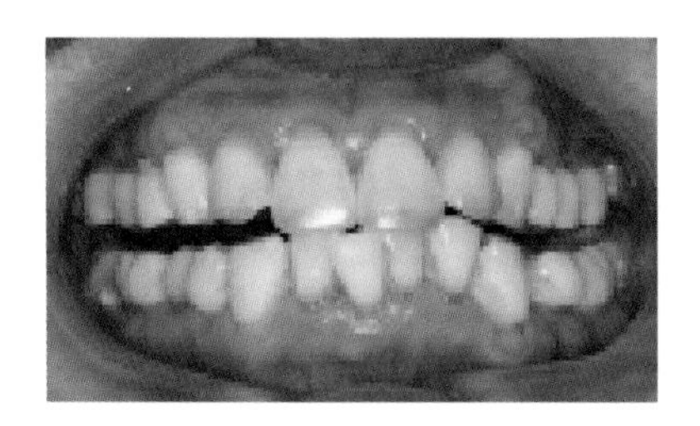

圖 8.2　不正確牙刷方式使人下意識地用力橫向刷牙，造成牙齒刷耗及牙齦萎縮

3. 定義問題

由於I形牙刷之頭部長度較長，所以在直挑刷牙縫時大多只能使用前端的刷毛，然而這樣的方式對於牙縫的清潔效率不高，在齒列不整時，向內部傾斜之牙齒常因被向外部傾斜之牙齒擋住，因此，在使用I形牙刷清潔向內部傾斜之牙齒之左側後，若是想清潔右側，會有後端刷毛先卡到牙齒而難以利用前端刷毛的問題產生，造成使用者必須變換手勢或換手握持

牙刷，但是，在清潔後牙區時，由於空間限制的問題，使用者難以利用變換手勢或換手握持牙刷來清潔牙齒，造成 I 形牙刷難以清潔後牙區之牙齒。T 形牙刷之頭部結構與 I 形牙刷相較下，主要差異在於 T 形牙刷之頭部之寬度較大，而長度較小，因此在直挑刷牙縫時較爲方便，但是其只適合用於清潔前牙區，對於後牙區而言，由於後牙區之空間較小，所以常會有卡到口腔內之其他部位的問題產生，不但不順手，還常會撞傷牙齦 [9, 10]（圖 8.3）。

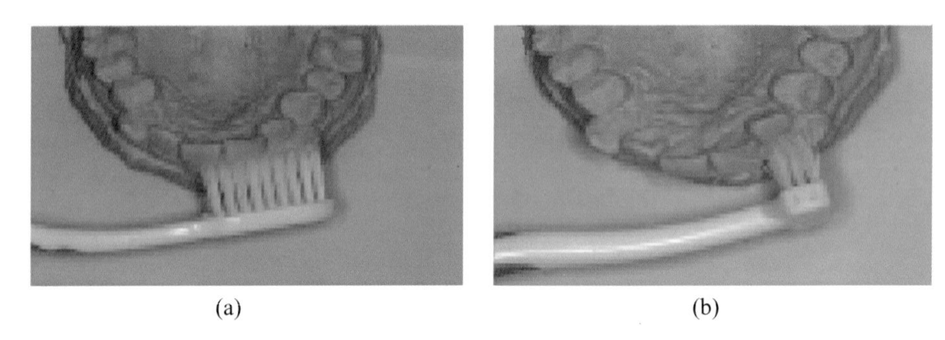

(a) (b)

圖 8.3 (a) 傳統 I 型刷牙與 (b) 新式 T 型牙刷之比較

4. 概念設計

本發明係有關於一種牙周護理牙刷；特別是有關於一種對應牙齒之尺寸以設計頭部之尺寸，可方便進行橫刷及直挑刷之牙周護理牙刷。

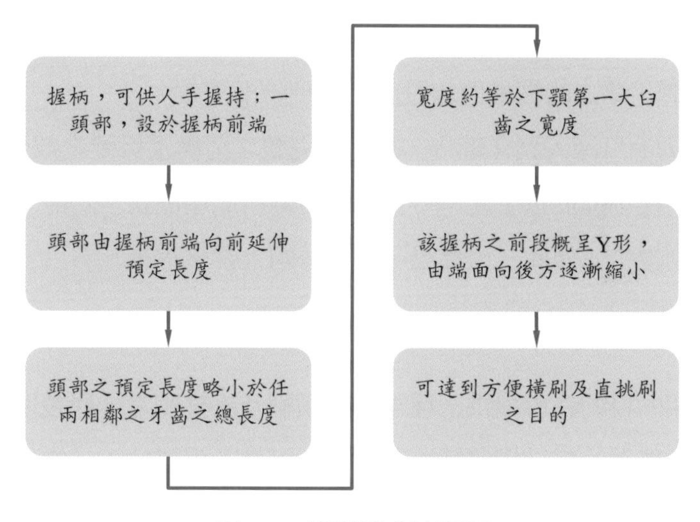

圖 8.4　設計概念流程圖

依如上之設計概念（圖 8.4），牙刷頭部設計長度需略小於任兩相鄰之牙齒總長度，而寬度大約等同於下顎第一大就齒之寬度，如此一來即可達到橫刷及直挑刷之目的。

5. 檢討評估

本牙周護理牙刷之發明，其中包括：一握柄，可供人手握持；一頭部，設於握柄前端，頭部由握柄前端向前延伸預定長度，且橫向具有預定寬度，頭部之底面上具有許多刷毛；其特徵在於：頭部之預定長度略小於任兩相鄰之牙齒之總長度，且其預定寬度概等於下顎第一大臼齒之寬度，可達到方便橫刷及直挑刷之目的。

在設計，上同時需要符合牙刷多項的基本功能以及使用上之考量：

(1) 有效清潔牙齒。

(2) 美白牙齒，使牙齒變的更加健康、潔白。

(3) 有抗菌之功效，使刷牙同時也可維持口腔衛生環境。

(4)刷毛的柔軟度，在刷牙時維持舒適感。
(5)符合人體工學之的握柄曲線設計，達到防滑功效。
(6)微細之刷毛可深入到牙縫內，以達到完整之清潔及保健之效果。

本發明在不違反以上基本考量下，可維持此產品正常功能，又可使清潔效果得到提生，如此一來此發明將可替國人帶來福祉。

6. 設計報告

本發明的目的在於提供一種可方便橫刷及直挑刷之牙周護理牙刷。本發明達成上述目的之結構包括：一握柄，可供人手握持；一頭部，設於握柄前端，頭部由握柄前端向前延伸預定長度，且橫向具有預定寬度，頭部之底面上具有許多刷毛；其特徵在於：頭部之預定長度略小於任兩相鄰之牙齒之總長度，且其預定寬度概等於下顎第一大臼齒之寬度，可達到方便橫刷及直挑刷之目的。

該握柄之前段概呈 Y 形，由端面向後方逐漸縮小，可方便清潔後牙區之牙齒，該頭部之預定長度爲 0.6 至 0.8 公分，可達到方便直挑刷之目的，該頭部之預定寬度爲 1.2 至 1.4 公分，可達到方便橫刷之目的。

7. 實施方式

如圖 8.5 所示，本發明牙周護理牙刷包括：一握柄 1，可供人手握持；一頭部 2，設於握柄 1 前端，頭部 2 由握柄 1 前端向前延伸預定長度，且橫向具有預定寬度，頭部 2 之底面上具有許多刷毛 3；其特徵在於：頭部 2 之預定長度略小於任兩相鄰之牙齒之總長度，且其預定寬度概等於下顎第一大臼齒之寬度，可達到方便橫刷及直挑刷之目的。下文將詳予說明。握柄 1 可供人手握持，可採用例如塑膠等材料製成，且可設有若干止滑凸起部（圖中未示）以方便人手握持，其前段概呈 Y 形，由端面向後方逐漸縮小，藉以減少握柄卡到牙齒或其他部位的情況發生，可方便清潔後牙區。頭部 2 設於握柄 1 前端，由握柄 1 前端向前延伸預定長度，且橫向具有預定寬度，頭部 2 之底面上具有許多刷毛 3，使用者握持握柄以便利用刷毛清潔牙齒，可達到清潔牙面及牙縫之目的，其可概呈方形、圓形或其他形狀，爲方便說明，茲以概呈方形之頭部爲例說明。

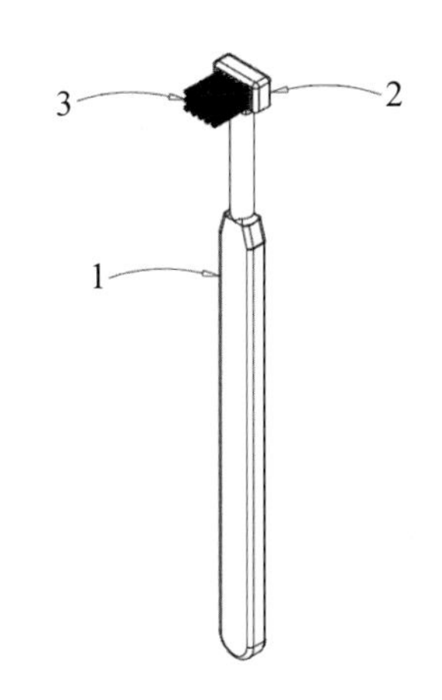

圖 8.5　為本發明之立體圖

如圖 8.6 所示，頭部 2 之預定長度可略小於任兩相鄰之牙齒之總長度，較佳者爲 0.6 至 0.8 公分，可方便進行直挑刷動作以清潔牙縫。

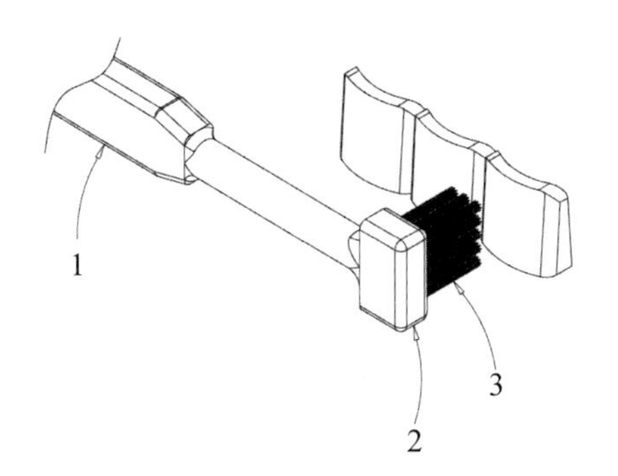

圖 8.6　為本發明與牙齒比較之示意圖

如圖 8.7 至 8.8 所示，當使用者清潔向內傾斜之牙齒左側後，可藉由微調刷毛 3 的方向以清潔向內傾斜之牙齒右側 ，不會有後方刷毛干擾而需要換手的情況產生，可達到方便直挑刷之目的。另外，在伸入後牙區時，由於可在不用換手握持握柄 1 的情況下以直挑刷動作清潔牙縫，因此不論是前牙區或後牙區都可有效清潔，藉以避免產生牙病。頭部 2 之預定寬度可概等於下顎第一大臼齒之寬度，較佳者爲爲 1.2 至 1.4 公分，藉以在進行橫刷動作時，能確實清潔牙齦邊緣及牙面，又不會有卡到或撞傷牙齦之問題產生。

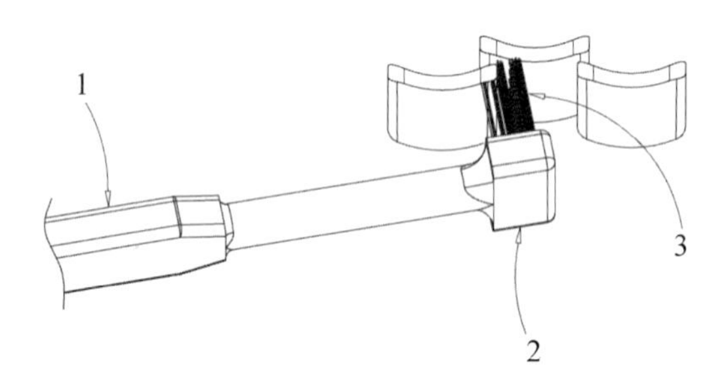

圖 8.7　為本發明清潔向內傾斜之牙齒之示意圖

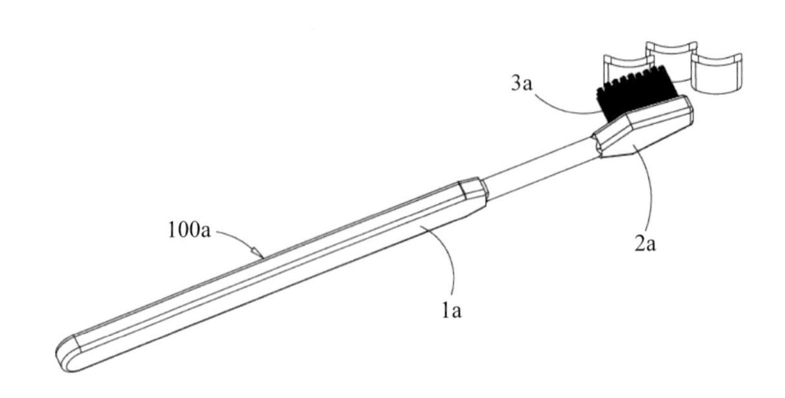

圖 8.8　為習用 I 形牙刷清潔向內傾斜之牙齒之示意圖

【符號說明】

1：握柄

2：頭部

3：刷毛

100a：I 形牙刷

1a：握柄

2a：頭部

3a：刷毛

8. 參考文獻

[1] Rajapakse, P.S., et al., Does tooth brushing influence the development and progression of non-inflammatory gingival recession? A systematic review. Journal of Clinical Periodontology, 2007. 34(12): p. 1046-1061.

[2] Khocht, A., et al., Gingival Recession in Relation to History of Hard Toothbrush Use. Journal of Periodontology, 1993. 64(9): p. 900-905.

[3] Löe, H., Å. Ånerud, and H. Boysen, The Natural History of Periodontal Disease in Man: Prevalence, Severity, and Extent of Gingival Recession. Journal of Periodontology, 1992. 63(6): p. 489-495.

[4] Litonjua, L.A., et al., Toothbrushing and gingival recession. International Dental Journal, 2003. 53(2): p. 67-72.

[5] Joshipura, K.J., R.L. Kent, and P.F. DePaola, Gingival Recession: Intra-Oral Distribution and Associated Factors. Journal of Periodontology, 1994. 65(9): p. 864-871.

[6] Vehkalahti, M., Occurrence of Gingival Recession in Adults. Journal of Periodontology, 1989. 60(11): p. 599-603.

[7] Checchi, L., et al., Gingival recession and toothbrushing in an Italian School of Dentistry: a pilot study. Journal of Clinical Periodontology, 1999. 26(5): p. 276-280.

[8] Smith, R.G., Gingival recession Reappraisal of an enigmatic condition and a new index for monitoring. Journal of Clinical Periodontology, 1997. 24(3): p. 201-205.

[9] Ainamo, J., et al., Gingival recession in schoolchildren at 7,12 and 17 years of age in Espoo, Finland. Community Dentistry and Oral Epidemiology, 1986. 14(5): p. 283-286.

[10] Tugnait, A. and V. Clerehugh, Gingival recession—its significance and management. Journal of Dentistry, 2001. 29(6): p. 381-394.

8.2 抗菌及疼痛治療貼布

1. 摘要

按壓痛點之療法是一種透過按壓患者感到疼痛的部位，藉以減緩及治療疼痛的方法 [1-3]。本發明係有關於一種抗菌及疼痛治療貼布；特別是有關於一種貼附於人體上，可達到減緩或治療疼痛之效果，並可產生抗菌效果之抗菌及疼痛治療貼布。

2. 確定需求

一般而言，醫師、患者或其他人都可運用適當地力量按壓患者感到疼痛的部位，藉以達到減緩患者疼痛感的目的 [4-6]（圖 8.9），但是對於患有慢性病或例如癌症等病患而言，其需要長期的按壓行爲，因此人們研究出各種可按壓患者感到疼痛的部位的壓力裝置 [7 ,8]。但是，這些裝置都存在成本高的問題，而且使用上亦不方便，常阻礙患者行動或休息。

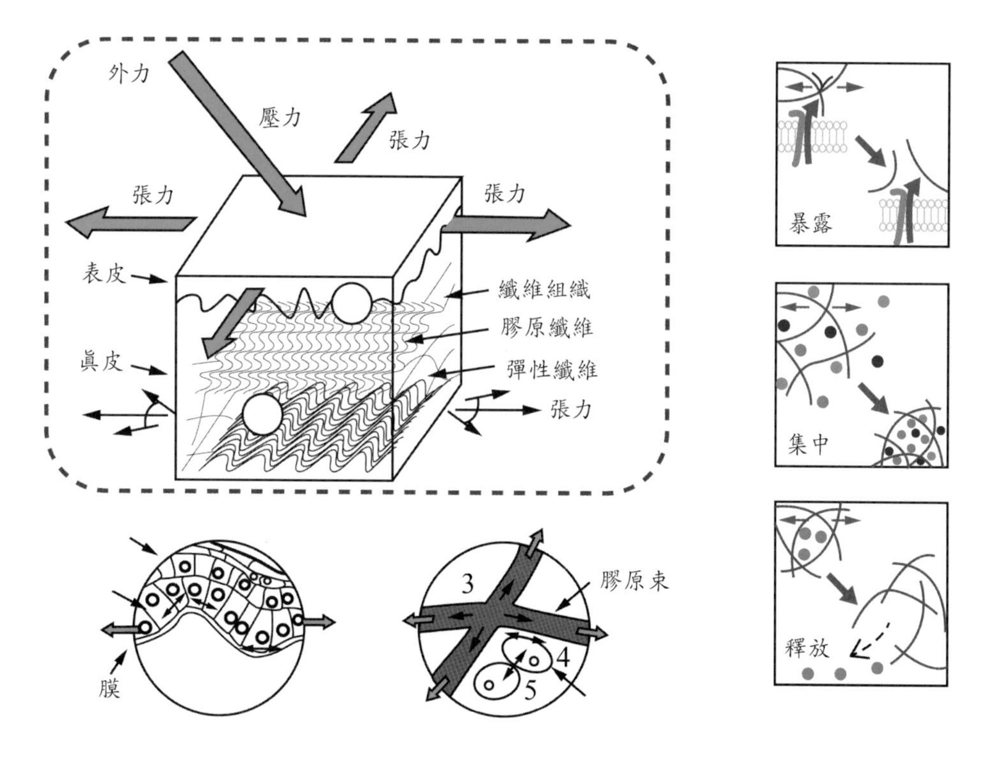

圖 8.9　按壓減緩疼痛示意圖 [8]

3. 定義問題

因此臨床上希望可有一減緩疼痛之產品，不但使用方便、價格低且有效減緩疼痛外，並達到殺菌之功效 [9-11]，因此設計出一特殊結構之疼痛貼布，期望於貼附之同時可產生一長期按壓的功效（圖 8.10）。

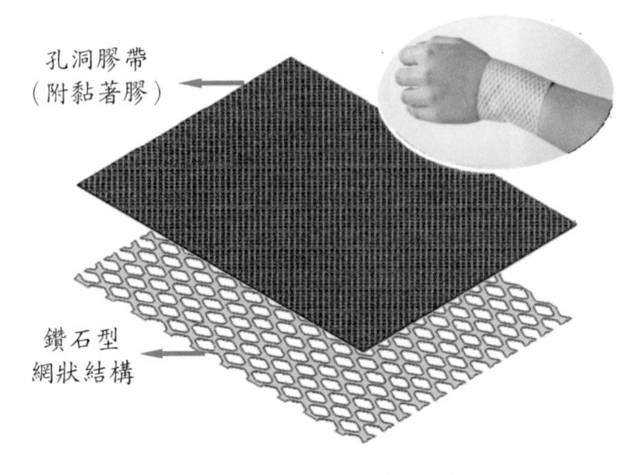

圖 8.10 抗菌及疼痛貼布結構示意圖

4. 概念設計

本發明係有關於一種抗菌及疼痛治療貼布；特別是有關於一種貼附於人體上，可達到減緩或治療疼痛之效果，並可產生抗菌效果之抗菌及疼痛治療貼布（圖 8.11）。

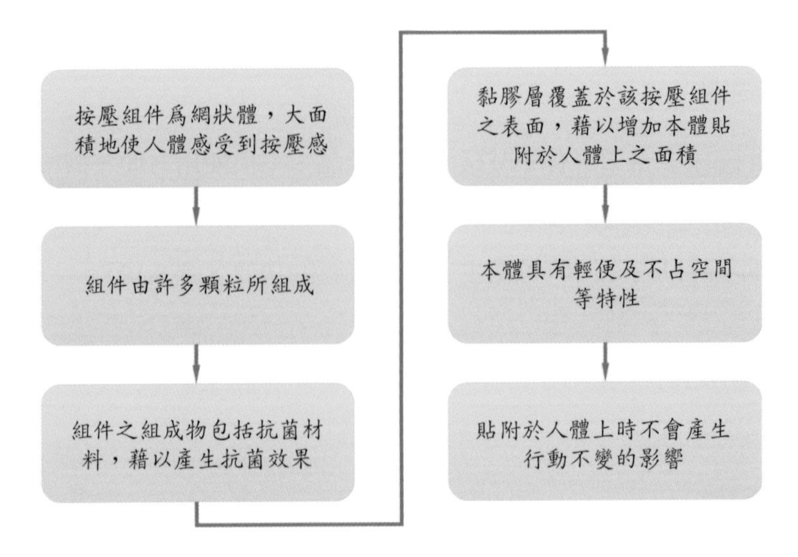

圖 8.11 設計概念流程圖

5. 檢討評估

一種抗菌及疼痛治療貼布，其中包括：一本體，呈片狀，底面具有黏膠層；一按壓組件，設於該本體之底面；藉該本體將按壓組件貼附於人體上，可產生按壓感，藉以達到減緩或治療疼痛之效果；該按壓組件之組成物包括抗菌材料，藉以產生抗菌效果。

在設計時，同時需要符合以下之基本功能：

(1) 可長時間貼附於人體皮膚上。

(2) 以物理方式刺激穴位。

(3) 貼附於人體時，同時產生抗菌之功效。

(4) 長時間貼附後，可達減緩或治療疼痛之效果。

此爲針對癌症患者之設計，希望可以幫助癌症患者達到抗疼痛之效果，作用同時並產生抗菌之功用，期望可使癌症患者在治療期間可以達到一舒緩疼痛之功效。

6. 設計報告

本發明的目的在於提供一種可貼附於人體上以產生按壓感，藉以達到減緩或治療疼痛之效果之抗菌及疼痛治療貼布。本發明達成上述目的之結構包括：一本體，呈片狀，底面具有黏膠層；一按壓組件，設於該本體之底面；藉該本體將按壓組件貼附於人體上，可產生按壓感，進而達到減緩或治療疼痛之效果，另外，該本體具有輕便及不占空間等特性，貼附於人體上時不會產生行動不變的影響。

該按壓組件爲網狀體，可大面積地使人體感受到按壓感，該按壓組件由許多顆粒所組成，可以點接觸的方式使人體感受到按壓感，該按壓組件之底部表面呈裸露狀態，該按壓組件之組成物包括抗菌材料，藉以產生抗菌效果，該抗菌材料爲金或銀，藉以產生抗菌效果，該黏膠層覆蓋於該按壓組件之表面，藉以增加本體貼附於人體上之面積。

7. 實施方式

如圖 8.12 所示，本發明抗菌及疼痛治療貼布 100 包括：一本體 1，呈片狀，底面具有黏膠層 2；一按壓組件 3，設於本體 1 之底面；藉本體將按壓組件貼附於人體上，可產生按壓感，藉以達到減緩或治療疼痛之效果；該按壓組件之組成物可包括抗菌材料，藉以產生抗菌效果。下文將詳予說明。本體 1 呈片狀，底面具有黏膠層 2，可將按壓組件 3 貼附於人體上，其可由習用貼布所選用之材料製成，例如織布、不織布及海綿等，具有輕便及不占空間等特性，貼附於人體上時不會產生行動不變的影響。

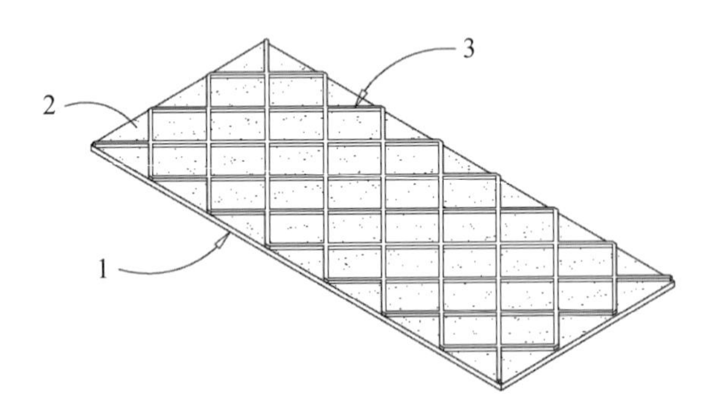

圖 8.12　為本發明之立體示意圖

按壓組件 3 設於本體 1 之底面，可使本體 1 之底面形成凹凸面，藉以在貼附於人體上時，使人體產生按壓感，特別是在貼附於具有穴道之部位時，可藉由刺激穴道，提升減緩或治療疼痛之效果，其結構可視使用需求採用例如單點、多點及／或大面積等方式按壓人體，茲舉例說明如下。按壓組件 3 可爲一種網狀體，例如格菱網狀結構，可大面積地使人體感受到按壓感，其可透過控制厚度及網格之口徑以配合預定黏度之黏膠層 2，藉以使黏膠層 2 可具有適合人體黏度，在貼附時不易脫落，取下時又不會產生劇痛。

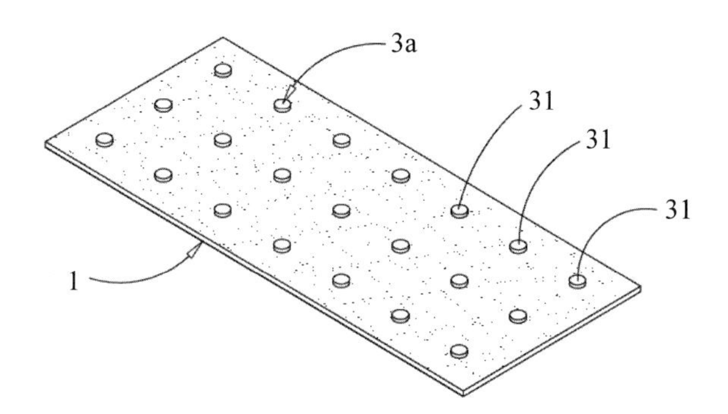

圖 8.13　為本發明之第二實施例，揭露按壓組件由許多顆粒所組成之立體示意圖

另外，按壓組件 3 之組成物可包括抗菌材料，例如金及／或銀，藉以滅菌及／或抑制細菌滋長。按壓組件 3 之底部表面可呈裸露狀態，使抗菌材料產生之抗菌效果更爲顯著。當然，黏膠層 2 亦可覆蓋於按壓組件 3 之表面，藉以增加本體貼附於人體上之面積，黏膠層 2 及按壓組件 3 之配合關係可視使用情況而定。圖 8.13 所示爲本創作第二實施例。如圖 8.13 所示，按壓組件 3a 可由許多顆粒 31 所組成，可分布於本體 1 之底面或集中於中央，藉以利用點接觸的方式使人體感受到按壓感。

【符號說明】

1：本體

2：黏膠層

3、3a：按壓組件

31：顆粒

8. 參考文獻

[1] Halperin, S.A., et al., Lidocaine-prilocaine patch decreases the pain associated with the subcutaneous administration of measles-mumps-rubella vaccine but does not adversely affect the antibody response. The Journal of Pediatrics, 2000. 136(6): p. 789-794.

[2] Poor, M.R., J.E. Hall, and A.S. Poor, Reduction in the incidence of alveolar osteitis in patients treated with the SaliCept Patch, containing Acemannan Hydrogel. Journal of Oral and Maxillofacial Surgery, 2002. 60(4): p. 374-379.

[3] Kim, J.G., et al., Effectiveness of Transdermal Fentanyl Patch for Treatment of Acute Pain Due to Oral Mucositis in Patients Receiving Stem Cell Transplantation. Transplantation Proceedings, 2005. 37(10): p. 4488-4491.

[4] Souron, V. and J. Hamza, Treatment of Postdural Puncture Headaches with Colloid Solutions: An Alternative to Epidural Blood Patch. Anesthesia & Analgesia, 1999. 89(5): p. 1333-1334 10.1213/00000539-199911000-00071.

[5] Shemer, A., et al., Efficacy of a Mucoadhesive Patch Compared with an Oral Solution for Treatment of Aphthous Stomatitis. Drugs in R & D, 2008. 9(1): p. 29-35.

[6] Kaya, G.S., et al., Comparison of Alvogyl, SaliCept Patch, and Low-Level Laser Therapy in the Management of Alveolar Osteitis. Journal of Oral and Maxillofacial Surgery, 2011. 69(6): p. 1571-1577.

[7] Lee, T.-W., J.-C. Kim, and S.-J. Hwang, Hydrogel patches containing Triclosan for acne treatment. European Journal of Pharmaceutics and Biopharmaceutics, 2003. 56(3): p. 407-412.

[8] Cai, Q., et al., Efficacy and safety of transdermal fentanyl for treatment of oral mucositis pain caused by chemotherapy. Expert Opinion on Pharmacotherapy, 2008. 9(18): p. 3137-3144.

[9] Chen, J., et al., Antibacterial polymeric nanostructures for biomedical applications. Chemical Communications, 2014.

[10] Kong, H. and J. Jang, Antibacterial Properties of Novel Poly (methyl methacrylate) Nanofiber Containing Silver Nanoparticles. Langmuir, 2008. 24(5): p. 2051-2056.

[11] Yadav, R. and B. Kandasubramanian, Egg albumin PVA hybrid membranes for antibacterial application. Materials Letters, 2013. 110(0): p. 130-133.

8.3 生醫模型逆向成型方法

1. 摘要

逆向工程有別於一般的傳統製造方法，是一種先製造產品原型，再進行複製的製造方法，常見的有類比式逆向工程及數位式逆向工程 [1-3]。傳統的類比式逆向工程是利用如三次元銑床等裝置製作出等比例的模具，然而這樣的方式難以進行修改。數位式逆向工程是針對該產品原型進行數位化量測，藉以取得數位化尺寸數據，而已經數位化之尺寸數據可容易進行複製及修改，因此已經逐漸取代傳統逆向工程 [1, 4]。在數位式逆向工程之製程中，利用已經數位化之產品原型之尺寸數據進行製造的方式亦有多種，例如製作模具以便量產或以快速成型機（Rapid Prototyping）直接製作成品 [5]。

2. 確定需求

快速成型機通過一個橫截面的訊息，將液體、粉末或薄片材料依照所讀取到該文件之幾合形狀列印出，最終將模型所有橫截面結合在一起，以創造一個實體之模型。此技術可創造任何形狀之商品，而此快速成型 3D 列印技術之優勢如下：

(1) 快速列印、打樣產品。

(2) 可同時構建數個模型。

(3) 可設計彩色立體模型。

(4) 無需添加油漆。

(5) 可有效評估產品設計的外形、感覺和風格。

(6) 可在模型上列印文本標籤、徽標、設計注釋或圖像。

(7) 高清晰度 3D 列印可生產具有複雜幾何圖形和細小細節特徵。

(8)降低運營之成本 。

(9) 可靠及成本低廉的噴墨列印技術。

(10)未使用的材料可回收用於下一次製作，減少浪費。

打印機（圖 8.14）印製之垂直厚度（即 Z 方向）以及 XY 平面方向的方向是 dpi（每英寸像素）或微米來的。

圖 8.14　精密快速成型機實體圖

一般厚度爲 100 微米或 0.1 mm ，市面上有些較精密之系列已可以打印出一層 16 微米之超薄層，一般墨水直徑是從 50 到 100 微米之大小，使用傳統的方法來創建一個模型通常需要幾個小時到幾天，當然主要取決於模型的大小和複雜程度而定，而隨著 3D 打印技術可以縮短時間至數個小時就完成，當然與打印機本身之性能、規模和精密性有著密切之關係。3D 印刷技術可以快速、彈性以及符合成本效益之方法，以產生一個相對小數量的產品。一個桌面大小的 3D 打印機，以足夠滿足設計師或製造商模型概念開發團隊的需求，適用於各種領域中都將展開全新的視野，因此此技術應用於生醫之領域可期望對臨床治療及基礎研究上帶來重大的突破 [6]。

3. 定義問題

在現今的醫學領域中，已可採用例如骨頭等植入物來進行醫療。由於所需之植入物樣式繁多，因此可利用電腦斷層掃描法或核磁共振法來取得所需植入物之數位化尺寸數據，然後再導入數位式逆向工程，以快速成型機直接製作植入物，可節省許多植入物與患者間之適應問題 [7-9]。由於植入物是要直接放入生物體內的，因此其殺菌程度非常重要 [10, 11] ，而在現今的快速成型技術中，只能在成品完成後進行表面殺菌，而難以使產品內部亦呈無菌狀態。

4. 概念設計

本發明係有關於一種生醫模型逆向成型方法；特別是有關於一種在列印生醫模型時，持續地進行殺菌動作，使該生醫模型之內部呈無菌狀態之生醫模型逆向成型方法（圖 8.15）。

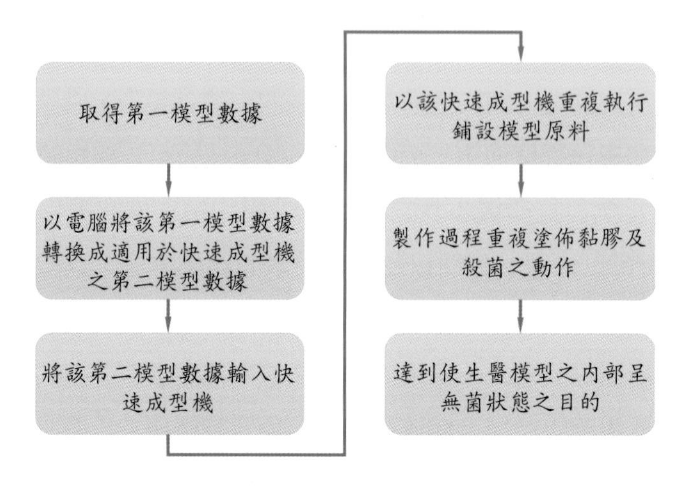

圖 8.15　設計概念流程圖

5. 檢討評估

一種生醫模型逆向成型方法，其中至少包括下列步驟：取得第一模型數據（臨床 CT 、MRI 影像），以電腦將該第一模型數據轉換成適用於快速成型機之第二模型數據（工程 3D 影像檔）（圖 8.16）。

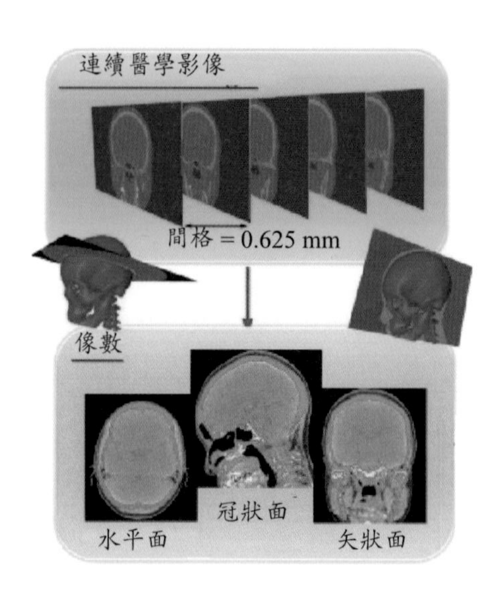

圖 8.16　第一模型數據（臨床 CT 、MRI 影像）轉換成適用於快速成型機之第二模型數據（工程 3D 影像檔）

將該第二模型數據輸入快速成型機，以該快速成型機重複執行鋪設模型原料、塗佈黏膠及殺菌之動作，直到堆疊出一生醫模型爲止；藉由在堆疊該生醫模型時進行殺菌動作，可達到使生醫模型之內部呈無菌狀態之目的。

在設計時，同時需要符合以下之基本功能：

(1) 以積層製造法列印立體模型。

(2) 有效將多餘材料回收再利用。

(3) 列印同時達到抗菌之功效。

(4) 在工作區執行模型後製。

(5) 待模型乾燥後，進行模型表面強化作業。

此設計在裝設殺菌電漿設備的同時，必須不影響到基層製造模型的運作，因此機構的設計考量上必須非常嚴謹。

6. 設計報告

本發明的目的在於提供一種使生醫模型之內部呈無菌狀態之生醫模型逆向成型方法。本發明達成上述目的之步驟包括：(a) 取得第一模型數據；(b) 以電腦將該第一模型數據轉換成適用於快速成型機之第二模型數據；(c) 將該第二模型數據輸入快速成型機；(d) 以該快速成型機重複執行鋪設模型原料、塗佈黏膠及殺菌之動作，直到堆疊出一生醫模型爲止；藉由在堆疊該生醫模型時進行殺菌動作，可達到使生醫模型之內部呈無菌狀態之目的。

該第一模型數據是採用電腦斷層掃描法所取得，可藉以產生硬組織結構之生醫模型，第一模型數據是採用核磁共振法所取得，可藉以產生軟組織結構之生醫模型，該步驟 (b) 包括修改第一模型數據，可依預定需求產生生醫模型，該快速成型機之殺菌動作採用低溫電漿滅菌法。

7. 實施方式

如圖 8.17 所示，本發明生醫模型逆向成型方法至少包括下列步驟：(1) 取得第一模型數據；(2) 以電腦將該第一模型數據轉換成適用於快速成型機之第二模型數據；(3) 將該第二模型數據輸入快速成型機；(4) 以該快速成型機重複執行鋪設模型原料、塗佈黏膠及殺菌之動作，直到堆疊出一生醫模型爲止；藉由在堆疊該生醫模型時進行殺菌動作，可達到使生醫模型之內部呈無菌狀態之目的。下文將詳予說明。

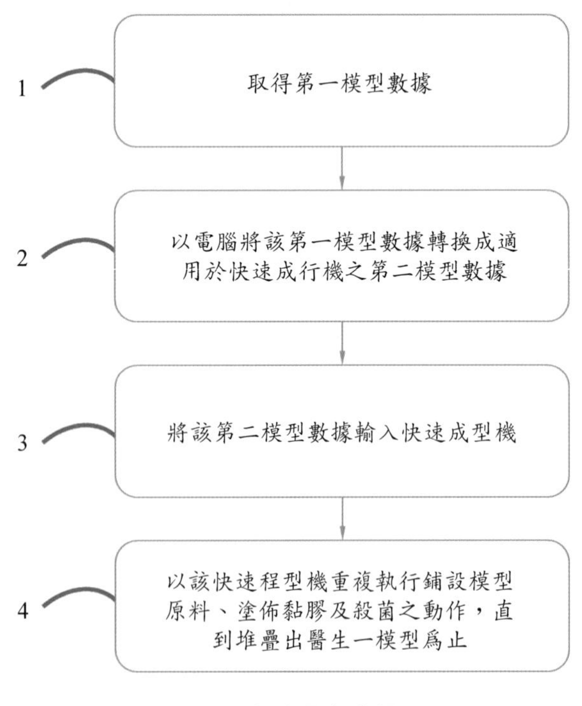

圖 8.17 本發明之流程圖

步驟 1 爲取得第一模型數據，該第一模型數據可採用電腦斷層掃描法或核磁共振法來取得，其中該電腦斷層掃描法是用於取得生物之硬組織之影像資料，可用於產生硬組織結構之生醫模型，而該核磁共振法是用於取得生物之軟組織之影像資料，可用於產生軟組織結構之生醫模型。

步驟 2 爲以電腦將該第一模型數據轉換成適用於快速成型機之第二模型數據，由前述之電腦斷層掃描法或核磁共振法取得之第一模型數據是一種斷面影像資料，因此不但可方便建構出 3D 仿眞模型，還可容易以電腦轉換成適用於快速成型機之第二模型數據。另外，以現今的電腦技術而言，使用者可利用電腦修改影像資料，例如修改灰階値等，因此使用者能以電腦修改第一模型數據，藉以依預定需求產生生醫模型。

步驟 3 爲將該第二模型數據輸入快速成型機，快速成型機是一種透過層層推疊的方式建構出三維模型的機器，然而其爲習用技術，故本文不再贅述。

步驟 4 爲以該快速成型機重複執行鋪設模型原料、塗佈黏膠及殺菌之動作，直到堆疊出一生醫模型爲止，爲方便說明，茲逐一舉例說明快速成型機之動作。快速成型機之鋪設模型原料之動作主要是依第二模型數據而在一界定範圍內鋪設模型原料，因此可採用各種粉狀之模型原料，較佳者爲生醫高分子模型原料，例如聚氯乙烯（PVC）（Polyvinyl Chloride）、丙烯腈 - 丁二烯 - 苯乙烯共聚合物（ABS）（Acrylonitrile-Butadiene-Styrene）、聚丙烯（PP）（Polypropylene）及含氟聚合物等。

快速成型機之塗佈黏膠之動作是依第二模型數據而在以鋪設好的模型原料之預定區域上塗佈黏膠，藉以使預定區域模型原料黏固在一起，爲避免應用之生物產生不適應之情況，黏膠可採用例如生醫水膠（類蛋白）等。快速成型機之殺菌之動作是至少在有塗佈黏膠之區域上進行，較佳者係採用低溫電漿滅菌法（Plasma sterilization），藉由電波能量刺激氣體，使離子與分子互相碰撞產生自由基，進而破壞微生物之新陳代謝功能，該滅菌法之優點在於可在低於 50℃下進行滅菌、對環境無毒性殘存（氧氣及水）、滅菌週期短及可處理不耐熱／不耐濕的醫療器材；藉由殺菌之動作可達到使生醫模型之內部呈無菌狀態之目的。

【符號說明】

1：步驟 1

2：步驟 2

3：步驟 3

4：步驟 4

8. 參考文獻

[1] Wang, D.Z., S.N. Jayasinghe, and M.J. Edirisinghe, Instrument for electrohydrodynamic print-patterning three-dimensional complex structures. Review of Scientific Instruments, 2005. 76(7): p. 075-105.

[2] Sachs, E., et al., Three Dimensional Printing: Rapid Tooling and Prototypes Directly from a CAD Model. Journal of Manufacturing Science and Engineering, 1992. 114(4): p. 481-488.

[3] Mayer, J., et al. Design of high capacity 3D print codes aiming for robustness to the PS channel and external distortions. in Image Processing (ICIP), 2009 16th IEEE International Conference on. 2009.

[4] Ohbuchi, R., A. Mukaiyama, and S. Takahashi, A Frequency-Domain Approach to Watermarking 3D Shapes. Computer Graphics Forum, 2002. 21(3): p. 373-382.

[5] Mayer, J., et al. Design of high capacity 3D print codes with visual cues aiming for robustness to the PS channel and external distortions. in Multimedia Signal Processing, 2009. MMSP ‘09. IEEE International Workshop on. 2009.

[6] Mironov, V., et al., Organ printing: computer-aided jet-based 3D tissue engineering. Trends in Biotechnology, 2003. 21(4): p. 157-161.

[7] Thomas, M., et al., Print-and-Peel Fabrication for Microfluidics: What's in it for Biomedical Applications? Annals of Biomedical Engineering, 2010. 38(1): p. 21-32.

[8] Carlbom, I., D. Terzopoulos, and K.M. Harris, Computer-assisted registration, segmentation, and 3D reconstruction from images of neuronal tissue sections. Medical Imaging, IEEE Transactions on, 1994. 13(2): p. 351-362.

[9] Ahmad, Z., et al., Freeform Fabrication of Nano-Biomaterials Using 3D Electrohydrodynamic Print-Patterning. Journal of Biomedical Nanotechnology, 2008. 4(2): p. 185-195.

[10] Silva, D.N., et al., Dimensional error in selective laser sintering and 3D-printing of models for craniomaxillary anatomy reconstruction. Journal of Cranio-Maxillofacial Surgery, 2008. 36(8): p. 443-449.

[11] Zein, N.N., et al., Three-dimensional print of a liver for preoperative planning in living donor liver transplantation. Liver Transplantation, 2013. 19(12): p. 1304-1310.

8.4 脊椎矯正裝置及方法

1. 摘要

脊椎是身體的棟樑。若是脊椎長期處於姿勢不正確的情況下，不但容易造成變形，還可能壓迫神經而產生各種疾病。然而即便人們早已知道脊椎如此重要，卻仍會因爲疏忽或懶惰而造成脊椎變形（圖 8.18）。

2. 確定需求

爲了防止脊椎變形，人們設計出各式各樣的脊椎檢測方式或裝置，其中有一種利用牆壁使脊椎挺直的方式，係可使人的後頭部、背部及尾骨概呈一直線，由於在生活環境中，到處都有牆壁，因此可方便人們檢測脊椎，但是當離開牆壁後，很容易又會有姿勢不正確的情況產生 [1-3]。另外，對於已經有駝背現象的人而言，僅在檢測後自行調整姿勢已不足夠，因此需要可使後頭部、背部及尾骨概呈一直線的脊椎矯正器 [4]。

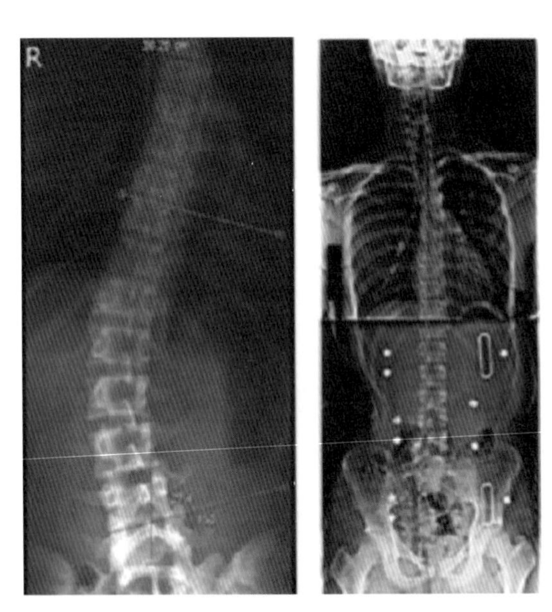

圖 8.18 脊椎側彎之臨床影像 [5]

3. 定義問題

脊椎呈現不正常彎曲時，因為會壓迫到神經而伴隨著疼痛 [3, 6]，此時病患需要治療，而臨床侵入式手術已行之多年（圖 8.19），然而脊椎本身結構複雜且其周邊伴隨著許多神經及血管 [7-10]，因此侵入式手術存在許多風險及不確定性。本發明考量到此點，所以採用非侵入式之治療方式，由患者長時間配帶此裝置，希望可慢慢將患者脊椎調整回正常之位置 [11]。

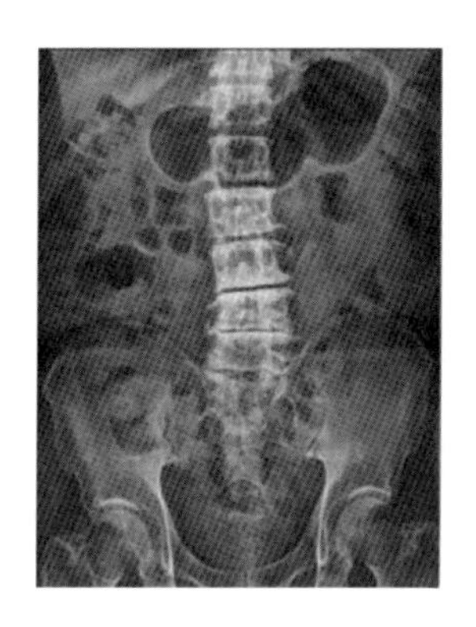
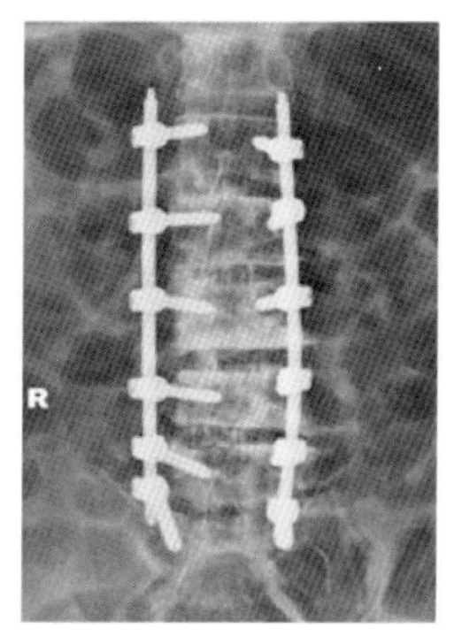

圖 8.19　臨床脊椎側彎之手術影像 [5]

4. 概念設計

本發明係有關於一種脊椎矯正裝置及方法；特別是有關於一種可使後頭部、背部及尾骨概呈一直線，藉以矯正脊椎之脊椎矯正裝置及方法（圖 8.20）。

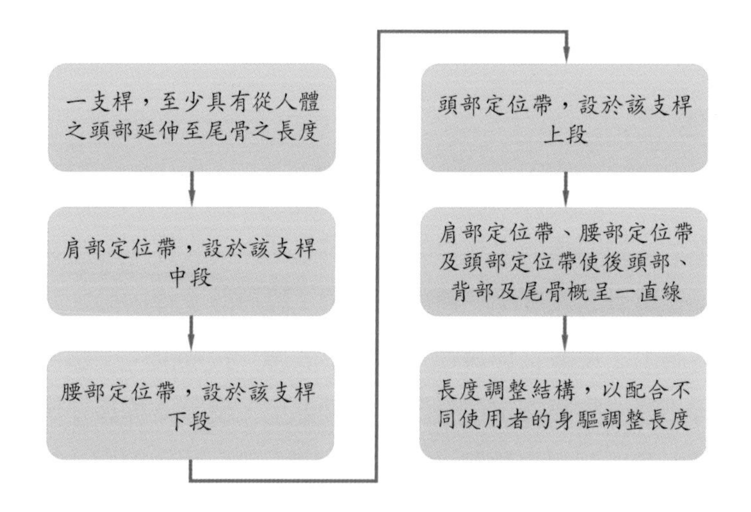

圖 8.20　設計概念流程圖

5. 檢討評估

本發明是一種脊椎矯正裝置及方法，其中包括：一支桿，具有至少從人體之頭部延伸至尾骨之長度；一肩部定位帶，設於該支桿中段，使該支桿靠在背部上；一腰部定位帶，設於該支桿下段，使該支桿靠在尾骨處；及一頭部定位帶，設於該支桿上段，使該支桿靠在後頭部上；藉由肩部定位帶、腰部定位帶及頭部定位帶使後頭部、背部及尾骨概呈一直線，可達到矯正脊椎之目的。

在設計時，同時需要符合以下之基本功能：

(1) 適合各年齡層多數人穿戴此矯正裝置。

(2) 使用強制之外力方式使脊椎回歸於正確範圍內活動。

(3) 具有微調功能，可適用於各式之體型。

(4) 長時間穿戴此矯正裝置，可使脊椎回覆於正常之作動位置。

這發明雖然爲非侵入式治療，但需要長時間配戴方可達到脊椎矯正之效果，因此如果患者不夠耐心長時間使用此矯正器，可能就無法達到預期療效。

6. 設計報告

本發明之目的在於提供一種可使後頭部、背部及尾骨概呈一直線，藉以矯正脊椎。本發明達成上述目的之特徵包括：一支桿，至少具有從人體之頭部延伸至尾骨之長度；一肩部定位帶，設於該支桿中段，該肩部定位帶配戴在肩膀上，使該支桿靠在背部處形成第一接觸部；一腰部定位帶，設於該支桿下段，該腰部定位帶配戴在腰部上，使該支桿靠在尾骨處形成第二接觸部；及一頭部定位帶，設於該支桿上段，該頭部定位帶配戴在額頭上，使該支桿靠在後頭部處形成第三接觸部；藉由肩部定位帶、腰部定位帶及頭部定位帶使後頭部、背部及尾骨概呈一直線，可達到矯正脊椎之目的。

該支桿設有至少一長度調整結構，以配合不同使用者的身軀調整長度。本發明之另一目的在於提供一種可利用腰部及頸部的力量矯正脊椎之脊椎矯正方法。本發明達成上述目的之步驟至少包括：(1) 將一支桿配戴在背部，並使該支桿靠在背部上；(2) 將該支桿下段綁在腰部上；(3) 將該支桿上段綁在額頭上，並使該支桿靠在後頭部上；(4) 運用腰部的力量使支桿下段向前移，同時運用頸部的力量支撐支桿上段，進而使背部脊椎被向前推，藉以達到矯正脊椎之目的。該支桿下端至少延伸至尾骨處，以供使用者檢測脊椎矯正狀態。

7. 實施方式

如圖 8.21 所示，本發明脊椎矯正裝置包括：一支桿 1，具有至少從人體之頭部延伸至尾骨之長度；一肩部定位帶 2，設於該支桿 1 中段，該肩部定位帶 2 配戴在肩膀上，使該支桿 1 靠在背部處形成第一接觸部 21；一腰部定位帶 3，設於該支桿 1 下段，該腰部定位帶 3 配戴在腰部上，使該支桿 1 靠在尾骨處形成第二接觸部 31；及一頭部定位帶 4，設於該支桿 1 上段，該頭部定位帶 4 配戴在額頭上，使該支桿 1 靠在後頭部處形成第三接觸部 41；藉由肩部定位帶 2、腰部定位帶 3 及頭部定位帶 4 使頭部、背部及尾骨概呈一直線，可達到矯正脊椎之目的。下文將詳予說明。

支桿 1 具有至少從人體之頭部延伸至尾骨之長度，以便使後頭部、背部及尾骨概呈一直線。另外，支桿 1 可設有至少一長度調整結構 11，以配合不同使用者的身軀調整長度。再者，在支桿 1 上，係可配合頭部、背部及／或尾骨設置適當的凹槽以方便定位（圖 8.21 所示）。

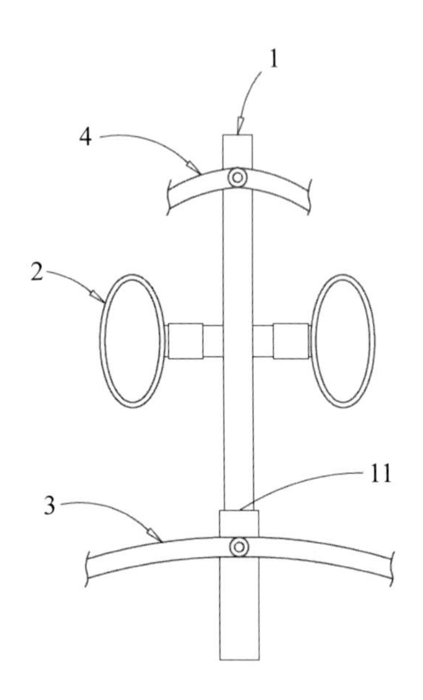

圖 8.21　本發明之結構示意圖

如圖 8.22 所示，肩部定位帶 2 設於支桿 1 中段，使支桿 1 靠在背部處形成第一接觸部 21，其可配戴在兩肩膀上，使支桿 1 大概靠在脊椎處，以便藉由腰部定位帶 3 及頭部定位帶 4 使得使用者可運用頭部及腰部的力量矯正脊椎。腰部定位帶 3 設於支桿 1 下段，使支桿 1 靠在尾骨處形成第二接觸部 31，可供使用者檢測脊椎狀態。頭部定位帶 4 設於支桿 1 上段，使支桿 1 靠在後頭部處形成第三接觸部 41，其配合腰部定位帶 3，同時運用頭部及腰部的力量使支桿 1 向前移動，即可第一接觸部 21 處之脊椎被向前推，進而呈現後頭部、背部及尾骨概呈一直線之狀態，藉以達到矯正脊椎之目的。

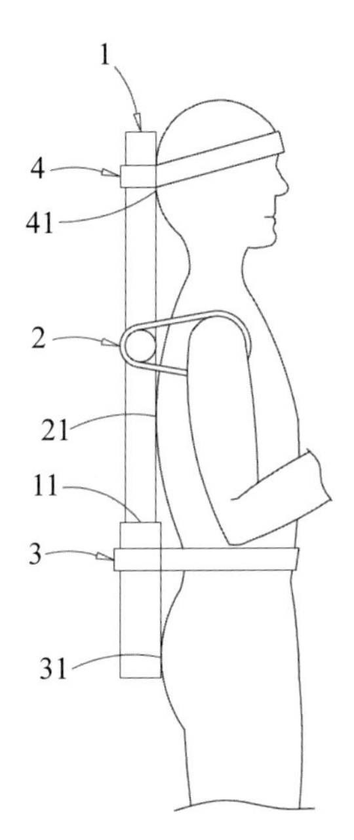

圖 8.22　本發明配戴於人體之使用狀態參考圖

在頭部、背部及尾骨概呈一直線之狀態下，若頭部動作離開原本的相對位置，例如低頭的動作，就會使頭部定位帶4及腰部定位帶3產生抗力，藉以提醒使用者注意自身姿勢，而且在此狀態下，頸部會運用到平常難以鍛鍊的部位，可藉以鍛鍊頸部。

另外，肩部定位帶 2、腰部定位帶 3 及／或頭部定位帶 4 可設有調整結構，或是採用例如魔鬼氈或黏扣帶等結構，以便配合不同使用者的身軀。爲方便說明，茲舉例說明本發明的穿戴方式：1. 首先調整支桿 1 之長度及肩部定位帶 2 之寬度以配合使用者身軀，然後將肩部定位帶 2 配戴在雙肩上，使支桿 1 靠在背部；2. 將腰帶綁緊在腰部上，使支桿 1 下段靠在尾骨上；3. 調整脊椎的垂直度，讓支桿 1 上段靠在後頭部上，然後將頭部定位帶 4 綁在額頭上。在前述之穿戴方式中，一般的使用者很容易使背部及尾骨同時靠在支桿上，但後頭部可能因爲脊椎已經有例如駝背等變形狀態，而不能靠在支桿上，因此使用者需同時運用頸部及腰部的力量才能完成穿戴動作，且穿戴後隨時都在抵抗變形的力量，因此可同時達到矯正脊椎及運動健身之效果。

本發明進一步提供一種脊椎矯正方法，至少包括下列步驟：(1) 將一支桿配戴在背部，並使該支桿靠在背部上；(2) 將該支桿下段綁在腰部上；(3) 將該支桿上段綁在額頭上，並使該支桿靠在後頭部上；(4) 運用腰部的力量使支桿下段向前移，同時運用頸部的力量支撐支桿上段，進而使背部脊椎被向前推，藉以達到矯正脊椎之目的。

步驟 1 爲將一支桿配戴在背部，並使該支桿靠在背部上，以便透過支桿連接額頭及腰部。

步驟 2 爲將支桿下段綁在腰部上，以便藉由腰部的力量使支桿下段向前移動。

步驟 3 爲將支桿上段綁在額頭上，並使支桿靠在後頭部上，以便藉由頸部的力量支撐支桿上段。

步驟 4 爲運用腰部的力量使支桿下段向前移，同時運用頸部的力量支撐支桿上段，進而使背部脊椎被向前推，藉以達到矯正脊椎之目的。另外，支桿下端至少可延伸至尾骨處，使後頭部、背部及尾骨可概呈一直線，以供使用者檢測脊椎矯正狀態。

【符號說明】

1：支桿

11：長度調整結構

2：肩部定位帶

21：第一接觸部

3：腰部定位帶

31：第二接觸部

4：頭部定位帶

41：第三接觸部

8. 參考文獻

[1] Fuhr, A.W. and J.M. Menke, Status of Activator Methods Chiropractic Technique, Theory, and Practice. Journal of Manipulative and Physiological Therapeutics, 2005. 28(2): p. e1-e20.

[2] Morningstar, M.W., Cervical hyperlordosis, forward head posture, and lumbar kyphosis correction: A novel treatment for mid-thoracic pain. Journal of Chiropractic Medicine, 2003. 2(3): p. 111-115.

[3] Downie, A.S., S. Vemulpad, and P.W. Bull, Quantifying the High-Velocity, Low-Amplitude Spinal Manipulative Thrust: A Systematic Review. Journal of Manipulative and Physiological Therapeutics, 2010. 33(7): p. 542-553.

[4] Kuslich, S.D., et al., The Bagby and Kuslich Method of Lumbar Interbody Fusion: History, Techniques, and 2　Year Follow　up Results of a United States Prospective, Multicenter Trial. Spine, 1998. 23(11): p. 1267-1278.

[5] Haus-Rudolf, M., et al., Rate of comphcations in scoliosis surgery-a systemcitic review of the Pub Med liteature.

[6] Barber, M., D.S. Chalifour, and M.R. Anderson, Uterine perforation and migration of an intrauterine contraceptive device in a 24-year-old patient seeking care for abdominal pain. Journal of Chiropractic Medicine, 2011. 10(2): p. 126-129.

[7] Kuhn, D.R., et al., Immediate changes in the quadriceps femoris angle after insertion of an orthotic device. Journal of Manipulative and Physiological Therapeutics, 2002. 25(7): p. 465-470.

[8] Villanueva-Russell, Y., An Ideal-Typical Development of Chiropractic, 1895-1961: Pursuing Professional Ends Through Entrepreneurial Means. Soc Theory Health, 0000. 6(3): p. 250-272.
[9] Sandell, J., P.J. Palmgren, and L. Björndahl, Effect of chiropractic treatment on hip extension ability and running velocity among young male running athletes. Journal of Chiropractic Medicine, 2008. 7(2): p. 39-47.
[10] Masse, M., et al., A new symmetry-based scoring method for posture assessment: Evaluation of the effect of insoles with mineral derivatives. Journal of Manipulative and Physiological Therapeutics, 2000. 23(9): p. 596-600.
[11] Gudavalli, M.R. and J.M. Cox. Three-dimensional force sensor based feedback device in the treatment of low back pain in Intelligent Sensing and Information Processing, Proceedings of International Conference on 2004.

8.5 震動麻醉減痛裝置

1. 摘要

患者的舒適感與痛覺減輕法在醫療安全領域上是重要的課題之一，而利用各種末梢神經感覺傳遞之競爭性，可有效減輕患者之痛覺 [1]。人體之各種末梢神經之特性及所傳遞之感覺各有不同，其中傳遞溫度和痛覺的末梢神經相當細小，且具有非絕緣及低信號密度的特性，而傳遞壓力及震動的末梢神經則較大，並具有絕緣及高信號密度的特點 [2-4] ，因此，當痛覺及震動同時發生時，絕緣神經所傳遞的震動訊息會主導非絕緣神經所傳遞的痛覺，使得患者幾乎只感覺到震動，而可減輕痛覺，甚至使患者不會感到痛覺，此即爲閘門控制學說 [2, 5]（圖 8.23）。

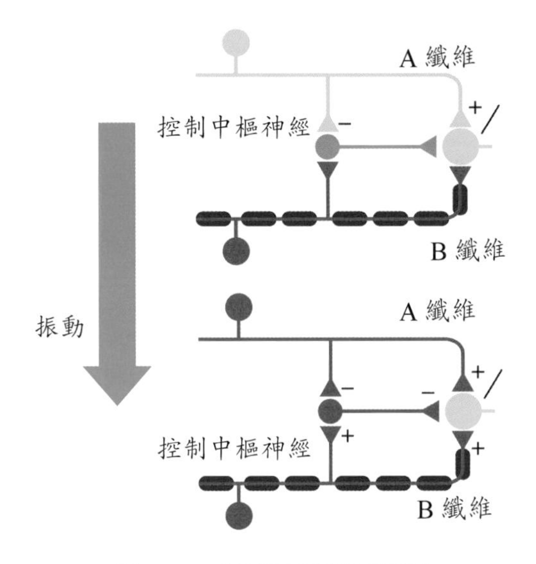

圖 8.23　閘門控制學示意圖

2. 確定需求

運用這種閘門控制學說來抑制痛覺，不需要使用表面麻藥，而是讓震動麻醉減痛裝置產生高頻震動，進而刺激傳遞震動之末梢神經，藉以阻斷痛覺傳遞至大腦，可提升患者的治療舒適感與安全感 [6-8]。

3. 定義問題

現今臨床上採用減緩注射時疼痛的方式有很多種，如採用乾冰或是使用麻醉劑，使用乾冰可能導致組織表面凍傷之風險，而採用麻醉劑爲侵入式的行爲，使用不當將留下後遺症，因此本發明爲一種藉由閘門控制學讓震動感伴隨著疼痛一起產生，因此就可以使患者降低疼痛感甚至感覺不到疼痛 [8-10]（圖 8.24）。

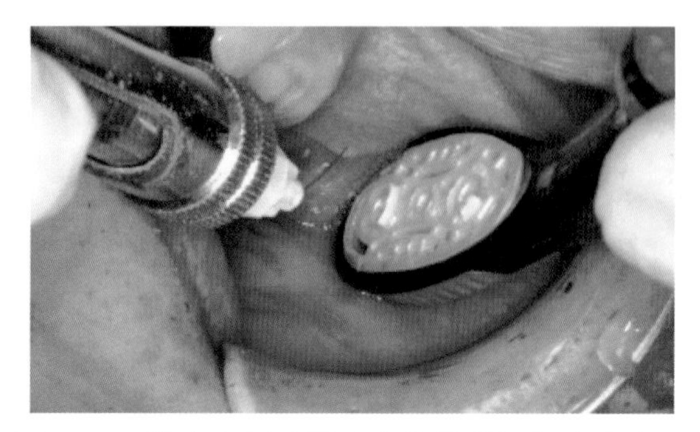

圖 8.24　臨床注射時同時產生震動行為之示意圖

4. 概念設計

本發明係有關於一種震動麻醉減痛裝置；特別是有關於一種在例如進行口腔之麻醉注射時，可利用震動減輕注射產生之痛覺之震動麻醉減痛裝置（圖 8.25）。

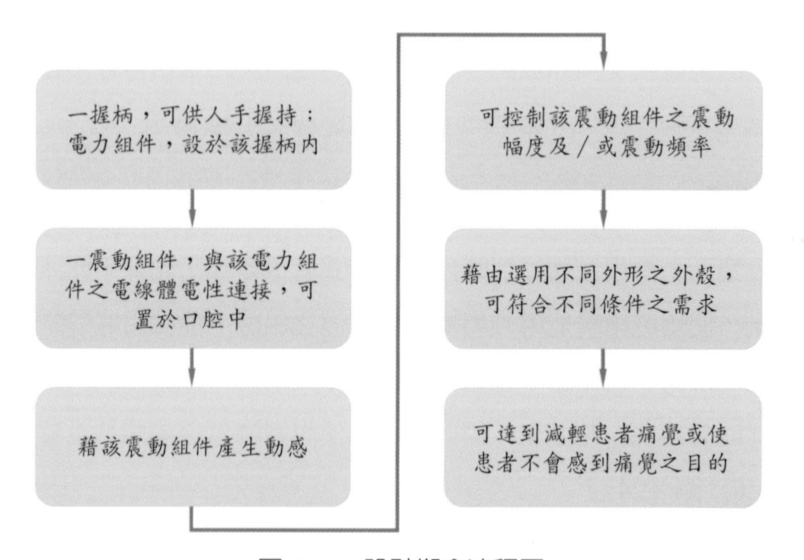

圖 8.25　設計概念流程圖

5. 檢討評估

一種震動麻醉減痛裝置，其中包括：一握柄，可供人手握持；一電力組件，設於該握柄內，設有凸出該握柄之電線體；一震動組件，與該電力組件之電線體電性連接，可置於口腔中；藉該震動組件產生震動感，可達到減輕患者痛覺或使患者不會感到痛覺之目的。

在設計時，同時需要符合以下之基本功能：

(1) 可置入於口腔內使用。

(2) 配合電器裝置產生震動。

(3) 於注射時作用，以達無痛注射之效果。

(4) 抗震動而滑落之握柄設計。

(5) 線圈設計需精密，以防漏電之危險。

此發明並無法使患者感覺到 100% 之無痛，不如使用乾冰或是麻醉劑之效用明顯，但本發明之優勢爲使用簡單、非侵入式，且絕無任何副作用，因此臨床上可視病患之接受狀況而選用鎮痛之方式。

6. 設計報告

本發明的目的在於提供一種結構簡單，可運用於口腔，藉以減輕患者之痛覺或使患者不會感到痛覺之震動麻醉減痛裝置。本發明達成上述目的之特徵：一握柄，可供人手握持；一電力組件，設於該握柄內，設有凸出該握柄之電線體；一震動組件，與該電力組件之電線體電性連接，可置於口腔中；藉該震動組件產生震動感，可達到減輕患者痛覺或使患者不會感到痛覺之目的。

該握柄上設有控制開關，可啓動或關閉該震動組件，該控制開關可控制該震動組件之震動幅度及／或震動頻率，藉以方便控制者視使用狀況調整震動幅度及／或震動頻率，該電力組件爲電池，藉以方便操作，該震動組件包括：一外殼，具有預定外形；及一驅動器，設於該外殼內，與該電力組件電性連接；藉由選用不同外形之外殼，可符合不同條件之需求，該外殼爲概呈橢圓形之殼體，可適合置於口腔中，該握柄上設有一導管，該導管包覆於該電線體之外，藉以保護該電線體，該導管爲剛性體，藉以方便使用者操作該震動組件之位置，該導管爲撓性體，藉以方便操作。

7. 實施方式

如圖 8.26 所示，本發明震動麻醉減痛裝置包括：一握柄 1，可供人手握持；一電力組件 2，設於握柄 1 內，設有凸出握柄 1 之電線體 21；一震動組件 3，與電力組件之電線體 21 電性連接，可置於口腔中；藉震動組件產生震動感，可達到減輕患者痛覺或使患者不會感到痛覺之目的。下文將詳予說明。

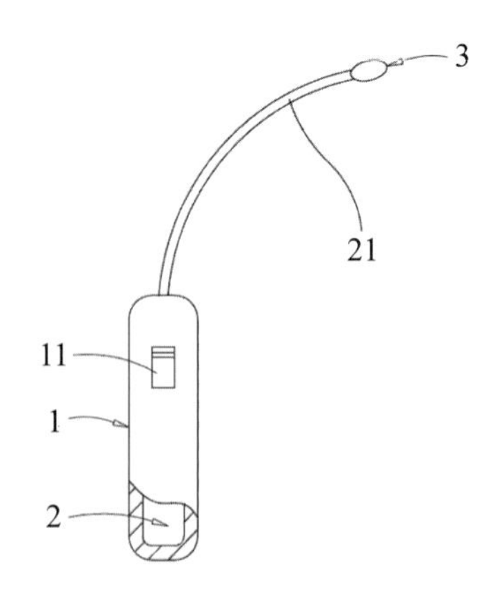

圖 8.26　本發明之局部剖面示意圖

握柄 1 可供人手握持，其上設有控制開關 11，可啓動或關閉震動組件 3，控制開關 11 可控制震動組件 3 之震動幅度及／或震動頻率，藉以方便控制者視使用狀況調整震動幅度及／或震動頻率。電力組件 2 可爲電池，藉以方便操作，其設有凸出握柄 1 之電線體 21 以便與震動組件 3 電性連接。另外，電力組件 2 亦可以是一種可充電之供電結構以便配合充電座使用，或是一種外接電源之供電結構，使用者可視使用狀況選用。

如圖 8.27 所示，震動組件 3 包括：一外殼 31，具有預定外形；及一驅動器 32，設於外殼 31 內，與前述之電力組件 2 電性連接；震動組件 3 用於使患者產生震動感，藉以減輕患者痛覺或使患者不會感到痛覺，其可藉由選用不同外形之外殼以符合不同條件之需求，例如橢圓形或月牙形之殼體。另外，外殼 31 也可以是軟性導體，藉以方便塞在牙齦與嘴唇之間，並減緩患者之不適感。驅動器 32 係用於產生震動感，其結構爲習用技術，故本文不再贅述。

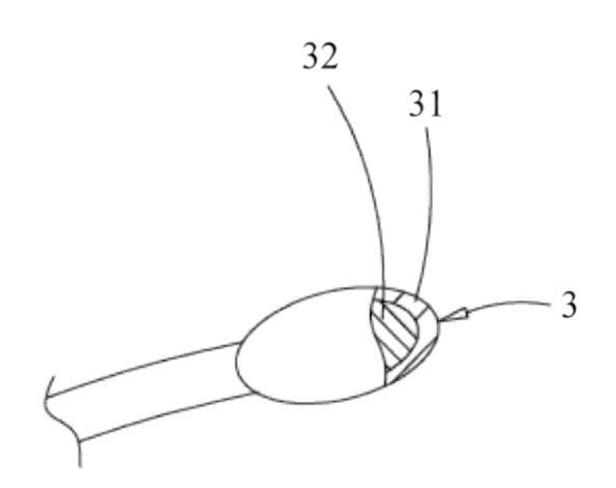

圖 8.27　本發明之震動組件之局部剖面示意圖

使用時，係將震動組件 3 放在例如牙齦與嘴唇之間，然後啓動震動組件 3 使患者感到震動感，此後在實施例如麻醉注射時，即可達到減輕患者痛覺或使患者不會感到痛覺之目的，其中由於握柄 1、電力組件 2 及震動組件 3 之結構簡單、輕便，不但方便使用，且可以節省製造及材料成本。圖 8.28 所示爲本創作之第二實施例，握柄 1 上設有一導管 4，導管 4 包覆於電線體 21 之外，藉以保護電線體 21，其可爲剛性體，藉以方便使用者操作震動組件 3 之位置，當然其亦可爲撓性體，藉以方便操作，避免握柄或套管造成患者產生不適感。

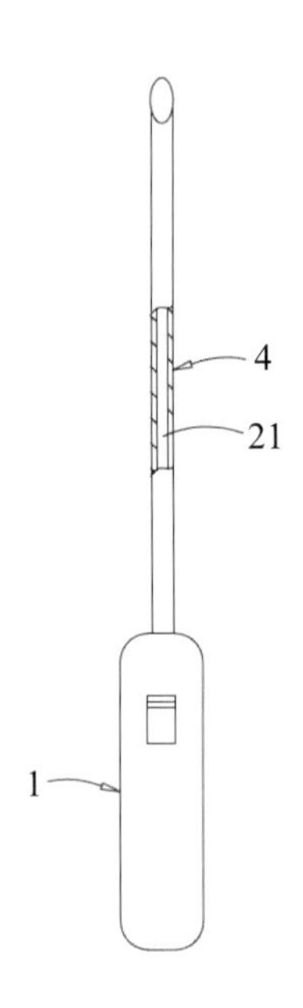

圖 8.28　為本發明之握柄上設有套管之局部剖面示意圖

【符號說明】

1：握柄

11：控制開關

2：電力組件

21：電線體

3：震動組件

31：外殼

32：驅動器

4：導管

8. 參考文獻

[1] Kakigi, R. and H. Shibasaki, Mechanisms of pain relief by vibration and movement. Journal of Neurology, Neurosurgery & Psychiatry, 1992. 55(4): p. 282-286.

[2] Guieu, R., et al., Pain relief achieved by transcutaneous electrical nerve stimulation and/or vibratory stimulation in a case of painful legs and moving toes. Pain, 1990. 42(1): p. 43-48.

[3] Bini, G., et al., Analgesic effect of vibration and cooling on pain induced by intraneural electrical stimulation. Pain, 1984. 18(3): p. 239-248.

[4] Hansson, P., et al., Influence of naloxone on relief of acute oro-facial pain by transcutaneous electrical nerve stimulation (TENS) or vibration. Pain, 1986. 24(3): p. 323-329.

[5] Ignelzi, R.J. and J.K. Nyquist, Direct effect of electrical stimulation on peripheral nerve evoked activity: implications in pain relief. Journal of Neurosurgery, 1976. 45(2): p. 159-165.

[6] Sindrup, S.H., et al., Imipramine treatment in diabetic neuropathy: relief of subjective symptoms without changes in peripheral and autonomic nerve function. European Journal of Clinical Pharmacology, 1989. 37(2): p. 151-153.

[7] Chesky, K.S. and D.E. Michel, The Music Vibration Table (MVT ™): Developing a Technology and Conceptual Model for Pain Relief. Music Therapy Perspectives, 1991. 9(1): p. 32-38.

[8] Lindblom, U. and B.A. Meyerson, Influence on touch, vibration and cutaneous pain of dorsal column stimulation in man. Pain, 1975. 1(3): p. 257-270.

[9] Brosseau, L., et al., Efficacy of the Transcutaneous Electrical Nerve Stimulation for the Treatment of Chronic Low Back Pain: A Meta-Analysis. Spine, 2002. 27(6): p. 596-603.

[10] Moore, S.R. and J. Shurman, Combined neuromuscular electrical stimulation and transcutaneous electrical nerve stimulation for treatment of chronic back pain: A double-blind, repeated measures comparison. Archives of Physical Medicine and Rehabilitation, 1997. 78(1): p. 55-60.

8.6 頭部保健裝置

1. 摘要

在頭部的護理保健及落髮治療領域中，有一種雷射光照治療方式，其藉由光源穿透眞皮層，可產生舒張及強化微血管而促進血液循環之效果，且能刺激纖維母細胞 [1-2] ，達到強化膠原纖維結構之效果，因此可在落髮治療上協助刺激修護。習用之雷射光照治療機大致可分爲單一噴頭或多噴頭。單一噴頭之雷射光照治療機具有重點修復的功效，方便治療師操作，但是卻有治療區域小的問題，每次只可治療局部，非常不方便。

2. 確定需求

正常頭髮會不斷發生新陳代謝之行爲，生長週期可分爲生長期、過渡期以及休止期共三個階段。生長期約爲 2 到 6 年，之後再經過 2 到 3 個星期過渡期後，最後進入休止期 2 到 3 個月後會掉落 [3] ，然後會在生長出新生的頭髮取而代之，這樣一個系列的循環將不斷的重複。每個人的頭皮及頭髮生長狀況皆不同，禿頭問題也是目前臨床中重要的課題，可以以掉髮來檢視自己頭皮的狀況。一般人在正常情況下約有 90% 的毛囊處於生長期，10% 處於休止期 [4-5] ，隨著年紀愈大，頭髮生長速度將會變得愈慢。掉頭髮導致禿頭原因有很多種，期中包括圓頂禿頭、雄性禿或是因爲疾病或是不當用藥所造成之禿頭。而其中休止期禿頭大部分原因是因爲過大之壓力造成頭髮休止期延長、脫落而導致暫時性的禿頭，壓力解除後頭髮會再次長出。另外因爲疾病導致而使用藥物所導致的禿髮，當疾病得到治療後而停止用藥，頭髮也有很大的機會再次長出。本發明希望藉由適當之電漿原理 [6-9]（圖 8.29），以電漿做爲刺激毛囊之工具，已達到頭部保健之功效。

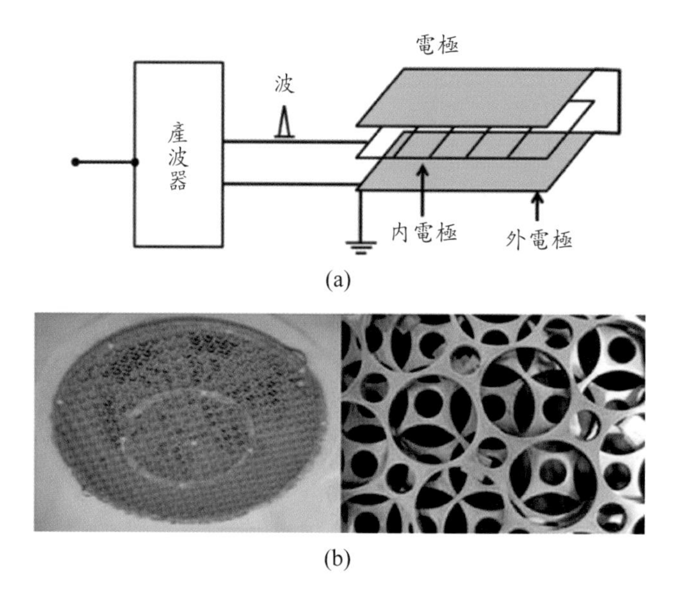

圖 8.29　電漿原理示意圖 [10]

3. 定義問題

多噴頭之雷射光照治療機也可達到大面積治療之效用，然而，該雷射光照治療機大多存在雷射光外洩的問題，造成治療師及患者必須配戴護目鏡以保護眼睛，或者是設計完全保護的頭罩，藉以避免雷射光外洩，如此一來不但造成許多困擾，而且不方便治療師隨時檢視患者狀態。因此本發明設備之電漿系統期望可有效改善此臨床問題 [11-12]。

4. 概念設計

本發明係有關於一種頭部保健裝置；特別是有關於一種運用電漿刺激頭部毛囊之頭部保健裝置（圖 8.30）。

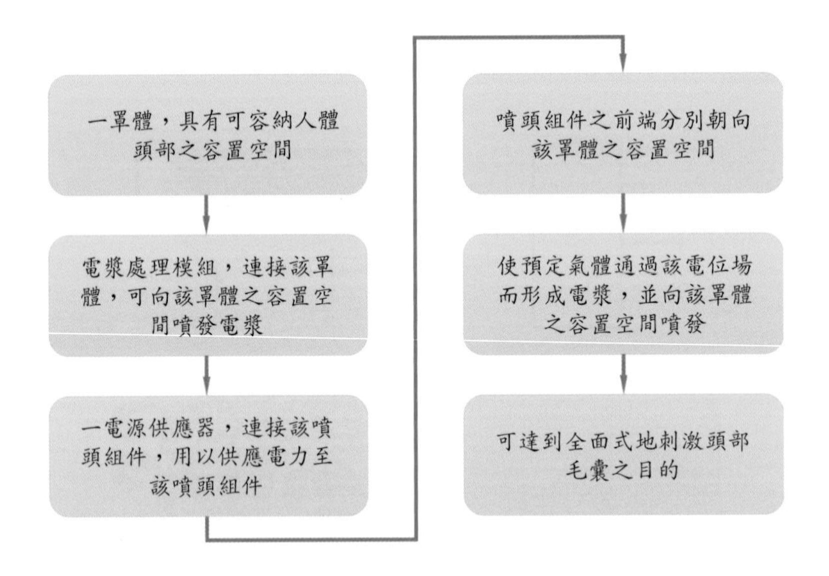

圖 8.30　設計概念流程圖

5. 檢討評估

一種頭部保健裝置，其中包括：一罩體，具有可容納人體頭部之容置空間；及一電漿處理模組，連接該罩體，可向該罩體之容置空間噴發電漿；當該罩體罩設於人體頭部時，藉該電漿處理模組向人體頭部噴發電漿，可達到刺激頭部毛囊之目的。

在設計時，同時需要符合以下之基本功能：

(1)一穩固裝置可支撐罩體。

(2)配合電漿裝置產生刺激效果。

(3)於電漿作用時，噴發電漿至特定區域。

(4)線圈設計需精密，以防漏電之危險。

本發明使用時採用一包覆式罩體，可使患者全部髮根達到一次性的包覆，缺點爲在使用時因包覆式罩體而產生空氣不流通，使得患者帶來呼吸上之不適感。

6. 設計報告

本發明的目的在於提供一種運用電漿刺激頭部毛囊之頭部保健裝置。本發明達成上述目的之結構包括：一罩體，具有可容納人體頭部之容置空間；及一電漿處理模組，連接該罩體，可向該罩體之容置空間噴發電漿；當該罩體罩設於人體頭部時，藉該電漿處理模組向人體頭部噴發電漿，可達到刺激頭部毛囊之目的。

該電漿處理模組包括：許多噴頭組件，分布連接該罩體，該噴頭組件之前端分別朝向該罩體之容置空間；一電源供應器，連接該噴頭組件，用以供應電力至該噴頭組件，使該噴頭組件內形成電位場；及一氣體供應器，連接該噴頭組件，用以供應預定氣體至該噴頭組件，使預定氣體通過該電位場而形成電漿，並向該罩體之容置空間噴發；藉由許多佈設於罩體內之噴頭組件，可達到全面式地刺激頭部毛囊之目的。該噴頭組件包括：一電極管，該電極管之前端朝向該罩體 1 之容置空間，該電極管之末端向內側設有第一凸緣，第一凸緣內側形成第一通孔，該電極管與電源供應器電性連接；一絕緣管，設於該電極管之外；一金屬管，設於該絕緣管之外，該金屬管之末端向內側設有第二凸緣，第二凸緣內側形成第二通孔，且第二凸緣與第一凸緣間具有一預定空間，該金屬管之第二通孔連通該氣體供應器；藉由結構簡單之噴頭組件，可達到節省成本之目的。該罩體設有一支撐結構，該支撐結構可立於地面上，藉以達到方便操作之目的。

7. 實施方式

如圖 8.31 所示，本發明頭部保健裝置包括：一罩體 1，具有可容納人體頭部之容置空間 11；及一電漿處理模組 2，連接罩體 1，可向罩體 1 之容置空間 11 噴發電漿；當罩體罩設於人體頭部時，藉電漿處理模組可向人體頭部噴發電漿，可達到刺激頭部毛囊之目的。下文將詳予說明。罩體 1 具有可容納人體頭部之容置空間 11，用於承載電漿處理模組 2，使用時係可罩設於人體頭部，藉以方便電漿處理模組 2 向人體頭部噴發電漿。罩體 1 可設有一支撐結構 12，藉以立於地面上，藉以達到方便操作之目的。

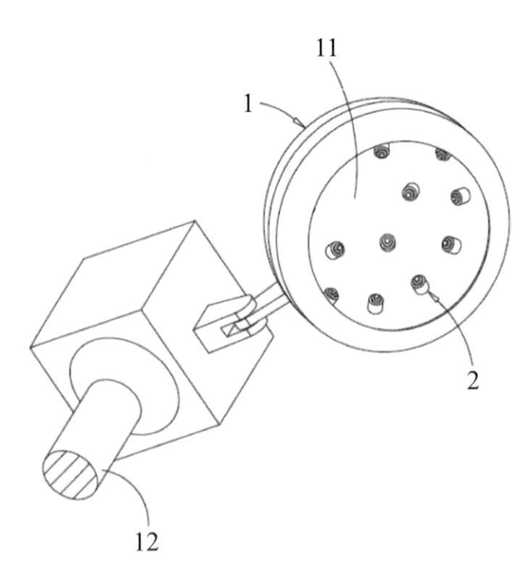

圖 8.31 本發明之立體示意圖

電漿處理模組 2 連接罩體 1，可向罩體 1 之容置空間 11 噴發電漿，藉以達到刺激頭部毛囊之目的，進而可產生舒張及強化微血管而促進血液循環之效果，且能刺激纖維母細胞，達到強化膠原纖維結構之效果，因此可在落髮治療上協助刺激修護。另外，本發明與習用之雷射光照治療機相較下，至少具有不用擔心雷射光外洩之優點，又，由於電漿處理模組 2 產生之電漿具有向外噴發的衝力，所以可具有一定程度的撥開頭髮的效果，有助於直接刺激頭部。

電漿處理模組 2 可採用傳統的噴射式大氣電漿（Atmospheric pressure plasma jet, APPJ）或其他結構，爲方便說明，茲舉例說明如下。如圖 8.32 所示，電漿處理模組 2 包括：許多噴頭組件 3，連接罩體 1，噴頭組件 3 之前端分別朝向罩體 1 之容置空間 11；一電源供應器 4，連接各噴頭組件 3，用以供應電力至噴頭組件 3，使噴頭組件 3 內形成電位場；及一氣體供應器 5，連接各噴頭組件 3，用以供應預定氣體至噴頭組件 3，使預定氣體通過電位場而形成電漿，並向罩體 1 之容置空間 11 噴發；藉由許多佈設於罩體內之噴頭組件，可達到全面式地刺激頭部毛囊之目的。

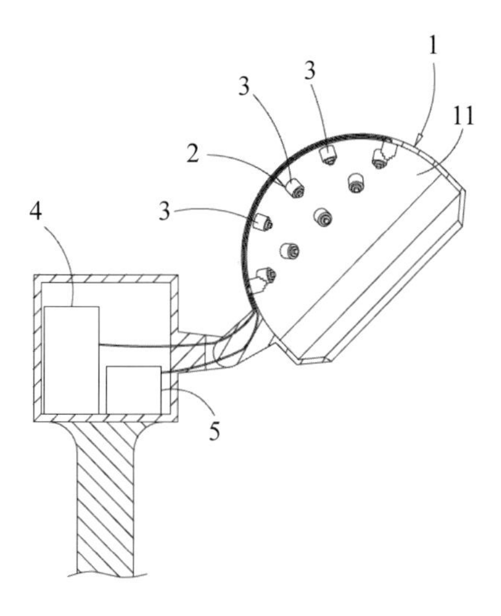

圖 8.32　為本發明之剖示圖

電源供應器 4 用於供應電力至噴頭組件 3，因此可藉由控制電源供應器 4 供應之電力來控制噴頭組件 3 產生之電漿之溫度，其溫度以人體可承受之範圍爲限，較佳者約爲攝氏 50 度。氣體供應器 5 提供之預定氣體可視使用需求而變化，例如採用氬氣或普通空氣可達到避免環境污染之目的。電源供應器 4 及／或氣體供應器 5 係可設在罩體 1 上，藉以達到方便搬運之效果。

圖 8.33 所示爲噴頭組件 3 之結構示意圖，噴頭組件 3 包括：一電極管 31，電極管 31 之前端 311 朝向前述之罩體 1 之容置空間 11，電極管 31 之末端 312 具有一貫穿孔 313；一絕緣管 32，設於電極管 31 之外；一金屬管 33，設於絕緣管 32 之外，金屬管 33 之末端 332 與電極管 31 之末端 312 之間具有一預定空間 333，且金屬管 33 之末端 332 具有一貫穿孔 334；藉由結構簡單之噴頭組件，可達到節省成本之目的。

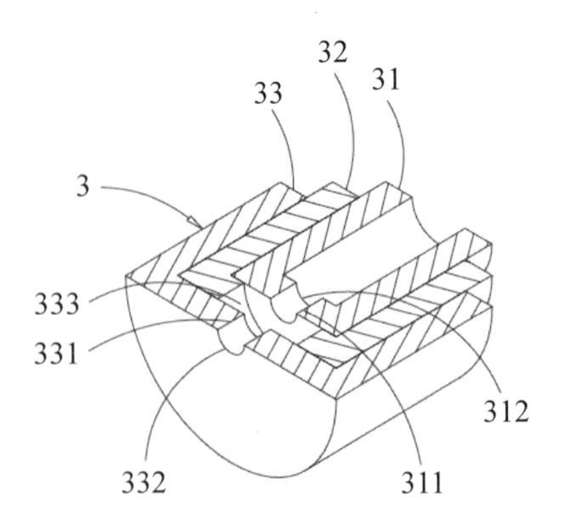

圖 8.33　本發明之噴頭組件之結構示意圖

圖 8.34 所示爲噴頭組件 3 之運作原理示意圖，電極管 31 與電源供應器 4 電性連接，使電源供應器 4 可向電極管 31 供電。絕緣管 32 主要用於避免電極管 31 與金屬管 33 電性連接。金屬管 33 一般可處於不帶電狀態，

因此可設有接地線。當電源供應器 4 向電極管 31 供電時，會在電極管 31 與金屬管 33 間之預定空間 333 內形成電位場，此時，氣體供應器 5 可噴出預定氣體，使預定氣體依序穿過金屬管 33 之貫穿孔 334、預定空間 333 及電極管 31 之貫穿孔 313，其中在預定氣體穿過預定空間 333 時，會因電位場的作用而形成電漿，使電漿由電極管 31 之前端向前述之罩體 1 之容置空間 11 噴發，藉以達到刺激頭部毛囊之目的。

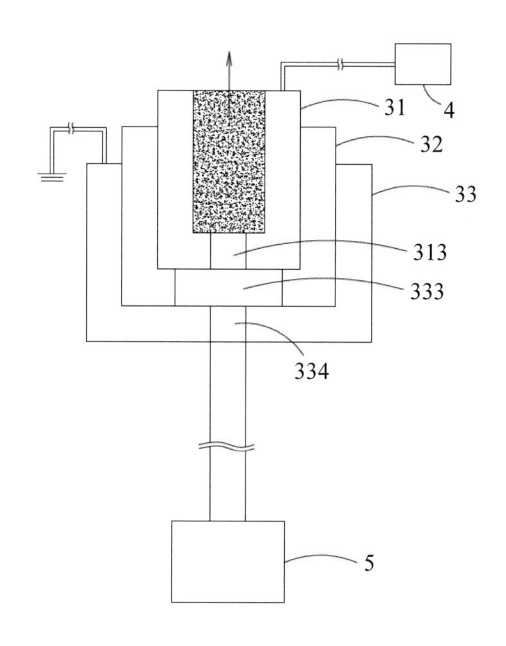

圖 8.34　本發明之噴頭組件之運作原理示意圖

【符號說明】

1：罩體

11：容置空間

12：支撐結構

2：電漿處理模組

3：噴頭組件

31：電極管

311：第一凸緣

312：第一通孔

32：絕緣管

33：金屬管

331：第二凸緣

332：第二通孔

333：預定空間

4：電源供應器

5：氣體供應器

8. 參考文獻

[1] Juri, J., Use of parieto-occipital flaps in the surgical treatment of baldness. Plastic and Reconstructive Surgery, 1975. 55(4): p. 456-460.

[2] Juri, J., et al., Use of ortation scalp flaps for treatment of occipital baldness. Plastic and Reconstructive Surgery, 1978. 61(1): p. 23-26.

[3] Rittmaster, R.S., Topical antiandrogens in the treatment of male-pattern baldness. Clinics in Dermatology, 1988. 6(4): p. 122-128.

[4] Hamilton, J.B., Male hormone stimulation is prerequisite and an incitant in common baldness. American Journal of Anatomy, 1942. 71(3): p. 451-480.

[5] Uebel, C.O., Micrografts and Minigrafts: A New Approach for Baldness Surgery. Annals of Plastic Surgery, 1991. 27(5): p. 476-487.

[6] Friedewald, W.T., R.I. Levy, and D.S. Fredrickson, Estimation of the Concentration of Low-Density Lipoprotein Cholesterol in Plasma, Without

Use of the Preparative Ultracentrifuge. Clinical Chemistry, 1972. 18(6): p. 499-502.

[7] Matthews, D.R., et al., Homeostasis model assessment: insulin resistance and β-cell function from fasting plasma glucose and insulin concentrations in man. Diabetologia, 1985. 28(7): p. 412-419.

[8] Library. MRS Bulletin, 2005. 30(11): p. 899-901.

[9] Maffei, M., et al., Leptin levels in human and rodent: Measurement of plasma leptin and ob RNA in obese and weight-reduced subjects. Nat Med, 1995. 1(11): p. 1155-1161.

[10] Yankuba, B.M. Research on Pathogenic Bacteria Decoutamiuation by High Electic Field Nonthermal Plasma for Biomedical Applications.

[11] Benzie, I.F.F. and J.J. Strain, The Ferric Reducing Ability of Plasma (FRAP) as a Measure of "Antioxidant Power": The FRAP Assay. Analytical Biochemistry, 1996. 239(1): p. 70-76.

[12] Matsui, T. and H. Satz, Suppression by quark-gluon plasma formation. Physics Letters B, 1986. 178(4): p. 416-422.

8.7 齒顎矯正裝置

1. 摘要

齒列不整齊除了影響口腔健康外，甚至會對外型美觀造成負面影像，進而降低自信心，影響社交生活。因此，齒科醫療上多應用齒顎矯正裝置於不整齒列之診治 [1-3]。現有技術中，常見的矯正器爲口內固定式齒顎矯正裝置，其包括一彈性合金線以及複數個與齒面相固定的不鏽鋼合金矯正基座，藉由彈性合金線穿設於矯正基座以串連牙齒，合金線可供給牙齒一動所需牽引力量，藉以矯正齒列而使齒列排列行程接近完美的齒弓形狀 [4-5]。

2. 確定需求

牙齒咬合關係發生異常時，通常容易影響生理及心理，若產生重大影響時，例如臉形歪斜、咬合不正、唇顎裂等等，則必須接受矯正治療 [6-9]；但在主觀方面，要看每個人之審美標準及個人需求為主。由於前述矯正器係固定於外齒面，因此外觀會較為明顯，且由於矯正基座必須一一與各個牙齒相固定，因此操作程序較為繁雜，整體矯正療程費用昂貴。綜上所述，現有技術缺乏一種容易操作、診治時間短裝在時不易從外觀觀察到的齒顎矯正裝置 [10]。

3. 定義問題

本發明之一種齒顎矯正裝置係包含一托架、二環套及一推頂支架，其中托架中央彎折而兩端部朝向托架後側延伸；托架兩端部分分別連接有對應的環套，環套係主要成中空筒狀；及托架中央連接有推頂支架，可供靠抵錯咬牙齒內側，推頂支架形成多樣式折臂，若二折臂彼此相對時，且折臂之末端朝向彼此靠近，用於診治時二折臂可分開也可彼此觸碰，前述齒顎矯正裝置於使用時，設於口腔內舌側，且無需額外將推頂支架固定於齒冠上，因此前術齒顎矯正裝置具有操作上較為簡單方便，且短時間達牙齒矯正功效以及裝戴時不易從外觀觀察到，不影響美觀的優點。

齒顎矯正是指藉由矯正裝置改咬合位置異常和重新排列不整齊之牙齒，以達到下列之治療目的為主 [11-13]：

(1) 幫助患者恢復咀嚼功能進。

(2) 維護口腔衛生。

(3) 發音正確。

(4) 恢復自信心，改善臉形之美觀。

(5) 嘴唇的閉合及齒列的完整。

4. 概念設計

本發明係有關於一種矯正齒列使其整齊之器材，尤指一種口內使用的齒顎矯正裝置（圖 8.35）。

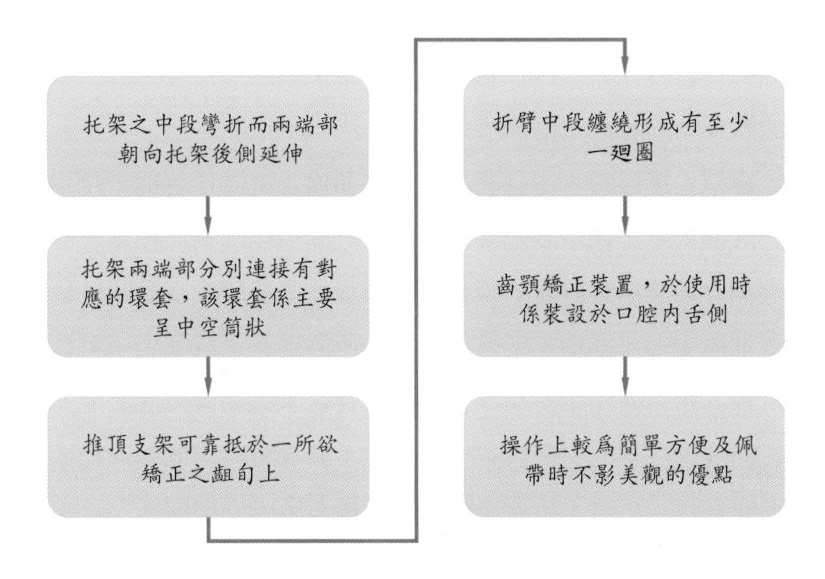

圖 8.35　設計概念流程圖

5. 檢討評估

在設計時，同時需要符合以下之基本功能：

(1) 可長期配戴於口腔內。

(2) 藉由環套與大臼齒固定裝置。

(3) 一回彈裝置長時間作用於目標齒上。

(4) 因長時間至於口腔內，應避免尖銳設計。

本發明相較於傳統之矯正方式，價格較低以及較為便利，但在臨床使用上還是存在其缺點，如此發明需藉由扣住大臼齒做為支撐力，可能造成大臼齒之發炎或其不適感，而此裝置可矯正之範圍也鎖定於前排牙，如需矯正其他部位之牙齒也不適用。

6. 設計報告

有鑑於現有技術的齒顎矯正裝置使用上較為繁瑣，且成本較為昂貴，本發明之目的在於提供一種具有容易操作方便裝戴之特性，且於裝在時不易從外觀觀察到的隱藏式齒顎矯正裝置。

為了達到上述目的，本發明之一種齒顎矯正裝置係包括一托架、二環套以及一推頂支架，期中該托架之中段彎折而兩端部朝向托架後側延伸；托架兩端部分別連接有對應的環套，該環套係主要成中空筒狀；以及托架連接有該推頂支架，推頂支架可靠抵於一所欲矯正之齒列上，可具有單一或複數折臂，如二彼此相對的折臂，且折臂之末端朝向彼此靠近。

前述的推頂支架的中央設有一調整段，該調整段兩側朝向托架前測分別延伸形成有該二折臂，折臂中斷纏繞行程有至少一迴圈。

前述的齒顎矯正裝置，於使用時，係裝設於口腔內舌側，且無需額外的將推頂支架固定於齒冠上，因此操作上較為簡單方便，裝戴時不易從外觀觀察到，因此具有降低牙齒矯正療程之費用以及配帶時不影響美觀的優點。此外，由於調整段以及迴圈可以加強推底力量的強度，因此可增加矯正效果，進而縮短矯正時間。

7. 實施方式

本發明之齒顎矯正裝置，如圖 8.36 所示，其包括一托架 10、二環套 20 以及一推頂支架 30。托架 10 係主要成一配合齒工行 10 係主要成一配合齒弓形狀的U型金屬線材，金屬線材中央彎折使兩端部 11 朝向托架 10

後側延伸，且具有一適當的彈性。托架 10 兩端部 11 分別連接有對應的環套 20，環套 20 係主要成中空筒狀，環套 20 的外周壁與托架 10 相連接，環套 20 中央具有一內環壁，該內環壁界定出一空間可容置牙冠，環套 20 可依據患者齒冠以配合齒冠形狀，並牢固的套設於齒冠上。

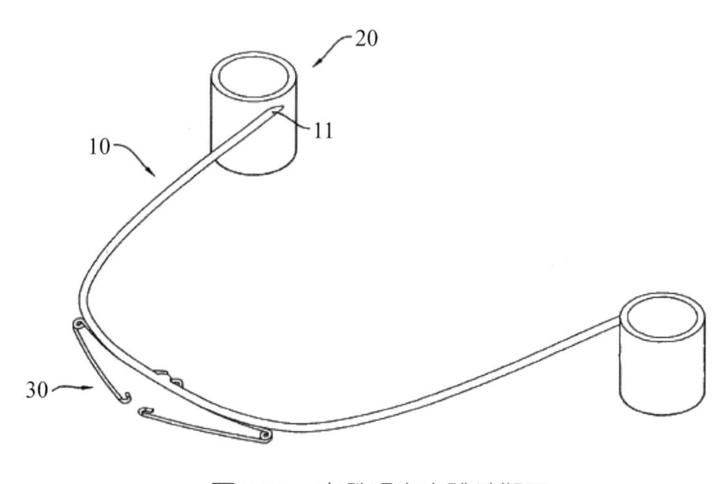

圖 8.36　本發明之立體外觀圖

如圖 8.37 所示，托架 10 的中央連接有該推頂支架 30，配合參考三圖所示，該推頂支架 30 係爲一金屬線材彎折而成，並藉由焊料予以焊接於托架 10 上，推頂支架 30 中央設有一調整段 31，調整段 31 設有至少二彎折段 311，且調整段 31 二端係朝向托架 10 前側延伸形成有二折臂 32，二折臂 32 中央具有一缺口且大致成 V 型，其等之缺口彼此相對的，且各折臂 32 中斷纏繞形成有至少一迴圈 321，折臂 32 末端朝向推頂支架 30 中央延伸，該二折臂 32 之末端朝向彼此相靠近，且其上設有一彎勾 322。

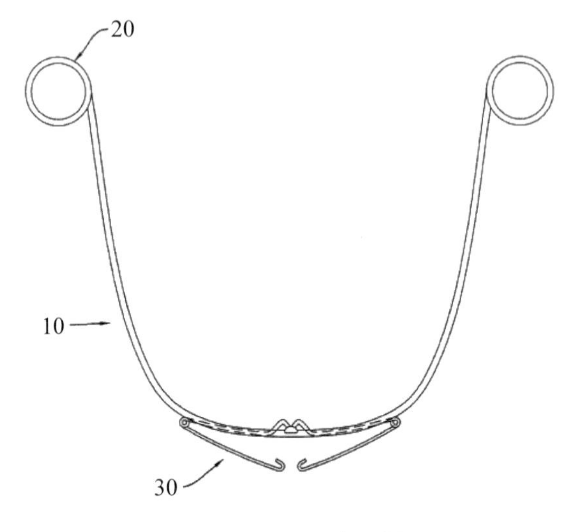

圖 8.37　本發明之頂視圖

依據本發明，環套 20 以及推頂支架 30 可以是，但不限於利用焊接的方式連接於托架 10 上。依據本發明，托架 10、環套 20 以及推頂支架 30 可以是，但不限於使用純鈦、鈦鎳合金、鈦鎳鋁合金、鈦鎳鋯合金、鈦六鋁四釩合金、303 不銹鋼或 316 L 不銹鋼所製成。

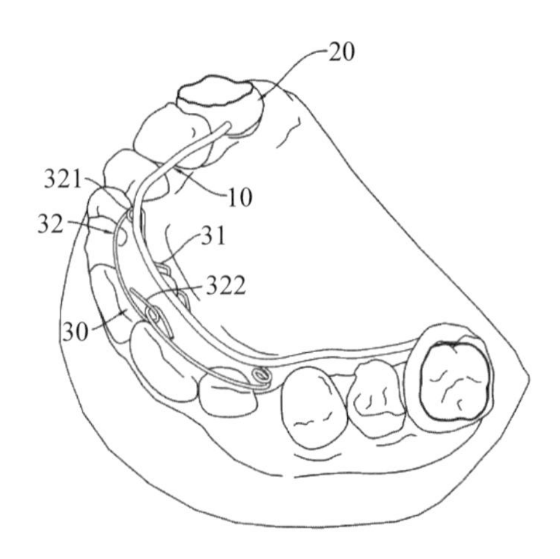

圖 8.38　本發明之實施狀態圖

本發明之齒顎矯正裝置，於使用時係設於口腔內之舌側（圖 8.38），因此裝載時不易從外觀觀察到，連接於托架 10 兩端的環套 20 係套設於臼齒上，而推頂支架 30 之折臂 32 係朝向托架 10 前側延伸而可靠抵於所欲推頂矯正之牙齒內側面上，藉以將牙齒朝外推頂達到矯正的效果。由於無需額外的將推頂支架 30 固定於齒冠上，即可達到矯正之效果，因此本發明的齒顎矯正裝置於操作上較爲簡單方便，且由於推頂支架 30 可爲一金屬線材彎折而成，因此可依據齒弓形狀調整則可達到最佳的矯治效果，且其中折臂 32 中段纏繞形成的迴圈 321 數量亦可依據所需而增加，藉以加強推抵利量的強度，因此相較於現有技術之齒顎矯正裝置，本發明之齒顎矯正裝置於操作程序上較爲簡便，且矯正效果良好並可縮短矯正時間，此外，由於本發明的齒顎矯正裝置的構成元件無需經由複雜的鑄造流程製造，較爲經濟，因此使用本發明之齒顎矯正裝置將可降低牙齒矯正療程的費用。

【符號說明】

10：托架

11：端部

20：環套

30：推頂支架

31：調整段

32：折臂

321：迴圈

322：彎勾

8. 參考文獻

[1] Cheng, S.-J., et al., A prospective study of the risk factors associated with failure of mini-implants used for orthodontic anchorage. The International

journal of oral & maxillofacial implants, 2004. 19(1): p. 100-106.

[2] Houston, W.J.B., The analysis of errors in orthodontic measurements. American Journal of Orthodontics, 1983. 83(5): p. 382-390.

[3] Brook, P.H. and W.C. Shaw, The development of an index of orthodontic treatment priority. European journal of orthodontics, 1989. 11(3): p. 309-320.

[4] Bergland, O., G. Semb, and F.E. Abyholm, Elimination of the residual alveolar cleft by secondary bone grafting and subsequent orthodontic treatment. The Cleft palate journal, 1986. 23(3): p. 175-205.

[5] Reitan, K., Clinical and histologic observations on tooth movement during and after orthodontic treatment. American Journal of Orthodontics, 1967. 53(10): p. 721-745.

[6] Miyawaki, S., et al., Factors associated with the stability of titanium screws placed in the posterior region for orthodontic anchorage. American Journal of Orthodontics and Dentofacial Orthopedics, 2003. 124(4): p. 373-378.

[7] Linge, L. and B.O. Linge, Patient characteristics and treatment variables associated with apical root resorption during orthodontic treatment. American Journal of Orthodontics and Dentofacial Orthopedics, 1991. 99(1): p. 35-43.

[8] Holdaway, R.A., A soft-tissue cephalometric analysis and its use in orthodontic treatment planning. Part I. American Journal of Orthodontics, 1983. 84(1): p. 1-28.

[9] Proffit, W.R., H.W. Fields, and L.J. Moray, Prevalence of malocclusion and orthodontic treatment need in the United States: estimates from the NHANES III survey. The International journal of adult orthodontics and

orthognathic surgery, 1998. 13(2): p. 97-106.

[10] Geiger, A.M., et al., Reducing white spot lesions in orthodontic populations with fluoride rinsing. American Journal of Orthodontics and Dentofacial Orthopedics, 1992. 101(5): p. 403-407.

[11] Roberts, W.E., et al., Rigid endosseous implants for orthodontic and orthopedic anchorage. The Angle Orthodontist, 1989. 59(4): p. 247-256.

[12] Frank, C.A. and R.J. Nikolai, A comparative study of frictional resistances between orthodontic bracket and arch wire. American Journal of Orthodontics, 1980. 78(6): p. 593-609.

[13] Mizrahi, E., Enamel demineralization following orthodontic treatment. American Journal of Orthodontics, 1982. 82(1): p. 62-67.

8.8 非接觸式牙科植體穩固度檢測儀

現今的植牙手術依牙科植體（Dental implant）的設計及所搭配的手術方式可分爲一階段式系統及二階段式系統。在植入牙科植體後，其在骨組織的癒合過程中可以與新生成的骨質產生直接且堅硬的接觸，即所謂的骨整合作用（Osseointegration），使牙科植入體與骨組織之間產生良好的穩固度；依照醫師臨床經驗，於上顎齒槽骨約需六個月的時間以達預期的骨整合，而下顎則約需三到四個月的時間。

人工牙根在體內進行骨整合的過程，其自然頻率值會隨著骨整合程度發生改變，當骨整合越完整，其自然頻率質也會相對增高，反之亦然。由動物實驗得知，當骨整合順利進行時，其人工牙根之自然頻率每週約增加230～330 Hz；若是失敗的骨整合案例，則於第一週便會有12%的下降量，因此可以人工牙根之自然頻率作爲一監控骨整合情況之因子。

當一個系統環境受到初始擾動（Initial disturbance）後，物體所產生之獨立振動頻率，我們便稱之為該物體的自然頻率（Natural frequency）。自然頻率為物質剛性（Stiffness）於質量的函數，當材料結構發生變化時，伴隨著剛性係數或質量亦產生了變化，此時便可藉由自然頻率的改變來量化結構的變化，而其測量方法恰巧為一非侵入性及非破壞性檢測。

在力學上，植體植入骨頭後螺紋區埋於骨頭內，另一端裸露於口腔中，裸露端稱為懸樑臂（Cantilever beam），其自然頻率可由下式表示：

$$f_n = \alpha\sqrt{\frac{EI}{\rho l^4}}$$

f_n：自然頻率

E：植體材料之陽氏係數（Young's modulus）

I：此系統轉動慣量

ρ：有效長度之質量

l：懸樑臂之有效振動長度

α：常數與系統之邊界條件有關

當此系統之邊界條件改變時，必使得此系統之自然頻率發生改變，即骨整合作用影響，使邊界常數增高、導致自然頻率f_n上升；若產生骨吸收，懸樑臂 l（植體裸露出骨頭的長度）升高、導致自然頻率 f_n 降低。因此，藉由量測牙科植體之自然頻率可直接探知齒槽骨之變化。

傳統的牙科植體穩固度檢測儀藉由敲擊以收集回傳振動數據，其缺點如下：(1) 敲擊力量無法統一；(2) 著力點位置無法固定；(3) 需較大能量的頻率以驅動牙科植體的自然頻率共振，故驅動設備尺寸一般較大、不易於口內操作，容易受外界環境影響結果。

理想的牙科植體穩固度檢測儀應具備：(1) 置入口內的設備尺寸越小越好；(2) 振動驅動裝置藉由機器控制而非人為；(3) 植體受振動的驅動位置應為全面性振動、不需特別挑選著力點；(4) 不需經由二次或多次開刀以接上檢測儀。以上述幾點做爲設計之最終目標，並依照設計步驟以完成「非接觸式牙科植體穩固度檢測方法與裝置」。

1. 確定需求

如圖 8.39 所示，一階段式植牙係指牙科植體在植入齒槽骨後，仍留有一部分的植體裸露於牙齦外，待骨整合完成再完成上部義齒的裝戴。而二階段式植牙係指牙科植體在植入後完全包覆於牙齦內，待骨整合完成後再以手術方式切開包覆於其上的牙齦以完成後續義齒的裝戴，如此可減少骨整合期間外來物對植體及骨頭的刺激，並降低感染的機率，使植體可更穩定地與骨頭結合。

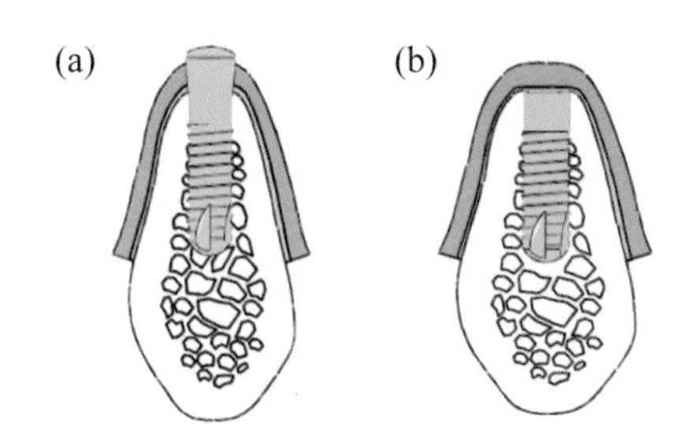

圖 8.39　(a) 一階段式植牙，仍有一部分植體裸露於牙齦外；(b) 二階段式植牙，植體完全包覆於牙齦內

其中，牙科植體的穩固度對於植牙成功而言是至關重要的因素，即骨整合狀況越好、骨密度越高，牙科植體的穩固度也就越高，則區域植牙治療的成功率較高；因此，牙科植體穩固度的評估於植牙手術過程中爲重要的關鍵步驟之一。

目前牙科植體植入後的主要評估方法爲放射線 X 光灰階影像與共振頻率檢測法。然而，放射線 X 光灰階影像在定量上有相當大的困難，對於 30% 以下的骨質變化無法偵測，照射的角度亦會影響判讀的準確性，且 X 放射線對人體有害，儀器的操作人員需受過專業訓練，而 X 光影像儀器更是價格昂貴，共振頻率檢測法則無上述限制。

2. 定義問題

目前臨床上應用於檢測牙科植體穩固度的共振頻率檢測法爲衝擊法，即利用一衝槌直接由外部撞擊牙科植體以給予該植體一固定大小的衝擊刺激，並以麥克風擷取此植體的振動聲響並進行頻譜分析，進而得知該植體的共振頻率，以分析骨 - 植體介面的情況；當共振頻率越高，則表示牙科植體的穩固度越好。然而，這種方法僅適用於一階段式的植牙系統，針對二階段式植牙系統的牙科植體，由於其包覆於牙齦內，因而無法利用上述的方法敲擊植體而檢測其穩固度。

綜合上述，業界亟需一種可以在非接觸的情況下偵測牙科植體共振頻率的方法，不僅可同時適用於一階段式及二階段式植牙系統，且非接觸式的檢測方法亦可避免直接敲擊的不便，降低患者的心理不適。因此，本設計之問題將定義爲「非接觸式牙科植體穩固度檢測方法與裝置」，以自然頻率檢測法設計非接觸式牙科植體穩固度檢測儀，並配合理論模擬於臨床所需加以修正改良，用以改善上述習用手段之缺失，以符合安全性、方便性、精準性、靈敏性等要求，且不需要二次或多次手術避免影響植入後骨整合環境。

相關名詞定義如下：

(1) 自然頻率（Natural frequency）

任一物體振動時皆有其特定頻率及波形，只要該物體之剛性、結構、形狀不變，該頻率也就維持不變，且不會受時間或外力環境所影響，我們便稱之爲該物體的「自然頻率」。當系統環境受到擾動的頻率與該物體的自然頻率相同，該物體便會因共振效應而反覆振動不停。反之，若擾動頻率與物體的自然頻率不同，則當擾動靜止後，因物體本身的阻尼作用，物體很快地也回歸靜止狀態。

(2) 人工牙根（Dental implant）

取代人類牙齒牙根功能的物體，必須能支撐咬合所產生的力量，一般由鈦金屬或鈦合金所製成，需要具有高生物相容性，在體內不會產生排斥現象、釋放毒素等。

(3) 生物感測器（Biosensor）

接收生理發出的訊號變化（如生理的自然頻率振動訊號等），將其轉換爲電子訊號（如電壓等），以供儀器進行分析量測。

3. 資料收集

(1) 影像檢測法（Imaging tests）

「X 光檢查（X-ray）」爲目前最通用之非侵入性檢測法，可用於判斷術前骨質密度、以及術後植體與骨組織間之密合度（圖 8.40），但是必須有 30% 以上的骨質流失，才能在 X 光片上清楚判別，且 X 光於體內有累積現象、且再現性低不易做追蹤觀察。

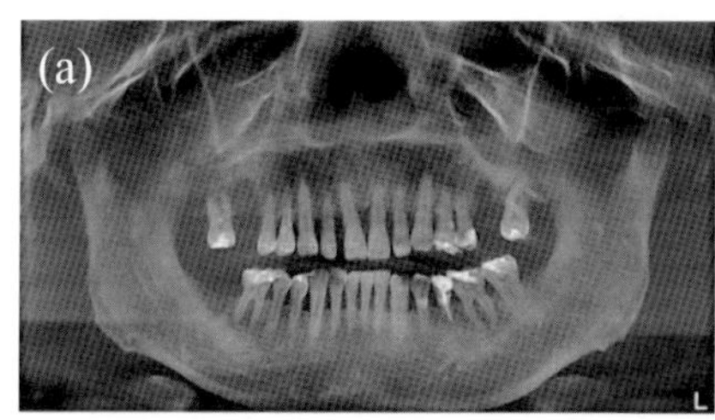

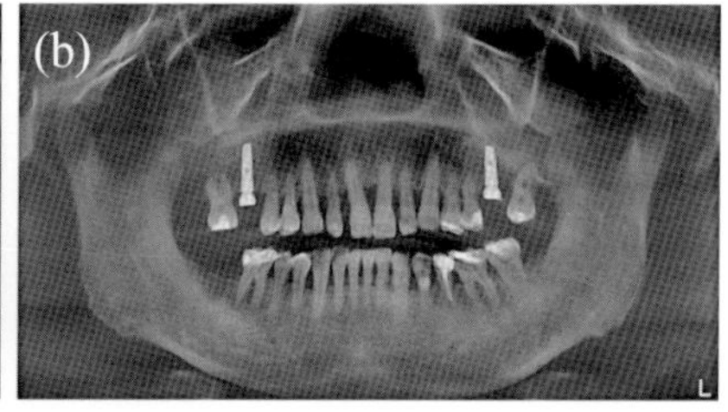

圖 8.40　牙科植牙手術 X 光影像檢查：(a) 術前、(b) 術後

「電腦斷層掃描（Computed tomography, CT）」是一種利用數位幾何處理後重建的三維放射線醫學影像（圖 8.41）。透過單一軸面的 X 光旋轉照射人體，因爲不同人體組織對 X 光的吸收能力（或阻射率）不同，可利用電腦三維運算重建出斷層面影像。經由窗寬、窗位處理（Windowing）

可得到相應組織的斷層影像，再將斷層影像層層堆疊為立體影像。所謂的窗寬處理就是指用 HU 值（Hounsfield Unit）所得的數據來計算出影像的過程，不同的放射強度（Radiodensity）對應到 256 種不同程度的灰階值，這些灰階值可依 HU 值的不同範圍來重新定義衰減值。舉例來說，若我們要在腹內找出肝腫瘤的細微變化，就以肝臟的平均 HU 值（即肝窗位）的 70 HU 做為中心值、55 HU 為下限（低於此限的影像顯示全黑）、85 HU 為上限（高於此限的影像顯示全白），以 ±15 HU 窄窗位（Narrow window）觀察細部變化，我們稱為對比壓縮。同理，當我們觀察牙科植體周圍骨組織變化，就要用骨窗位做為中心值，但此刻需選用寬窗位（Wide window）做 CT 拍攝，因為考慮到含有脂肪的髓腔內及外層的緻密骨需同時觀察。

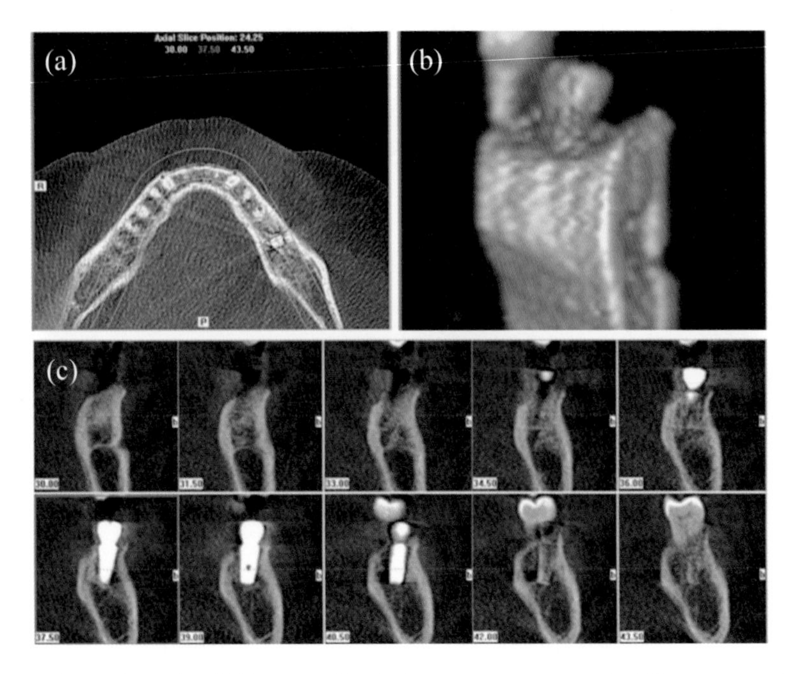

圖 8.41　牙科植牙手術術後 CT 影像檢查：(a) 水平面切層影像、(b) 3D 重建影像、(c) 連續性切層影像檢查

相較於上述兩者，電腦斷層可為醫師提供器官的完整 3D 影像資訊，而X光影像只能提供多斷面的重疊影像；接著，由於電腦斷層的高解析度，不同組織阻射過的放射強度即使小於 1% 的差異亦可區分出來；此外，由於斷層影像技術提供三維圖像，依診斷需求不同，可看到橫切面（Horizontal plane）、冠狀面（Frontal plane）、矢狀面（Sagittal plane）影像，稱其多平面數位重建（Multi-planar reformatted imaging）；同時，任意切面的影像皆可藉由差值技術產生，為醫學影像診斷帶來極大的便利性（圖 8.42）。

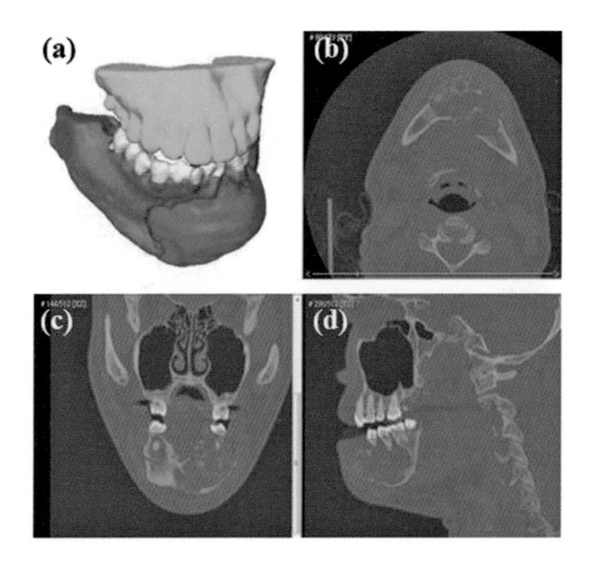

圖 8.42　多平面數位重建：(a) 3D 影像、(b) 水平面、(c) 冠狀面、(d) 矢狀面

(2) 侵入性穩固度檢測法（Invasive test）

「組織切片」被認為是是最佳觀察骨組織與植體交界面的檢測方式，利用組織型態學（Histomorphometry）計算植體與骨頭的接觸面積百分比（Bone-Implant-Contact, BIC）以判定骨整合情形（圖 8.43），但由於切片製作過程繁複、且必須採用侵入破壞性檢測，因此並不適用於臨床評估。

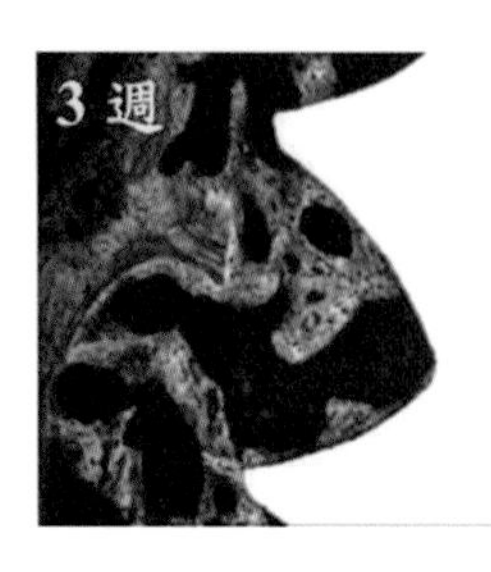

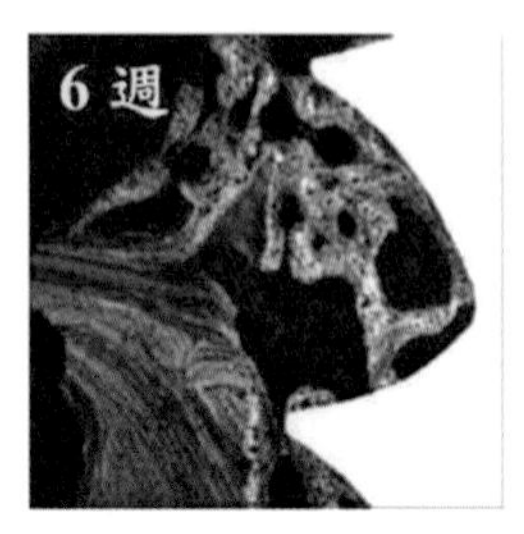

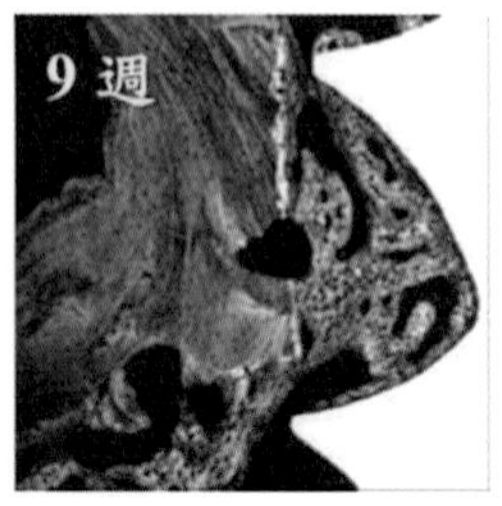

圖 8.43　動物實驗之組織切片觀察

「移除扭力測試法（Removal torque test）」藉由植體從骨頭內移除之扭力值來量化骨整合情形（圖 8.44），因移除扭力值與植體 - 骨組織介面接觸面積大小相關，當接觸面積越大則移除扭力值越高，因此種測試法易對周圍組織造成傷害，一般僅適用於動物實驗或體外實驗，且移除扭力尚無一標準、並容易受到量測儀器精準度或人爲操作差異影像，測試結果通常只有「全有或全無」。

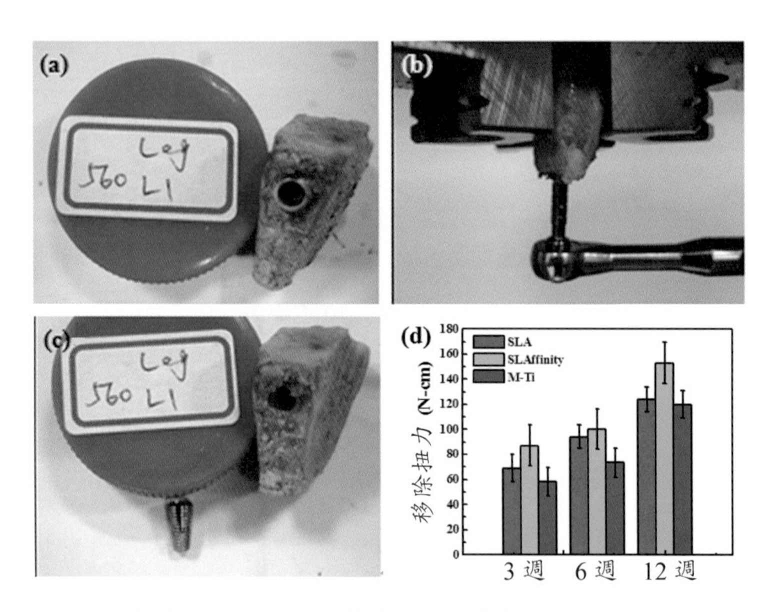

圖 8.44　移除扭力測試法：(a) 測試樣本、(b) 測試夾具、(c) 植體旋出結果、(d) 測試統計，移除扭力隨著骨整合時間增加而增加。

(3) 非侵入性穩固度檢測法（Non-invasive test）

早期醫師利用鈍器輕敲植體或支台齒部分，利用聲音判定植體的穩固度，但可能因每個人對聲音的感受不同、敲擊力大小不同，造成判斷過於主觀。且植體搖動的結果可能是骨組織本身的黏彈性所造成，並非穩固度不足。

「Periotest」以定量方式量測牙周組織的阻尼特性，藉此評估穩固度。其原理以加速度規量測撞擊桿和受測物的回彈接觸特性、並訂為 Periotest value（PTV 值），當 PTV 值越低，受測物的穩固度越低。但是 PTV 量測易受測量點的垂直高度、量測桿及受測物間的角度及水平距離影響，且無法有效地量化骨整合程度，臨床使用仍有其限制。

「共振頻率分析法（Resonance frequency analysis, RFA）」以音叉共振原理為出發點，目前有兩種產生振動方式去檢測牙科植體之自然頻率，以檢測穩固度，方法如下：(1) 電子式共振頻率分析儀（Electronic technology RFA）；(2) 磁場式共振頻率分析儀（Magnetic technology RFA）。

電子式 RFA 利用 L 型轉接體、一邊連接轉換器、另一邊連接於植體，以頻率 5～15 kHz 、振幅 1 V 的正弦波激發 L 型轉接體，接著轉換器上連接 2 片壓電陶瓷片，一方面擷取轉換器之振動位移訊號（圖 8.45）；另一方面將通過之共振頻率訊號回傳頻率分析儀，最後由銀幕上得到從 0～100 之 ISQ 值，取第一個共振頻率分析植體穩固度，經實驗證實由此系統測得之共振頻率，與骨整合程度有很明顯之正相關性，頻率越高代表植體穩固度越高。但因連接體位置並沒有在植體之中心軸，所測得之共振頻率並非為植體之自然頻率，而是植體與連接體間之彎曲頻率。

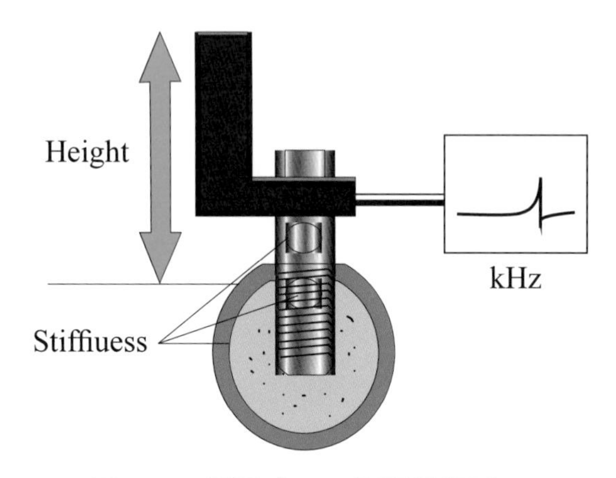

圖 8.45　電子式 RFA 原理示意圖 [10]

磁場式 RFA 與電子式 RFA 相似，將原本正弦波振動，改以外加磁場方式，測量時在待測植體上鎖上磁釘，當磁探頭產生自然頻率並靠近磁釘，磁釘與自然頻率產生共振，改變磁探頭周圍磁場環境，磁探頭內部磁鐵將訊號傳遞至探頭線圈之電壓進行截取與頻率分析（圖 8.46）。磁場式 RFA 不僅改善了口腔後排空間不足，同時也改善了使用電子式 RFA 之問題，但其設備費用相對較高，且磁釘需搭配各種廠牌之植體規格與尺寸。

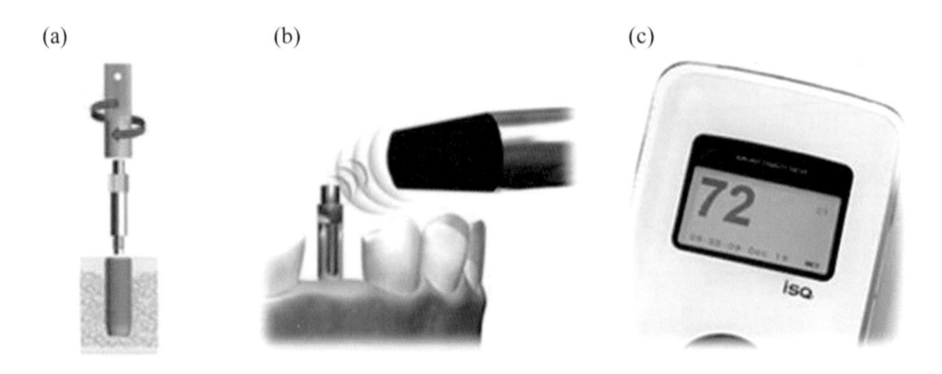

圖 8.46　磁場式 RFA 操作示意圖 [20]

針對上述現行牙科植體穩固度檢測儀的缺點改進，包括激發裝置與訊號接收裝置的機構，以一種小型機構能在牙科植體內部空腔內發出振動裝置爲構思，同時激發與訊號接收裝置皆能置於此機構上，以符合安全性及安裝方便性的需求，且不影響植入後骨整合環境，以期能更準確、更靈敏的檢測穩固度，以期能提供予臨床植牙手術最佳的輔助診斷工具。

4. 概念設計

本概念之主要目的係提供一種非接觸式的牙科植體穩固度檢測方法及裝置，利用共振頻率檢測法來分析牙科植體的穩固度，同時以非接觸式的刺激帶動該牙科植體的振動，使植牙手術的診斷更爲精確。

綜合上述，本設計主要提供一種裝置包含：牙科植體、觸發裝置、接收裝置以及信號處理裝置。其中，該牙科植體包含：(1) 柱狀構造牙根本體用以植入齒槽骨中，該之一端往內凹陷而形成具有一開口的空腔；(2) 植體上蓋，用以密封該空腔之開口；以及 (3) 衝擊裝置，位於該空腔內，用以衝擊該牙根本體而產生一個振動響應。觸發裝置提供一非接觸式刺激並觸發該衝擊裝置，使該牙科植體產生振動響應；接收裝置與信號處理裝置連接並接收此振動響應，而後由信號處理裝置分析此振動響應，藉此判斷牙醫植體穩固度。

根據本裝置之構想，本設計提供一種非接觸式牙科植體穩固度檢測方法，其步驟如下：(1) 提供一非接觸式刺激至一牙科植體；(2) 因應該非接觸式刺激而產生一振動響應；(3) 接收並分析該振動響應以得知該牙科植體之一共振頻率。如所述之方法，其中該步驟 (4) 更包含該非接觸式刺激觸發位於該牙科植體內的一衝擊裝置，以衝擊該牙科植體而產生該振動響應。

5. 檢討評估（Evaluation）

以下針對本設計非接觸式牙科植體穩固度檢測方法及裝置的較佳實施例進行描述，如圖 8.47 係本案第一種實施例之架構圖；該非接觸式牙科植體穩固度檢測裝置包含一牙科植體、一觸發裝置、一接收裝置以及一信號處理裝置，且該接收裝置與該信號處理裝置相連接。其中，該牙科植體包含一牙根本體，一植體上蓋以及一衝擊裝置，而該牙根本體具有一空腔，且該衝擊裝置位於該空腔內。

如圖 8.47 所示，該觸發裝置觸發該衝擊裝置，使該牙科植體振動並產生一振動響應，該振動響應由該接收裝置接收，並傳遞至該信號處理裝置進行分析，進而得知該牙科植體的一共振頻率。其中，該接收裝置可為一麥克風，而該信號處理裝置可為一電腦；此外，該觸發裝置可為一獨立的裝置，亦可如圖所示與該信號處理裝置相連接，而經由該信號處理裝置操控。

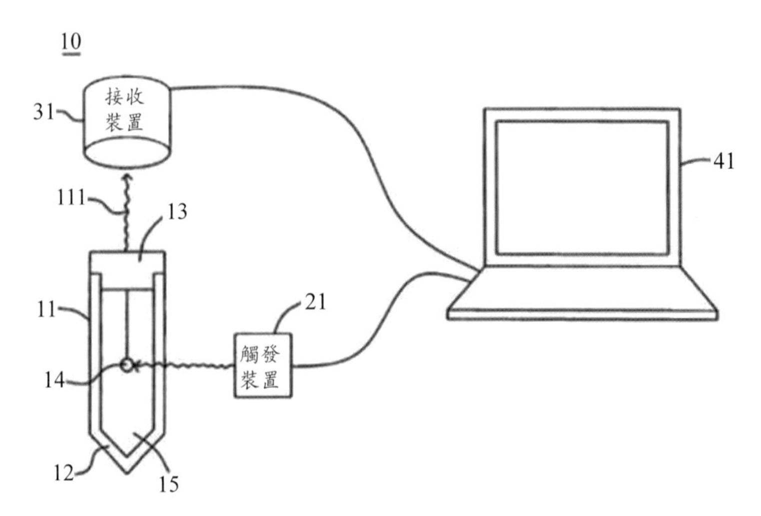

圖 8.47　非接觸式牙科植體穩固度檢測裝置 10 之架構圖：牙科植體 11（牙根本體 12、植體上蓋 13、衝擊裝置 14、空腔 15），觸發裝置 21（振動響應 111）、接收裝置 31、信號處理裝置 41

圖 8.48 為本設計第二種實施例之示意圖。觸發裝置提供一非接觸性刺激至衝擊裝置，該衝擊裝置被觸發後衝擊牙根本體，而使牙科植體振動並產生一振動響應，該振動響應由接收裝置接收，並由信號處理裝置進行分析。

其中，觸發裝置可為一衝擊磁場線圈，其所產生的該非接觸性刺激則為一衝擊磁場，因此，該衝擊裝置可為一導磁材料，該導磁材料可選自鐵、鈷、鎳、釓及其組合之其中之一；當該衝擊裝置受到該衝擊磁場的作用而擺動，進而敲擊該牙根本體，使該牙科植體產生該振動響應，該振動響應便由接收裝置接收。此外，該觸發裝置亦可為一磁場產生裝置，其所產生的該非接觸性刺激即為週期性磁場，此時該衝擊裝置則不限於該導磁材料；由於該衝擊裝置之共振頻率為已知，因此該觸發裝置 21 發出與該衝擊裝置之共振頻率相同的該週期性磁場，使該衝擊裝置因共振而劇烈晃動，進而敲擊該牙根本體，而使該牙科植體產生該振動響應並由接收裝置接收。

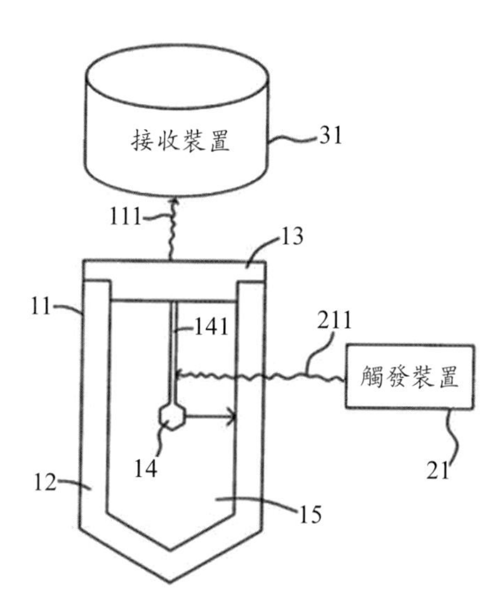

圖 8.48　觸發裝置 21 之示意圖：振動響應 111、非接觸性刺激 211

圖 8.49 係本設計第三種實施例之牙科植體的示意圖，主要爲觸發裝置之設計變異。圖 8.49(a) 所示，該衝擊裝置 14a 爲分離的塊狀物，並位於牙根本體的該空腔內，其可受到一觸發裝置的觸發而衝擊該牙根本體。圖 8.49(b) 之衝擊裝置爲撞鎚，該撞鎚具有一細桿連接於該牙根本體之一內部表面。此外，該衝擊裝置亦可爲連接於該植體上蓋之一內部表面，如此一來，該衝擊裝置可隨該植體上蓋的移除而一同取出。

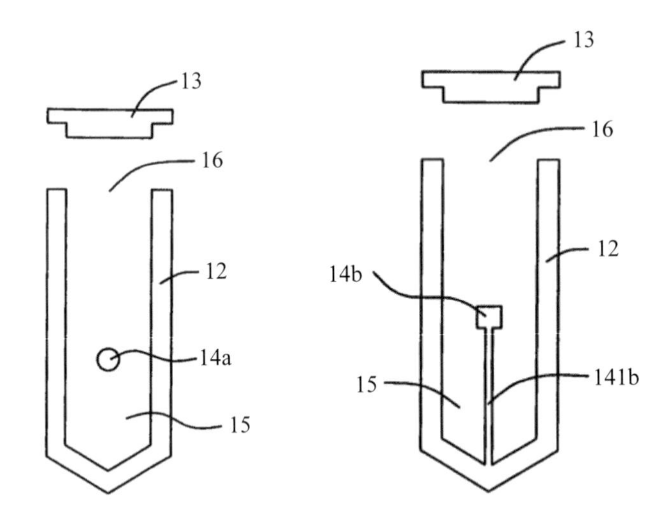

圖 8.49　衝擊裝置之示意圖：(a) 14a 為分離的塊狀物；(b) 14b 為撞鎚可連接於牙根本體或是植體上蓋

另一設計重點，本設計之非接觸式牙科植體穩固度檢測方法及裝置可適用於一階段式植牙系統以及二階段式植牙系統。圖 8.50(a) 爲一階式牙科植體在植入齒槽骨後，該牙根本體的開口端及該植體上蓋係裸露於牙齦外。圖 8.50(b) 爲二階式牙科植體在植入齒槽骨後，該牙科植體包含該植體上蓋係完全被包覆於牙齦內。

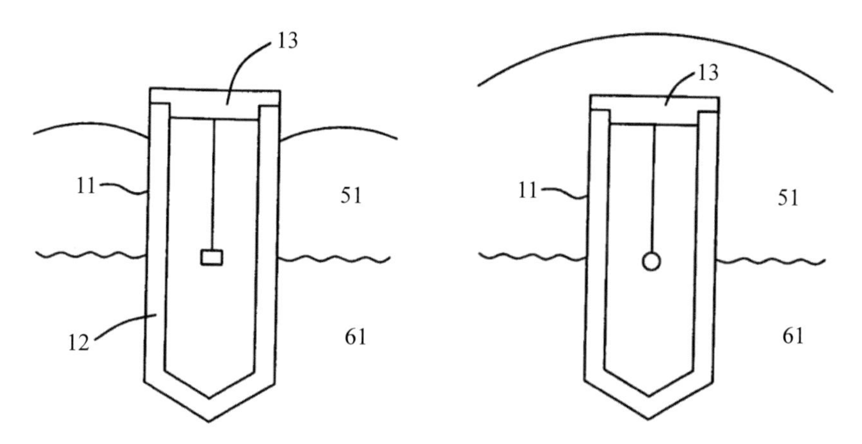

圖 8.50　非接觸式牙科植體穩固度檢測方法及裝置適用於 (a) 一階段式植牙系統以及 (b) 二階段式植牙系統

6. 設計報告

總結，本設計之非接觸式牙科植體穩固度檢測方法及裝置使用了非接觸性的刺激源，搭配了牙科植體的特殊設計，利用共振頻率檢測法以檢測牙科植體的穩固度，相較於放射線 X 光灰階影像檢測法更加精確。本設計不僅克服了過去共振頻率檢測法僅適用於一階段式植牙系統的限制，可適用於一階段式及二階段式植牙系統，更提高了牙醫師及患者於手術選擇上的彈性。此外，所使用的非接觸性刺激源更避免了以往需給予牙科植體外部敲擊的不便，同時也降低了患者的心理障礙。是以，本設計顯然較目前存在之各種習知技術爲優，殊爲一極具產業價值之發明。

7. 參考文獻

[1] Albrektsson, T., Zarb, G., Worthington, P. & Eriksson, A. R. (1986) The long-term efficacy of currently used dental implants: A review and proposed criteria of success. The International journal of oral & maxillofacial implants 1: 11-25.

[2] Alsaadi, G., Quirynen, M., Michiels, K. & van Steenberghe, D. (2007) A biomechanical assessment of the relation between the oral implant stability at insertion and subjective bone quality assessment. J Clin Periodontol 34: 359-366.

[3] Aparicio, C., Lang, N. P. & Rangert, B. (2006) Validity and clinical significance of biomechanical testing of implant/bone interface. Clinical oral implants research 17 Suppl 2: 2-7.

[4] Atsumi, M., Park, S. H. & Wang, H. L. (2007) Methods used to assess implant stability: Current status. The International journal of oral & maxillofacial implants 22: 743-754.

[5] Barewal, R. M., Oates, T. W., Meredith, N. & Cochran, D. L. (2003) Resonance frequency measurement of implant stability in vivo on implants with a sandblasted and acidetched surface. The International journal of oral & maxillofacial implants 18: 641-651.

[6] Beer, A., Gahleitner, A. & Holm, A. (2003) Correlation of insertion torques with bone mineral density from dental quantitative ct in the mandible. Clinical oral implants research 14: 616-620.

[7] Berzins, A., Shah, B., Weinans, H. & Sumner, D. R. (1997) Nondestructive measurements of implant-bone interface shear modulus and effects of implant geometry in pull-out tests. Journal of biomedical materials research

34: 337-340.

[8] Bränemark, P., Hansson, B., Adell, R., Breine, U., Lindstrom, J., Hallen, O. & Ohman, A. (1977) Osseointegrated implants in the treatment of the edentulous jaw. Experience from a 10-year period. Scandinavian journal of plastic and reconstructive surgery. Supplementum 16: 1-132.

[9] Branemark, R., Ohrnell, L. O., Skalak, R., Carlsson, L. & Bränemark, P. I. (1998) Biomechanical characterization of osseointegration: An experimental in vivo investigation in the beagle dog. Journal of orthopaedic research : official publication of the Orthopaedic Research Society 16.

[10] Brunski, J., Puleo, D. & Nanci, A. (2000) Biomaterials and biomechanics of oral and maxillofacial implants: Current status and future developments. The International journal of oral & maxillofacial implants 15: 15-46.

[11] Calandriello, R., Tomatis, M. & Rangert, B. (2003) Immediate functional loading of branemark system implants with enhanced initial stability: A prospective 1- to 2-year clinical and radiographic study. Clinical implant dentistry and related research 5:10-20

[12] Chang, P. C., Lang, N. P. & Giannobile, W. V. (2010) Evaluation of functional dynamics during osseointegration and regeneration associated with oral implants. Clinical oral implants research 21: 1-12.

[13] Fischer, K., Stenberg, T., Hedin, M. & Sennerby, L. (2008) Five-year results from a randomized, controlled trial on early and delayed loading of implants supporting full-arch prosthesis in the edentulous maxilla. Clinical oral implants research 19: 433-441.

[14] Aparicio, C., Lang, N.P. & Rangert, B. (2006) Validity and clinical significance of biomechanical testing of implant/bone interface. Clinical

Oral Implants Research 17: 2-7.

[15] Balshi, S.F., Allen, F.D., Wolfinger, G.J. & Balshi, T.J. (2005) A resonance frequency analysis assessment of maxillary and mandibular immediately loaded implants. International Journal of Oral & Maxillofacial Implants 20: 584-594.

[16] Batal, H.S. & Cottrell, D.A. (2004) Alveolar distraction osteogenesis for implant site development. Oral and Maxillofacial Surgery Clinics of North America 16: 91-109.

[17] Bischof, M., Nedir, R., Szmukler-Moncler, S., Bernard, J.P. & Samson, J. (2004) Implant stability measurement of delayed and immediately loaded implants during healing. Clinical Oral Implants Research 15: 529-539.

[18] Block, M.S., Almercio, B., Crawford, C., Gardiner, D. & Chang, A. (1998) Bone response to functioning implants in dog mandibular alveolar ridges augmented with distraction osteogenesis. International Journal of Oral & Maxillofacial Implants 13: 342-351.

[19] Block, M.S., Gardiner, D., Almerico, B. & Neal, C. (2000) Loaded hydroxylapatite-coated implants and uncoated titanium-threaded implants in distracted dog alveolar ridges. Oral Surgery Oral Medicine Oral Pathology Oral Radiology and Endodontics 89: 676-685.

[20] Park, J.C., Lee, J.W., Kim, S.M. & Lee, J.H. (2011) Implant Stability-Measuring Devices and Randomized Clinical Trial for ISQ Value Change Pattern Measured from Two Different Directions by Magnetic RFA., Implant Dentistry - A Rapidly Evolving Practicee, Prof. Ilser Turkyilmaz (Ed.).

8.9 生物可降解之鼻腔填材製造方法

1. 摘要

針對創傷或是手術導致之患部出血，利用具有高孔洞性之生物可降解性多功能止血棉對於止血以及傷口癒合能有莫大的幫助。止血棉會吸取大量的血液，利用血液中所含有之生長因子等促進組織修復，同時提供患部之良好三維支架以利組織再生。一種生物可降解之鼻腔填材製造方法，其中包括下列步驟：(1) 在預定溫度範圍內均勻混合幾丁聚醣及基材（澱粉或甲基纖維素）以形成第一溶液；(2) 添加交聯劑於第一溶液以進行交聯反應；(3) 將第一溶液倒入成形模具中；(4) 進行冷凍乾燥處理以去除水分，進而獲得生物可降解之鼻腔填材；將生物可降解之鼻腔填材塡塞於患者鼻腔中，可達到止血效果，並達到可生物降解吸收以避免在取出時造成二度傷害的目的。

2. 確定需求

台灣地區四面環海，氣候環境潮濕多雨，造成人們容易產生呼吸道方面的疾病，由數據統計國內有 20 %～40 % 的比例呼吸道過敏的情況發生，平均每四人中就有一人罹患，是現代社會常見之文明病，其中又以兒童及青少年時期居多，過敏後如不經由治療或生活習慣來改變其過敏問題，通常並不會自行好轉及根治。以過敏性鼻炎爲例，發作時過敏症狀大約持續一個小時即會消失，但會反覆發作。除了典型症狀外，有時還會有喉嚨發癢、鼻涕倒流、眼睛紅癢、流眼淚、耳朵腫脹、頭暈等症狀，同時也會因爲鼻塞而導致患者長期睡眠不足，使其在日間無法集中精神，影響到課業學習或工作效率。而嚴重者亦可能會併發鼻竇炎、中耳炎等疾病，過敏性鼻炎與個人體質密切相關，也與家族遺傳有關。而鼻竇炎是指鼻竇的炎症反應，多因過敏性鼻炎、鼻息肉、免疫機能不全、鼻中隔彎曲或黏膜纖毛功能異常所致之黏液滯留、細菌感染。

鼻竇是頭部骨骼中充滿氣體的空腔，位在鼻腔的上側、外側以及後側，在這些空腔內表面覆蓋一層薄薄的黏膜，黏膜外有纖毛，而且有通道可與鼻腔相通，鼻竇可以分爲 4 大對，左右各 1、共 8 個鼻竇腔，分別爲上頜竇（Maxillary，位於鼻腔外側）、額竇（Frontal，位於前額）、篩竇（Ethmoid，兩眼中間）及蝶竇（Sphenoid，鼻腔後上部），其中最晚發育的上額竇要到 7 歲後才完成發育。鼻竇主要功能包括有：(1) 調節鼻腔內壓力；(2) 幫助說話時的共鳴；(3) 分泌黏液以保持鼻腔黏膜濕潤；(4) 減輕頭顱重量。

鼻竇表面是一層呼吸上皮與鼻腔內黏膜相似，含有少量杯狀細胞及腺體，因鼻竇中沒有大量氣體流動，帶走竇內水分，因此鼻竇內黏膜較易保持溫溼。而鼻竇內黏膜表面有許多小纖毛，纖毛運動方向是向著鼻竇開口處，因此鼻竇內正常分泌排泄物可經由纖毛清除出竇外。感染反應時，篩竇最早被波及，細菌、病毒等容易侵入，造成該處黏膜腫脹，纖毛運動停止，常引起鼻竇炎的細菌種類爲肺炎球菌。若篩竇引流不暢，炎症反應不易消散，很易演變成爲慢性。表 8.1 爲過敏性鼻炎與鼻竇炎之敘述與差異性。

表 8.1　鼻竇炎與過敏性鼻炎之比較

	鼻竇炎	過敏性鼻炎
定義	鼻竇與鼻腔之間的小通道阻塞或是發炎，導致鼻竇充滿液體或是膿液，而引發鼻子一連串不適的症狀。	當接觸到特殊過敏原後，產生鼻子癢、打噴嚏、流鼻水、鼻塞、眼睛癢等症狀。
分類	急性鼻竇炎、慢性鼻竇炎。	經年性過敏性鼻炎、季節性過敏性鼻炎。
鼻分泌物	分泌物較黏稠呈混濁並帶有味道。	分泌物較稀呈透明色。

慢性鼻竇炎大多爲未經治療或未根治之急性鼻竇炎所演變而來。慢性鼻竇炎若持續惡化，會產生下列併發症：如鼻竇黏膜腫脹、骨髓炎、眼眶蜂窩組織炎、視力衰退、硬腦膜外膿瘍及腦膜炎等。

爲避免上述併發症出現，慢性鼻竇炎的治療有以下方式：

(1) 藥物治療

給予抗生素，達到減低或抑制鼻竇致病菌的目的，或使用鼻用噴劑舒緩鼻內發炎充血而造成鼻塞頭痛等不適。

(2) 手術治療

若經以上藥物治療仍無效，手術治療則成唯一方法。手術方式有兩種：

①鼻外鼻竇手術：其爲傳統手術方式依照病變位置的不同，有不同的皮膚切口。此類手術，病患不適感較高，住院天數較長，雖然目前較少使用，但仍有其價值。

②鼻竇內視鏡手術：手術主要是以鼻竇內視鏡移除病變及阻塞鼻竇開口的黏膜或鼻息肉，並將鼻竇的開口加以擴大，吸除鼻竇內容物。病患顏面以及唇下不會有任何傷口，住院天數一般爲 3 到 5 天，此手術可使 80 %～90 % 的病人達到中等程度以上的症狀緩解，爲目前普遍之手術方式。

3. 定義問題

內視鏡微創手術（Functional endoscopic sinus surgery, FESS），提供醫師正確根治病發區域，但也因傷口小或手術位置深入人體內，導致術後止血作業困難。通常在鼻竇或鼻腔內視鏡手術後，會使用鼻道或中鼻道的敷料，目的是控制中鼻甲的穩定性，及預防換氣通道再次沾黏及狹窄。Bugten 在 2007 年時證明了，在手術後使用不可吸收的敷料 5 天，比起只用生理食鹽水做沖洗，可以顯著的控制術後鼻黏膜的沾黏 [1]。但是使用敷料也有一些潛在性的危險，例如敷料的壓迫或摩擦造成的疼痛及流血，或是造成鼻黏膜的傷害，再者就是病人的花費也會比較高 [2-3] ，Jameson 和他的同事在 2006 年進行了一項實驗，主要是針對使用 FloSeal 這種由牛的膠原蛋白延伸出來的膠狀物質做爲敷料，和神經性敷料浸泡生理食鹽水作比較，研究指出使用 FloSeal 這組其術後出血及不適的狀況都比較佳 [4]。與傳統方式對照，不可吸收性材料在傷口止血或復原 2～3 日後需再次移出體外，容易造成傷口二次傷害，可吸收性敷料在術後的放置值得研究者開發討論。

另外在拔牙過程中，如拔牙位置靠近上顎竇的上顎臼齒，其可能會造成口腔與鼻竇腔之間相通，此稱爲口竇穿孔，如果穿孔的面積不大（小於 5 mm），口竇穿孔處通常會自己自動癒合，但在臨床上通常很難去決定口竇穿孔的大小，所以難去預測是否需要使用手術的方法去關閉口竇穿孔。所以，一般而言所有的口竇穿孔 都需要在 24 到 48 小時內使用手術的方式關閉，以免造成慢性鼻竇炎或是口竇瘻管。

使用手術方式關閉口竇穿孔，通常是借由翻黏膜骨膜皮瓣（Mucoperiosteal flap）來達成，這層黏膜骨膜皮瓣有很多種型式，像是頰側皮瓣、顎側皮瓣、甚至是舌頭皮瓣都有在文獻上被提出來討論過 。使用手術的方法有一些缺點，像是術後疼痛、腫脹和衍生出另一傷口。另外若是使用頰側黏膜關閉口竇穿孔會有一個額外的問題，就是會減少頰前庭的深度。

在上述幾種手術中，皆因爲術後會有出血情況，所以需塞入止血棉進行止血，通常在鼻竇或鼻腔內視鏡手術後，或有口竇穿孔情形進行手術後會使用鼻道或中鼻道的敷料，目的是控制中鼻甲的穩定性，及保持腔體的順暢。Bugten 和其同事在 2007 年時證實在手術後使用不可吸收的敷料 5 天，比起只用生理食鹽水做沖洗，可以顯著的控制術後鼻黏膜的沾黏。但是使用敷料也有一些潛在性的危險，例如敷料的壓迫或摩擦造成的疼痛及流血，或是可能造成鼻黏膜的傷害，再者就是病人的花費也會比較高。

目前鼻用手術止血棉主要分兩種材質，分別爲傳統不可吸收性之塞入物及可降解吸收材質，傳統不可吸收止血材料爲簡稱 MMS（Middle meatal spacer），可降解吸收材料爲 Nasopore（Stryker）。外科手術的進行成敗與否，與觀察術後周圍組織發炎反應有很密切的關係，手術敷料的放置，不外乎是要保持通道空間和止血兩大功能，因此，如何發展可吸收性敷料的成分，使材料在傷患處的降解時機適當，且減少使用者的不舒適爲主要探討的重點。

4. 設計理念與資料蒐集

近年來生醫材料興起使用可生物降解與吸收之材料，在體內其分解物可由人體吸收並經由新陳代謝排出體外，避免二次手術之風險及花費，更無需擔心植入於體內置放過久所產生的後遺症。可吸收之生醫材料應用極爲廣泛，包括手術縫線、骨釘骨板、固定保護層、藥物釋放系統、神經連結導管及手術止血等，人工材料成分大多爲高分子，有良好之可塑性，易於加工，符合身體各部位之患部需求。生物可分解材料，通常含有可水解的鍵結，如酯基、醯胺基等，因此可自行分解或被微生物、酵素作用逐步分解爲小分子，再經由新陳代謝排出生體外。生物可分解性材料主要可分爲天然和人工合成兩大類。天然的生物可分解性材料如：膠原蛋白（Collagen）、透明質酸（Hyaluronic acid）、明膠（Gelatin）、幾丁質（Chitin）、幾丁聚醣（Chitosan）。雖然天然材料生物相容性好，但由於來源及商品量產困難且成本高，加上本身的機械強度較差，使其發展應用受到限制，因此人工合成之生物可分解性高分子研究被高度開發應用。人工材料主要可分爲下列幾大類：(1) 脂族酸聚酯；(2) 聚丙烯酸氰基酯；(3) 聚醯胺；(4) 聚原酸酯；(5) 聚酐類；(6) 聚縮醛等合成高分子。其中又以聚乳酸（Polylactic acid, PLA）、聚甘醇酸（Polyglycolic acid, PGA）及其共聚物（Poly lactide-co-glycolide, PLGA），因其優良的生物相容性、可分解性和適當的材料性質，使它們被廣泛應用。但以缺點來說，這類的產品通常生產成本比較高，所以價錢比較昂貴。目前最新的趨勢轉而將眼光著重於自然界中便可取得的高分子材料，目前最熱門的材料是澱粉。在一些天然的高分子材料中，澱粉材料因爲價格低、容易取得、在使用後可以完全降解，而被考慮用來取代石化原料，例如聚苯乙烯（ESP）泡棉。再者澱粉是自然界中含量非常豐富的高分子，目前已被廣泛的研究作爲泡棉材料的原料使用（Lu, Xiao et al. 2009）。以下針對本專利所使用之幾種主要成分作一簡單介紹：

(1) 澱粉的結構及特性

在自然界中澱粉是經由光合作用，由二氧化碳和水所合成，而且也可以經由微生物或是酵素水解產生葡萄糖，最後葡萄糖會代謝成水和二氧化碳，便可以讓植物再利用，因此使用澱粉材料做爲基底的高分子材料，以取代市場上的石化產品、減少對環境的傷害，並延伸更多面相的應用。

澱粉主要是由 amylase 和 amylopectin 兩種形式存在。Amylase 主要是由 α-D（1, 4’）-glucan 所組的直鏈大分子；而 amylopectin 則是和 amylase 有相同的骨架結構，但是在 α-1, 6’ 這兩個位置會有分支，形成較複雜的支鏈大分子，如圖 8.51。澱粉本身是具有親水性的大分子，其碳鏈上的氫氧基便對於酒精特別有反應性。換句話來說，這些氫氧基讓澱粉具有可以被氧化及還原的特性。

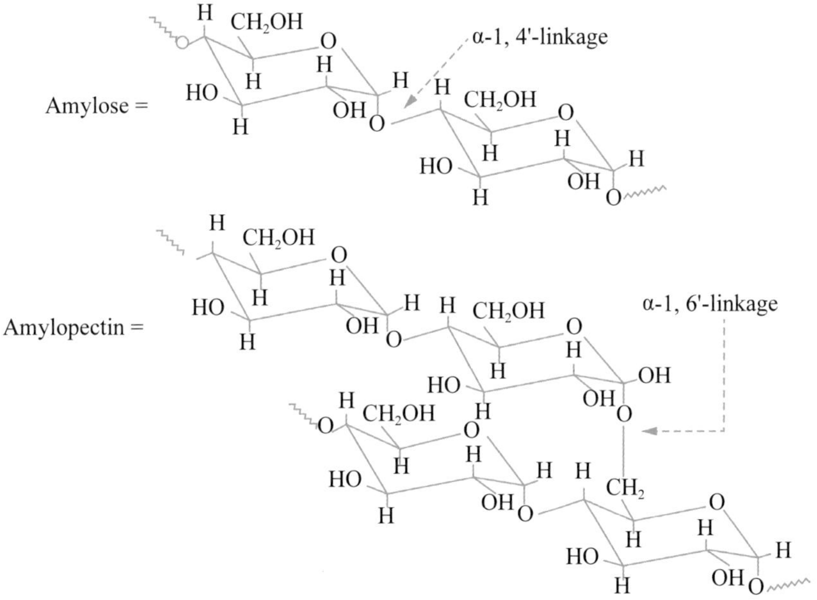

Amylose =
H CH₂OH O H HO H OH O H α-1, 4'-linkage H CH₂OH O H H HO H OH O H

Amylopectin =
H CH₂OH O H HO H OH O H H CH₂OH O H H HO OH OH O α-1, 6'-linkage
H CH₂OH O H O H HO H OH O H H CH₂ O H H HO H OH O H

圖 8.51　澱粉的分子結構

澱粉可因為其中兩種主要成分的含量不同，而有不同的特性。一般而言 amylose 其成分比例大約介於 10～20 %，而 amylopectin 介於 80～90 %。比例的變化和澱粉製成的原料有關 [5]。

澱粉溶於水中會形成螺旋狀結構（Helical structure）。在一般狀況下則是以明顯的顆粒形狀存在，這是因為支鏈狀的 amylopectin 會形成螺旋狀結晶結構。澱粉的顆粒具有親水性，且因為氫鍵形成很強的分子間的鍵結（Strong inter-molecular association）。澱粉的型態在水中會因為和水分子之間的作用而改變，其一些物理性質，像是玻璃轉移溫度（Glass transition temperature, Tg）、分子的大小、機械性質等，都會因為水分含量的不同而改變。

一般而言，未經任何加工的澱粉，當其原料的水分含量介於 0.12 到

0.14 重量百分比之間時，其玻璃轉移溫度（Tg）是介於 60℃到 80℃之間。在這個狀況下澱粉便可以成功的經由射出成型而得到具有熱塑性的澱粉高分子材料 [6]。

澱粉是完全可以自然分解的材料，在自然界中可以被微生物或酵素水解成葡萄糖，最後再被代謝成二氧化碳和水。二氧化碳可以再由植物吸收，經由光合作用轉變成澱粉。可惜的是，就澱粉材料本身的物理和機械性質不佳，且加工性（Processability）很差，加工出來的成品體積穩定性和機械性質不太理想，整體脆性較高，也易吸水劣化 [7] 及加工性不佳等。因此通常需另外添加補助成分使其成爲複合材料的形式來改善其缺點。

(2) 聚乳酸

1950 年左右，有科學研究發現聚乳酸（Polylactic acid, PLA）具有的可塑性質 [8] ，化學式如圖 8.52 所示，其玻璃轉化溫度爲 57℃，熔點爲 174℃[9] ，具有光學活性中心，依爲光旋度分爲 L 型或 D 型 [10-11]。單一旋光方向之聚乳酸，如 PLLA 與 PDLA 爲半結晶型態的高分子，而同時擁有 D 型與 L 型之 PDLLA 則爲非晶型態的高分子。生物體中自然存在的乳酸均爲 L 型，因此多以 PLA 和 PDLA 型聚乳酸做爲人體植入物的材料。PLLA 常應用於骨釘、牙科填充材料、植體、手術縫線，或做爲整形外科的填充材料，適用於一些需要較高機械強度的地方；而 PDLLA 或低分子量 PLLA 則多半用於藥物傳遞系統之包覆材料。1966 年由 Kulkarri[12] 研究發現將其用於骨折固定與手術縫線上且不會產生毒性反應。直到 1990 年後，相關研究與商品才被大量發展，例如作爲體內藥物釋放之載具 [13-14]、組織修復工程支架 [15-17] 或導管 [18-19] 等。

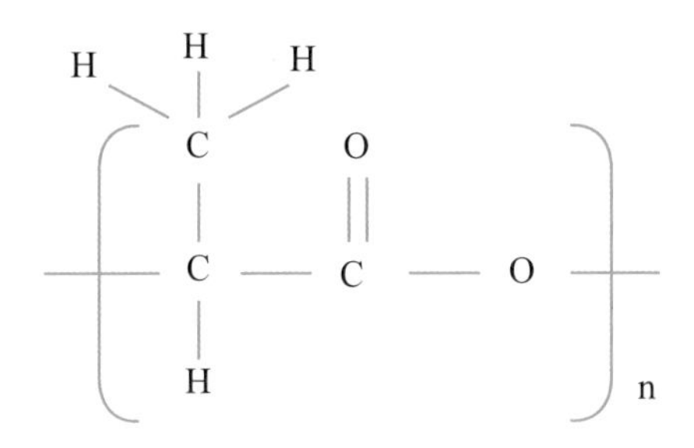

圖 8.52　聚乳酸之分子式

聚乳酸在生物體中會經水解去酯作用（Hydrolytic deesterification）降解成乳酸之後，再經由乳酸去氫酵素（Lactate dehydrogenase）的催化，去掉一個氫離子形成丙酮酸鹽，丙酮酸鹽是生物體內代謝的中間產物，可用於糖質新生作用產生葡萄糖，或是經由兩個路徑進入檸檬酸循環代謝成水及二氧化碳而經由肺及腎臟排出體外 [20]。

(3) 透明質酸

雙醣結構單位組成之直鏈生物高分子，平均分子量介於 1×10^6～1×10^7Da，具良好的保濕性，生物可吸收性、生物相溶性及高度黏彈性、對於細胞結締組織保護、調節細胞黏彈性基質上的移動、穩定膠原網狀結構和保護免受機械性破壞、潤滑細胞以及細胞間的輸送皆扮演很重要的地位。來源主要是由動物的眼玻璃體、雞冠、鯨魚軟骨及關節液等許多軟結締組織萃取而得 [21]，或經由微生物醱酵法，鏈球菌生長及繁殖時向外分泌莢膜，莢膜主要組成即為 HA。在生醫上的應用可做為人工玻璃體、隱形眼鏡、藥物釋放、關節部位的潤滑，外科手術傷口抗沾黏及傷口癒合的應用。其結構如圖 8.53。

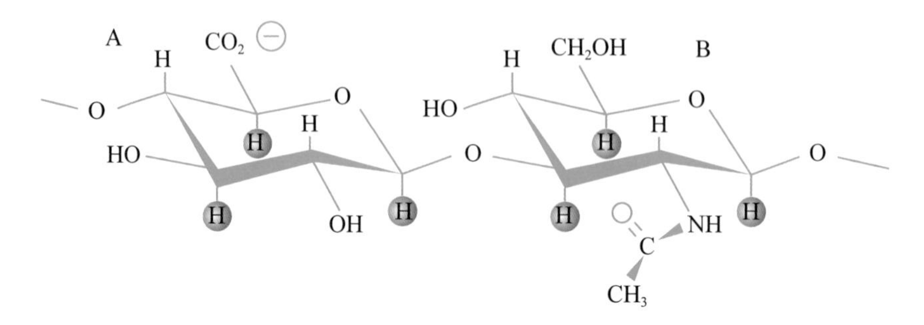

圖 8.53　玻尿酸的一級結構

(4) 幾丁聚醣

幾丁聚醣（Chitosan）由幾丁質（chitin，ß-（1,4）-2-deoxy- 2-acetamido -D- glucopyranose）去乙醯化而來，幾丁質分布極廣，在醫學上的應用有止血、抑菌、傷口敷料、促進細胞增生等功能。幾丁聚醣溶解度較幾丁質佳，可製成膠狀、纖維狀、珠狀、薄膜狀及海綿狀的不同型式，以提供需求，所以現階段幾丁聚醣更受到重視及廣泛研究 [22]。1992 年 Perry R. Klokkevold 等學者證實幾丁聚醣可加速血塊形成，有良好的止血效果 [23]，圖 8.54 所示爲幾丁聚醣的結構式。

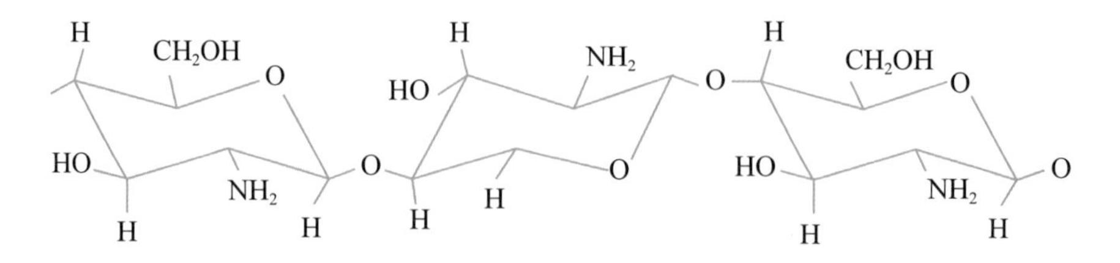

圖 8.54　幾丁聚醣的結構

5. 設計與實施方法

爲了達成構想目標，本專利之目的在於提供一種填塞於鼻腔止血，可生物降解吸收以避免在取出時造成二度傷害的生物可降解之鼻腔填材製造方法。

實施方式

本發明專利爲生物可降解之鼻腔填材製造方法，其包括下列步驟：(1) 在預定溫度範圍內均勻混合幾丁聚醣（Chitosan）及基材以形成第一溶液；(2) 添加交聯劑於第一溶液以進行交聯反應；(3) 將第一溶液倒入成形模具中；(4) 進行冷凍乾燥處理以去除水分，進而獲得生物可降解之鼻腔填材；將生物可降解之鼻腔填材填塞於患者鼻腔中，可達到止血效果，並達到可生物降解吸收以避免在取出時造成二度傷害的目的。下文將詳予說明。

步驟 1 爲在預定溫度範圍內均勻混合幾丁聚醣及基材以形成第一溶液，該基材可選用澱粉（Starch）或甲基纖維素（Methyl cellulose）等生物可降解的材料，藉以達到避免在取出時造成二度傷害的目的。添加幾丁聚醣可提供抗菌效果。其中，該預定溫度範圍爲攝氏 80 度至 100 度，在此溫度範圍內有助於幾丁聚醣與基材均勻混合。另外，幾丁聚醣占總重量的 30～50% ，基材占總重量的 30～50% ，且交聯劑占總重量的 10～30% ，又幾丁聚醣及基材的較佳的比例爲 1：1。在步驟 1 之後依使用狀況可先進行：在第一溶液內添加第二溶液；然後進行步驟 2。該第二溶液可選用膠原蛋白（Collagen）及／或靈芝蛋白（Ganoderma Lucidum）等可增加傷口恢復速度的材料。添加膠原蛋白可提升組織結合效果，而添加靈芝蛋白可增加抵抗力並緩和過敏現象。另外，幾丁聚醣占總重量的 20～40% ，基材占總重量的 20～40% ，膠原蛋白占總重量的 10～20% ，靈芝蛋白占總重量的 10～20%，且交聯劑占總重量的 5～15%，又，幾丁聚醣、基材、膠原蛋白及靈芝蛋白的較佳的比例爲 2：2：1：1 。而單獨添加膠原蛋白（或靈芝蛋白）時，幾丁聚醣占總重量的 20～40% ，基材占總重量的 20～40% ，膠原蛋白（或靈芝蛋白）占總重量的 20～40% ，且交聯劑占總重量的 5～15% ，又，幾丁聚醣、基材及膠原蛋白（或靈芝蛋白）的較佳的比例爲 1：1：1。步驟 2 爲添加交聯劑於第一溶液以進行交聯反應。交聯反應可形成多孔隙結構。本發明分別以樣品 1、2 進行模擬實驗，其成分比例如表 8.2 所示。

表 8.2　樣品 1、2 的成分比例表

	幾丁聚醣	基材	膠原蛋白	靈芝蛋白	戊二醛
樣品 1	3	3	3	0	1
樣品 2	6	6	3	3	2

如圖 8.55 所示，當樣品 1、2 填塞於患者的傷口內以形成防止周圍的組織塌陷的支撐結構時，孔隙結構有利於細胞攀附生長。如圖 8.56 與表 8.3 所示，本發明的生物可降解之鼻腔填材的孔隙率可達到 98～99%。該交聯劑可選用戊二醛（Cidex）等可使幾丁聚醣及基材形成多孔隙結構的材料。其中幾丁聚醣、基材、膠原蛋白、靈芝蛋白及戊二醛的較佳的比例爲 6：6：3：3：2。步驟 3 爲將第一溶液倒入成形模具中。由於傷口的狀態不同，因此成形後的生物可降解之鼻腔填材可呈球形或其他形狀。步驟 4 爲進行冷凍乾燥處理以去除水分，進而獲得生物可降解之鼻腔填材；生物可降解之鼻腔填材因交聯反應形成多孔隙結構而具有類似海綿的特性，可填塞於患者傷口內，達到止血及防止周圍的組織塌陷的效果；由於其成分皆採用生物可降解吸收的材料製成，因此填塞後不需取出，可達到避免在取出時造成二度傷害的目的；又可依使用狀況，添加膠原蛋白及／或靈芝蛋白，達到可增加傷口恢復速度的目的。

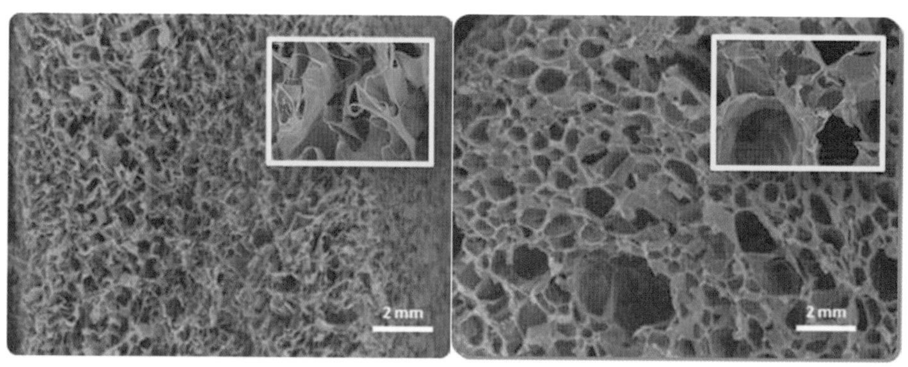

圖 8.55　細胞、紅血球、血小板及纖維蛋白原攀附於本發明的生物可降解之鼻腔填材之電子顯微鏡（SEM）掃描圖片。

表 8.3　樣品 1、2 進行 8 次孔隙率測試取得的數據表

	孔隙率（Porosity）（%）	誤差（Error）
樣品 1	99.06%	0.09
樣品 2	98.73%	0.35

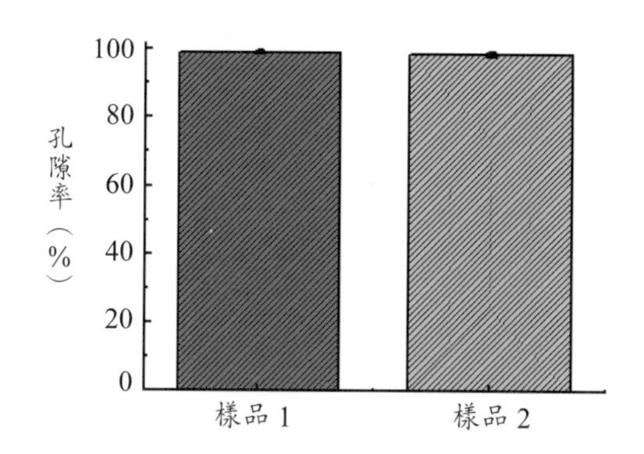

圖 8.56　樣品 1、2 之孔隙率柱狀圖

另外，填材的親疏水性會影響吸血的效果，當填材填塞於患者傷口內時，可吸血膨脹以達到止血的效果，因此填材最好是屬於親水性。而利用

接觸角測試，在 90 度以下者，具有良好的親水性，如表 8.4 與圖 8.57 所示之接觸角測試，本發明分別以水、生理食鹽水及血液進行接觸角測試，結果顯示本發明的生物可降解之鼻腔填材屬於親水性，具有良好的吸血效果，當填塞於患者傷口內時可快速吸血膨脹以達到止血效果。

表 8.4　樣品 1、2 分別與水、生理食鹽水及血液進行 8 次接觸角測試取得的數據表。

	水		生理食鹽水		血液	
	接觸角	誤差	接觸角	誤差	接觸角	誤差
樣品 1	51.28	3.83	44.08	1.14	22.68	8.45
樣品 2	20.70	1.04	22.48	1.11	17.70	2.16

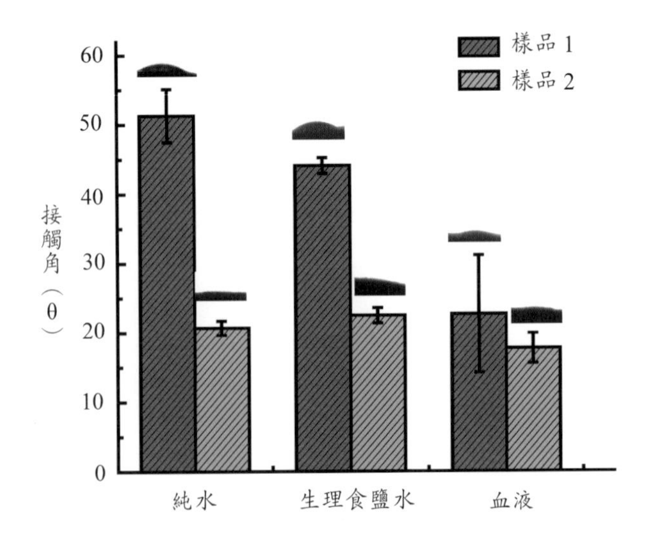

圖 8.57　樣品 1、2 之接觸角柱狀圖。其中，每一柱體頂部分別顯示樣品與液體接觸時的截面狀態。

再者，填材是否會產生細胞毒性是很重要的。如圖 8.58～8.59 所示之細胞毒性測試（MTT assay），本發明分別以骨肉瘤細胞（MG63）及纖維母細胞（NIH3T3）進行細胞毒性試驗。其中負對照組爲不會產生細胞毒性的高密度聚乙烯（HDPE）萃取液；正對照組爲會產生細胞毒性的酚（Phenol）稀釋液。結果顯示本發明的生物可降解之鼻腔填材不會產生細胞毒性。

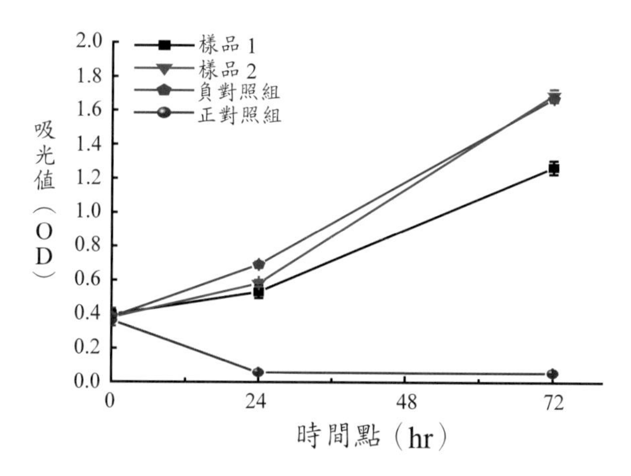

圖 8.58　以樣品 1、2 進行骨肉瘤細胞（MG63）之細胞毒性試驗。

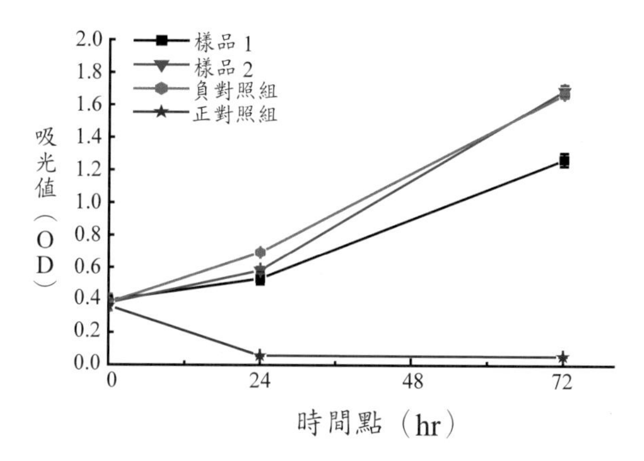

圖 8.59　以樣品 1、2 進行纖維母細胞（NIH3T3）之細胞毒性試驗。

爲了方便說明本發明的生物可降解之鼻腔填材的降解過程，茲以兔鼻竇植入實驗爲例說明。圖 8.60～8.61 爲以樣品 2 進行兔鼻竇植入實驗手術後之顯微鏡掃描圖片。如圖 8.60 所示，手術後 1 週仍可發現樣品 2。圖中虛線周圍可以發現組織顏色較深，含有較多發炎組織。圖 8.61 所示，手術後 4 週可以發現樣品 2 促使受損組織內血管新生且明顯增厚的情形（虛線箭頭處）。此外，受損之骨頭組織周邊亦有骨母細胞幫助修復。

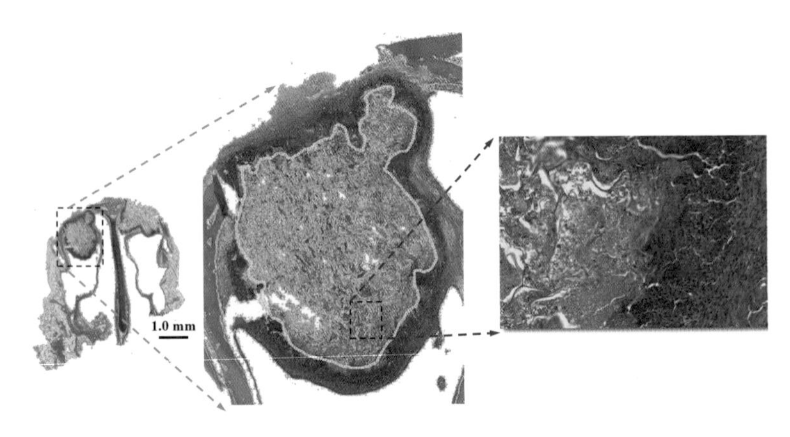

圖 8.60　以樣品 2 進行兔鼻竇植入實驗手術，手術後 1 週之顯微鏡掃描圖片。

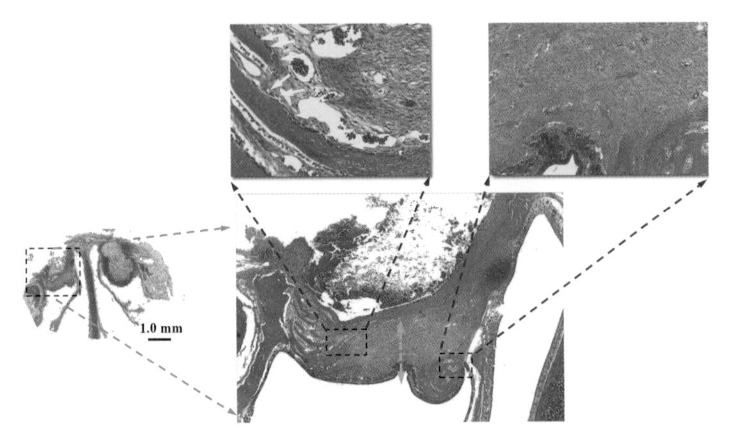

圖 8.61　以樣品 2 進行兔鼻竇植入實驗手術，手術後 4 週之顯微鏡掃描圖片。

6. 參考文獻

[1] Bugten V, Nordgârd S, Skogvoll E, et al., Laryngoscope 2006; 116: 83-88.

[2] Fairbanks DNF. Otolaryngol Head Neck Surg 1986; 94: 412-415.

[3] Weber R, Keerl R, Hochapfel F, et al., Am J Otolaryngol 22（2001）306-320.

[4] Jameson M, Gross CW, Kountakis SE, Am J Otolaryngol 27（2006）86-90.

[5] Ramesh, M., J. R. Mitchell, et al. Starch-Starke 1999; 51（8-9）: 311-313.

[6] Stepto, R. F. T. Macromolecular Symposia 2003; 201: 203-212.

[7] Choi, E. J., C. H. Kim, et al. Macromolecules 1999; 32（22）: 7402-7408.

[8] A.K Schneider, 1955, U.S. Patent No. 2703316

[9] M. Vert, et al., 1981, Macromol Chem Phys Suppl , vol. 5, p. 30-41.

[10] N.A Higgins, 1954, US Patent No. 2676945

[11] J.W Leenslag, 1982, University of Groningen, The Netherlands.

[12] R K Kulkarni, K C Pani, C Neuman, et al., 1966, Arch Surg, vol. 93, p. 839-843.

[13] T Yasukawa M D, H Kimurab, Y Tabatac, et al., 2001, Adv Drug Delivery Rev, vol. 52, p. 25-36.

[14] C Castrob, C E´ voraa, M. Baroc, et al., 2005, Eur J Pharms Biopharm, vol. 60, p.401-406.

[15] M V D Elsta, C P A T Kleinb, J M D B Hogervorstb, 1999, Biomaterials, vol. 20, p.122-128.

[16] H Schliephakea, H A Weichc, C Dullinb, et al., 2008, Biomaterials, vol. 29, p.103-110.

[17] S B Cohen, C M Meirisch, H A Wilson, 2003, Biomaterials, vol. 24, p.2653-2660.

[18] Martin Lietza, Lars Dreesmanna, Martin Hossb, et al., 2006, Biomaterials, vol. 27, p. 1425-1436.

[19] C ASundback, J Y Shyu, Y Wang, 2005, Biomaterials, vol. 26, p.5454-5464.

[20] L Stryer, 1995, Biomaterials, W H Freeman and Company.

[21] Meyer, K, Physiol, Rev, 1947, 27, 335-359.

[22] Wan, Y., Creber, K. A. M., Peppley, B., Bui, V., 2003, Polymer, vol. 44, p.1057-1065.

[23] Klokkevold PR, Subar P, Fukayama H, Bertolami CN, 1992, J Oral Maxillofac. Surg, vol. 50, p. 41-45.

8.10 抗菌暖爐

1. 摘要

抗菌暖爐爲將市售之暖暖蛋進行改良，使其增加 (1) 抗菌及 (2) 釋放負離子之功效（圖 8.62）。主要方法爲增加銀元素於暖暖蛋中，利用銀離子之殺菌特性，使暖暖蛋及其周圍具有抑菌效果。再將鍺元素添加於暖暖蛋，當暖暖蛋運作時，暖暖蛋會達到溫度上升並且會釋放出負離子，如圖 8.62 所示。負離子被譽爲「空氣維他命」，對人體有增加肺活量、促進纖毛性運動、降低體內神經性荷爾蒙及組織胺之釋放，並可促進調節體內內分泌、新陳代謝及淨化室內空氣，消滅致病的細菌，能將因黴菌而充滿灰塵與悶濁氣味，通風不良的室內空氣改善爲鄉村般的新鮮空氣等作用。此設計可增加暖暖蛋附加價值，當置放於嬰兒周圍，可使其獲得更安全與良好的舒適周圍環境。

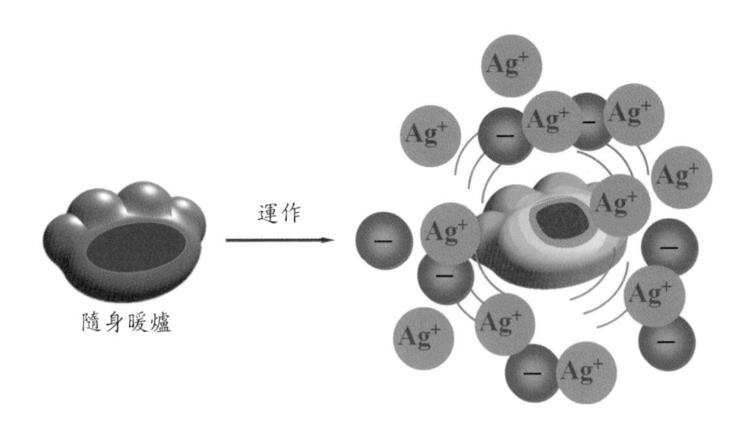

圖 8.62　抗菌暖爐示意圖

2. 確定需求

隨著時代的進步，人們對於保暖的意識越來越高，加上溫室效應所造成氣候的變異，如何能在寒冷的氣候下保暖身體，維持活動力，顯得十分重要。人類容易手腳冰冷，這多半是因爲血液循環不暢所導致。血液攜帶氧元素由心臟出發到全身各個部位，在各個部分發生能量轉化反應產生熱能，維持人體的溫度。如果人體出現貧血、心臟泵血功能減弱、人體血管收縮能力差等狀況都會導致人體末梢循環不良，從而出現手腳冰冷的症狀 [1]。另外，大多數女性處在月經期或者生育期，體內激素發生變化影響皮下血管收縮血流量減少，也時常會出手腳冰冷的症狀，而《婦人良方大全》:「經來腹痛，由於風冷客於胞絡，衝任，或傷手太陽、手少陰二經，用溫經湯。」[2]，因爲人體陽氣虛衰，不能溫煦全身，特別是處於四肢末端的手腳就更得不到陽氣的溫煦，因此會出現手腳冰冷現象。我國的氣候分爲春夏秋冬四季，每當冬季來臨，再加上時常是伴隨著陰雨綿綿，在這種濕冷的天氣狀況下，許多人都擔心今年冬天會不會特別冷。因此，每當立冬過後，眾多種抗寒對策紛紛出爐：薑母鴨、羊肉爐、小火鍋等店門外幾乎是大排長龍，各種品牌的禦寒衣也都十分暢銷，除了常見的羽絨材質外，新型號稱可以吸濕發熱的「發熱衣」表現也是十分亮眼，電視、網路廣告強力放送，儼然已經成爲冬季熱門的明星保暖商品。

以養生保健的觀點來看，使身體保持暖和，一般來說，其免疫調節能力會比較好，代謝力也會有所提升；相反地，如果平時不注意保暖，輕則產生末梢血液循環不良，嚴重則可能造成失溫、組織壞死，小嬰兒甚至可能會死亡。中醫認爲，風爲百病之長，《素問 · 風論》:「故風者，百病之長也，至其變化，乃爲他病也，無常方，然致有風氣也。」[3]。《素問 · 骨空論》說：「風者，百病之始也。」然風可分正風與邪風，《靈樞 • 九宮八風》曰：「風從所居之鄉來者爲實風，主生，長養萬物。」在正常情況下是無害的，且能促進萬物之生長與運動，即所謂之正風。若風氣偏勝，或不在應出現之時令出現，或適逢人體正氣虛弱時，就會侵襲人體而致病，即所謂之邪風，亦有賊風、虛風等稱。風爲陽邪，其性開泄，易襲陽位，且善行而數變，爲六淫病邪的主要致病因素，凡寒、濕、燥、熱諸邪，多依附於風而侵犯人體，如外感風寒、風熱、風濕等。《內經》中以風引起的病和以風命名的病居各類疾病之首，約有 41 種之多 [4]。「風」指的是外在環境的改變，因爲溫度與氣壓的變化會產生對流、形成風，人如果對環境不適應，再加上寒氣入侵，當然就會感冒，稱爲「風寒」；如果溫度改變、同時濕氣增加，有些人就會覺得筋骨痠痛、犯了「風濕」。每當季節變換、氣溫變化大的時候，過敏性疾病、高血壓、胃炎等慢性病復發的患者總是特別多。

四肢、上背部是保暖重點部位，只要幾個重點部位暖了，全身也就會跟著暖活起來。首先，手足四肢要暖。手腳容易冰冷的人，外出時不妨穿戴手套厚襪禦寒。其次，上背部要特別注意保暖。人體軀幹的正面比較不怕冷，易受寒的其實是背部；從頭部後前方的風池穴，往下到風門、肺俞這一段都算是上胸腔，不能受到風寒，許多有經驗的登山客都會在肩頸處掛上一條毛巾，可以遮陽也能擋風。

3. 定義問題

基於前述之論點，如何保暖爲十分重要之課題。環顧目前市面上之保暖產品，其種類繁多，如煤油暖爐、電熱毯、電暖器、壁爐 … 等，此類產品絕大多數是固定式，因此市面上開始出現各種新式隨身保暖產品，如一開始受歡迎之暖暖包，演變到電子式暖暖蛋。下面對於這類產品進行各方面之探討分析。

(1) 以環保方面來說

起初，人們利用燃燒碳棒、油料或瓦斯氣體等燃料來產生熱能，但是這種方式不但危險，而且持續時間不長，需頻繁更換燃料，消耗資源，造成許多困擾。隨著時間的推演，市面上開始出現，各種新式懷爐。例如俗稱的暖暖包，其利用化學反應，使一袋體內之反應物可在一段時間內產生熱能，兼具輕便易攜帶、操作容易及安全等特性，但是暖暖包通常是拋棄式的，只能使用幾次，顯然不符合環保需求。因此進而發展一種電熱型懷爐，其主要是利用電熱體產生熱能，現今之電熱體技術及蓄電技術在使用上無安全疑慮，可使電熱型懷爐長時間地、重複地使用，更進一步還結合環保電池使用，達到環保效果。

(2) 便利性與長期接觸

一般家庭暖爐、電毯，雖然產熱效果良好深受大眾歡迎，但是多爲家庭用，體積較大且不方便隨身攜帶，因此現今發展的隨身懷爐，因攜帶方便，小巧輕盈，又可長時間取暖而廣爲眾人所喜愛。隨身暖爐一般稱爲暖蛋，其面積約爲手掌大小方便握取，又有單面式與雙面式各種設計種類繁多，但是使用者時常將暖蛋長時間的使用，在長時間與人體接觸時，容易產生衛生方面的問題而造成使用者的困擾。因此如何維持產品的乾淨與清潔就變得非常重要。

4. 設計理念與資料蒐集

(1) 功能與應用

目前市面上的暖蛋幾乎只有發熱這項單一功能，多功能爲不可避免之發展趨勢，有鑑於此，乃苦思細索，積極研究，加以多年從事相關產品研究之經驗，並經不斷試驗及改良，終於發展出本發明。利用本專利發明可使暖暖蛋達到多功之效果，進而還能發展成醫療產品，增加其附加價值與安全性，再者，產品之外型設計可朝美觀裝飾之方向設計，使產品進化成不只是產品，而是一件藝術品。

(2) 銀抗菌

微生物可分爲有益性與有害性，影響著人類的生存環境，一方面，人類利用微生物進行釀造、食品加工與催化等，另一方面，人類也隨時面臨著微生物的侵擾，有害細菌的傳播與蔓延更是會危害到人類的健康。過去十幾年來，人們對所處的環境與自身的健康越來越重視，因而促進了抗菌材料的研究與開發。現今已有諸多研究探討金屬材料之顯微結構與機械性質，金屬材料已被廣泛應用於醫療器材之應用，被稱爲生醫金屬材料。不過由於金屬大多缺乏良好之抗菌性質，因此於醫療器材應用上常會有感染問題，導致併發症發生、手術失敗率提高、人體健康危害以及龐大的醫療費用等 [5-7]。而造成發炎及感染問題主要原因之一，是由於細菌貼附於醫療器材表面上，會形成生物膜。有鑑於此，爲降低及避免細菌的貼附，材料改質技術提供了很好的方法，藉由材料改質處理可增加材料之抗菌效果及機械性質，例如添加如銀、銅和矽等抗菌元素 [8-14]。然而銀離子與銀化合物對於微生物有極高之殺菌力，其可有效破壞細菌之細胞壁及細胞膜來抑制細菌繁殖，因此銀被視爲強而有力之抗菌物質 [15,16] ，常應用於生醫工程之抗菌功效。

(3) 負離子簡介

負離子被譽爲「空氣維他命」，是人類健康和長壽不可缺少之要素，在健康能量醫學領域中亦占有相當重要地位 [5]。事實上，離子是帶有電荷之原子、原子團或分子，是極小微粒。離子可分爲兩種，帶正電者稱爲正離子，帶負電者則是負離子，又名陰離子，由於自然界之因素，多得一個帶有能量之自由電荷，即形成負離子。其結構示意如圖 8.63 所示。負離子對人體有增加肺活量、促進纖毛性運動、降低體內神經性荷爾蒙及組織胺之釋放，並可促進調節體內內分泌、新陳代謝及淨化室內空氣，消滅致病的細菌，能將因黴菌而充滿灰塵與悶濁氣味，通風不良的室內空氣改善爲鄉村般的新鮮空氣等作用。除此之外，負離子的效用，包括：能與空氣中的正離子、灰塵、微粒雜質等結合降於地面，有淨化空氣的作用，另能與空氣中含有水分的正離子結合並消除，有除濕的作用。同時具有去除菸味、異味、惡臭的作用，可去除儀器及設備上過多的正離子，能防止儀器及設備因過的正離子而產生靜電作用。值得注意的是，負離子是微細粒子，與細菌或黴菌結合後，使其不再形成菌種，對空氣中的細菌，黴菌有殺菌的作用，且能增加人體的抵抗力及免疫力，對疾病有治療的效果。且可抑制細菌成長。同時能有效調節人體生理功能正常化，對身體保健具有多重防護效果。

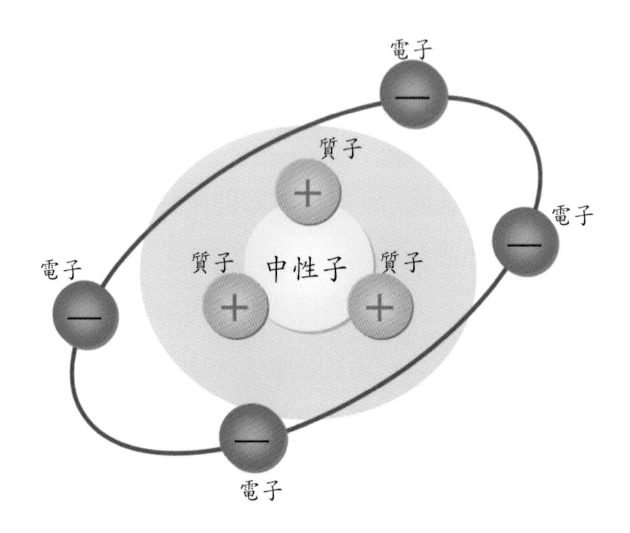

圖 8.63　負離子示意圖

(4) 恆溫控制與熱療

現今電子產品熱絡，許多電子零件越做越小，為了達到理想之隨身暖爐，其內部之電路初步規劃如圖 8.64 所示，主要可分為一控制系統、一發熱系統與一充放電系統。為了符合環保效益，電池採用能充放電之環保電池。溫度主要預設範圍分為 35～40℃與 40～45℃兩個階段，依據個人需求能做調整，達到溫度範圍後，保持恆溫控制，提供固定之熱源。復健物理治療項目中，根據穿透人體組織的深淺，可將熱療分為淺層及深層熱療。淺層熱療透熱深度小於 1 公分，包括熱敷包、熱水袋、烤燈、紅外線、電毯、蠟療、微粒療法等。熱療的基本生理效應包括：

①代謝反應

溫熱療法能明顯影響皮膚、體溫及深部組織溫度升高，因而加強了組織代謝。在治療過程中局部和全身排汗增加，從而排出了體內不要的蛋白分解產物。

②血管效應

由於溫熱療法具有較強而持久的溫熱作用，能引起末梢血管反應。毛細血管擴張→毛細血管數增加→血流加快→使淋巴循環改善→影響機體各種生理功能，加強再生過程和具有止痛效果。而且由於溫熱治療的介質，能減輕組織表面的浮腫，防止出血和促進滲出液的吸收，故可用於初期扭傷的局部腫脹。

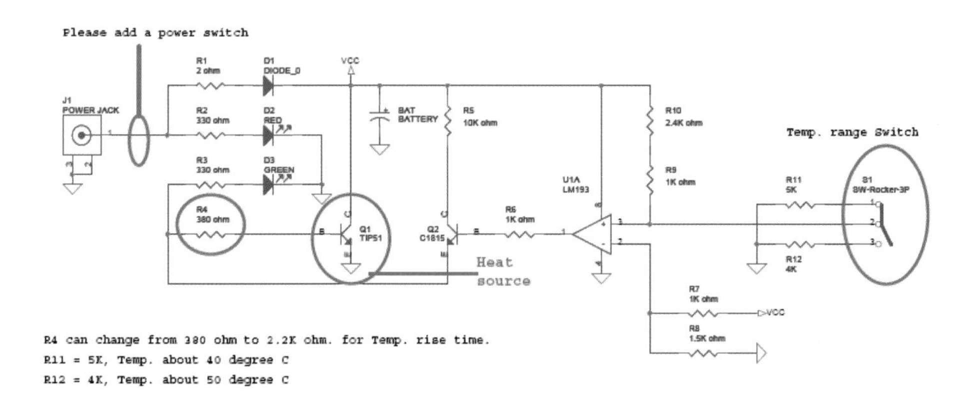

圖 8.64　隨身暖爐內部電路板之電路圖

5. 設計與實施方法

爲了達成構想目標，本專利之抗菌暖爐，其元件包括：一殼體，內部形成一空間，且具有一開口；一導熱片，設於殼體之開口；一控制電路板，設於殼體之空間，具有連通殼體之空間外部之控制開關；一電熱體，設於導熱片上，並與控制電路板電性連接；一電池，設於殼體之空間，並與控制電路板電性連接；及一銀載體，設於導熱片上，具有銀金屬而可散發銀離子以增加抗菌功效，且該銀載體可含有鍺金屬以便在受熱後可散發負離子；藉上述結構之組合，可達到方便取暖、增加抗菌功效，及產生負離子之目的。

如圖 8.64～8.66 所示，本發明之抗菌暖爐包括：一殼體 1，內部形成一空間 11，且具有一開口 12；一導熱片 2，設於殼體之開口 12；一控制電路板 3，設於殼體之空間 11，具有連通殼體之空間 11；外部之控制開關 31；一電熱體 4，設於導熱片 2 上，並與控制電路板 3 電性連接；一電池 5，設於殼體之空間 11，並與控制電路板 3 電性連接；及一銀載體 6，設於導熱片 2 上，具有銀金屬而可散發銀離子以增加抗菌功效，且銀載體 6 可含有鍺金屬以便在受熱後可散發負離子；藉上述結構之組合，可達到方便取暖、增加抗菌功效，及產生負離子之目的。下文將詳予說明。

圖 8.66 所示爲剖開殼體 1 之示意圖，殼體 1 可由上、下殼體 1a 、1b 相互卡合而成，內部形成一空間 11，且底部具有一開口 12，其可以塑膠等材料製成，藉以承載並保護導熱片 2、控制電路板 3、電熱體 4、電池 5 及銀載體 6 等結構。圖 8.65 所示，導熱片 2 設於殼體之開口 12，可採用導熱係數高之材質製成，例如鋁或銅；由於一般電熱體 4 不適合直接與人體接觸，因此需藉導熱片 2 均勻且大面積地傳導電熱體 4 產生的熱能，可達到方便取暖之目的。圖 8.64 所示，控制電路板 3 設於殼體之空間 11，可定位於下殼體 1b 上，較佳者，可利用螺絲鎖固，其具有連通殼體之空間 11 外部之控制開關 31，可藉以調整電熱體 4 之溫度之高低。電熱體 4 設於導熱片 2 上，並與控制電路板 3 電性連接，可採用電阻發熱體或紅外線發熱體等，藉以提供熱能並透過導熱片 2 向外散發熱能。電池 5 設於殼體之空間 11，並與控制電路板 3 電性連接以提供電能，進而使電熱體 4 發出熱能，其可採用如鋰電池等充電式電池，爲此，控制電路板 3 可進一步具有連通殼體之空間 11 外部之充電介面 32，例如 USB 充電介面或一般家用電源充電介面等，藉以使電池 5 進行蓄電反應而達到可重複使用之目的。另外，電池 5 亦可採用可置換式電池以達到可重複使用之目的。

銀載體 6 設於導熱片 2，其主要用於搭載銀金屬，銀金屬在常溫下就會散發銀離子，而銀離子之抗菌及抑菌功效可由以下之細菌試驗測定。細菌試驗用於評估待測試片之抗菌能力，主要是依據 JIS Z2801：2010 規範進行，其一律於無菌生物櫃（Laminar flow cabinet）中進行以確保試驗無汙染。該細菌試驗包括下列步驟：首先將待測試片清洗乾淨並滅菌，調配菌液，將菌液滴在待測試片上，於 37° C 培養箱中培養 24 小時後，以無菌磷酸鹽緩衝液沖洗並蒐集液體，蒐集之液體至少分出 5 份，其中一份爲原始濃度，另外四份分別進行稀釋成 10 倍、102 倍、103 倍、104 倍之液體，將各濃度之液體滴在培養基上，於 37°C 培養箱中培養 48 小時後觀察。因此將銀載體 6 設於導熱片 2 可達到增加抗菌功效之目的，又，電熱體 4 提供之熱能可提高銀金屬的活性，進而增加散發銀離子之數量。銀載體 6 可以黏貼或鑲嵌等方式固定在導熱片 2 外部之表面上，藉以方便對外散發銀離子。另外，銀載體 6 與導熱片 2 亦可爲一體成形製成，較佳者，係使銀金屬僅分布於導熱片 2 外部之表面，以減少成本。

銀載體 6 可進一步含有鍺金屬，由於將鍺金屬加熱到約 32°C 以上會釋放負離子，負離子一般用於優化環境，其優化環境之原理爲習知技術，故不再贅述。以往如空氣清靜機等大型機台係透過抽風機等機構散發負離子，使負離子可大範圍優化環境，進而優化人體周圍的環境，然而大型機台並不適合隨身攜帶，而且大範圍的優化環境亦有浪費能量的問題，本發明在利用電熱體 4 產生熱能以取暖之際，一併加溫鍺金屬，進而達到產生負離子之目的，可輕易達到優化特定範圍之目的，例如隨身攜帶或置於身旁，可輕易優化人體周圍環境。

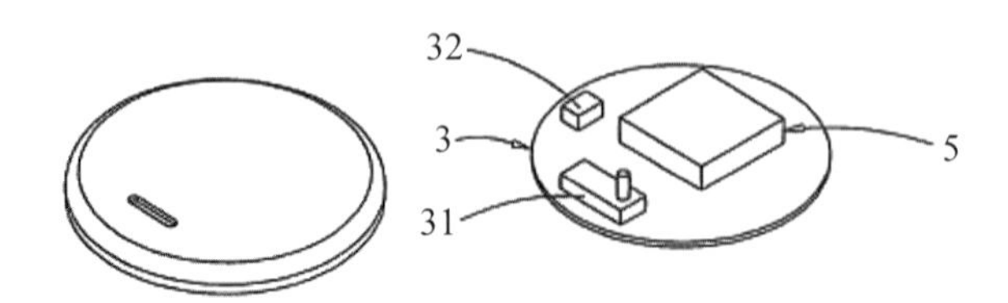

圖 8.64　各部元件圖（上）

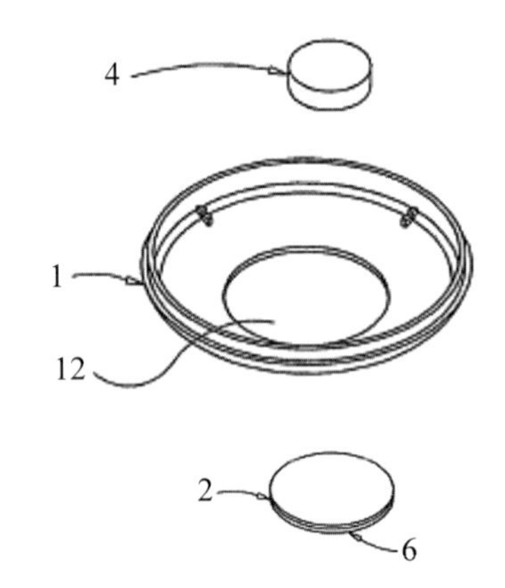

圖 8.65　各部元件圖（下）

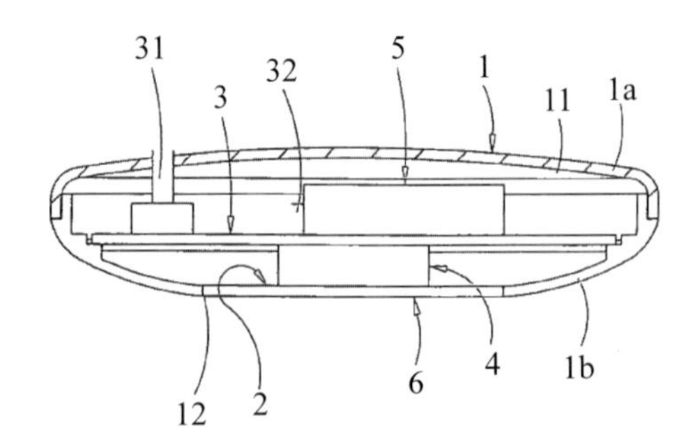

圖 8.66　側面元件圖

【符號說明】

1：殼體

1a：上殼體

1b：下殼體

11：空間

12：開口

2：導熱片

3：控制電路板

31：控制開關

32：充電介面

6. 參考文獻

[1] 曾慧雯抗寒冬！全方位保暖對策，康健雜誌 157 期，2011.11.30。

[2] 陳自明，婦人大全良方，集文書局，1985，21-2

[3] 王景洪：風爲百病之長源流探析。陝西中醫函授，1995；6：1-3。

[4] 張煜鑫中「風爲百病之長」理論之臨床運用 - 以原發性痛經爲例，2011-12-17

[5] P. Bahna, T. Dvorak, H. Hannaa, A.W. Yasko, R. Hachema and I. Raada, "Orthopaedic metal devices coated with a novel antiseptic dye for the prevention of bacterial infections" Int. J. Antimicrob. Agents, 29, 2007, p. 593-596.

[6] R.O. Darouiche, "Treatment of Infections Associated with Surgical Implants" N. Engl. J. Med., 350, 2004, p. 1422-1429.

[7] J.I. Flock and F. Brennan, "Antibodies that block adherence of Staphylococcus aureus fibronectin" Trends Microbiol., 7, 1999, p. 140-141.

[8] Q. Zhao, Y. Liu, C. Wang and S. Wang, "Evaluation of bacterial adhesion on Si-doped diamond-like carbon films" Appl. Surf. Sci., 253, 2007, p. 7254-7259.

[9] Q. Zhao, Y. Liu, C. Wang and S. Wang, “Bacterial adhesion on silicon-doped diamond-like carbon films” Diam. Relat. Mater., 16, 2007, pp.1682-1687.

[10] J.J. de Damborenea , A.B. Cristóbal, M.A. Arenas, V. López and A. Conde, “Selective dissolution of austenite in AISI 304 stainless steel by bacterial activity” Mater. Lett., 61, 2007, p. 821-823.

[11] I.T. Hong and C.H. Koo, “Antibacterial properties corrosion resistance and. Mechanical properties of Cu-modified SUS 304 stainless steel” Mater. Sci. Eng. A, 393, 2005, p. 213-222.

[12] Z.G. Dan, H.W. Ni, B.F. Xu, J. Xiong and P.Y. Xiong, “Microstructure and antibacterial properties of AISI 420 stainless steel implanted by copper ions” Thin Solid Films, 492, 2005, p. 93-94.

[13] S.C.H. Kwok, W. Zhang, G.J. Wan, D.R. McKenzie, M.M.M. Bilek and Paul K. Chu, “Hemocompatibility and anti-bacterial properties of silver doped diamond-like carbon prepared by pulsed filtered cathodic vacuum arc deposition” Diam. Relat. Mater., 16, 2007, p. 1353-1360.

[14] H.W. Choi , R.H. Dauskardt, S.C. Lee, K.R. Lee and K.H. Oh, “Characteristic of silver doped DLC films on surface properties and protein adsorption” Diam. Relat. Mater., 17, 2008, p. 252-257.

[15] R.M. Slawson, M.I. Van Dyke, H. Lee and J.T. Trevors, “Germanium and silver resistance, accumulation and. toxicity in microorganisms” Plasmid, 27, 1992, p. 72.

[16] G.J. Zhao and S.E. Stevens, “Multiple parameters for the comprehensive evaluation of the susceptibility of Escherichia coli to the silver ion” Biometals, 11, 1998, p. 27-32.

[17] 健康世界資料室，健康世界 269 期（2008/05）82-83。

8.11 針灸針的製造方法及其構造

中醫學以陰陽五行觀點認爲人體中的經絡系統負責輸送全身的氣血於體內循環，使身體中的各個組織與器官保持平衡與穩定，假設經絡系統產生阻礙不順時，將影響氣血的輸送、使得人體出現異常病變。中醫學相信當針灸針（Acupuncture needles）扎進人體穴位或氣節時，可加強氣血循環打通阻塞，重新活絡經絡系統，而針灸療法也就應運而生。

針灸療法由於使用簡單且操作方便，目前已經是國內常用傳統療法之一，而國外針灸療法所接受之人數與使用量也迅速不斷成長，在歐美國家因近期不斷有相關研究顯示其確有療效並探討其療效機制，因此美國國家衛生研究院（National Institutes of Health）也確認了針灸療法於治療某些病症確實是有療效的，並將針灸針歸類爲 Class II 醫療器材，使針灸產品與其療法於歐美國家正在迅速成長，民眾接受度也大大提升。然而針灸是否有所療效，得氣是一個重要指標，其代表針灸針扎到穴道正確位置，同時經過拈轉針後，針刺周圍組織會變化產生纏繞，引發反應並藉由神經傳導達到刺激療效，此時病患會有酸、麻、漲的感覺，體溫也有所上升，進而可使淤阻的經絡通暢而發揮其正常的生理作用。

但是因針灸療法針刺瞬間會產生些許刺痛感，所以有一部分人因懼怕疼痛感，遲遲不敢接受針灸治療，導致針灸療法無法擴及更多民眾願意使用。本發明係一種針灸針的製造方法，將具有針尖的針體於清洗後進行毛邊去除，之後進行表面刻痕處理及電漿表面處理，令針灸針表面具有螺旋狀的溝槽，藉此改善現有針體，使針體的穿刺力降低且均勻化，進而降低對人體組織的傷害、達到針刺無痛化特性、同時提升穴位刺激及其治療效果等優點。

1. 確定需求

針灸針產品之品質一直以來都被眾人所忽視，從國內針灸針產品抽樣來看，即可發現市面上的針灸針品質參差不齊現象嚴重，使用之風險性令人擔憂，常見之針灸瑕疵如倒鉤、刮痕、凹洞等（圖 8.67）。同時，針灸針尖加工過程中若不夠精密（圖 8.68），也可能導致尖頭過鈍、不易刺穿皮膚。當使用到含有瑕疵之針體可能導致病患於針灸治療時發生滯針、彎針、斷針、損傷肌肉、刺傷神經、穿破血管等周圍組織傷害，

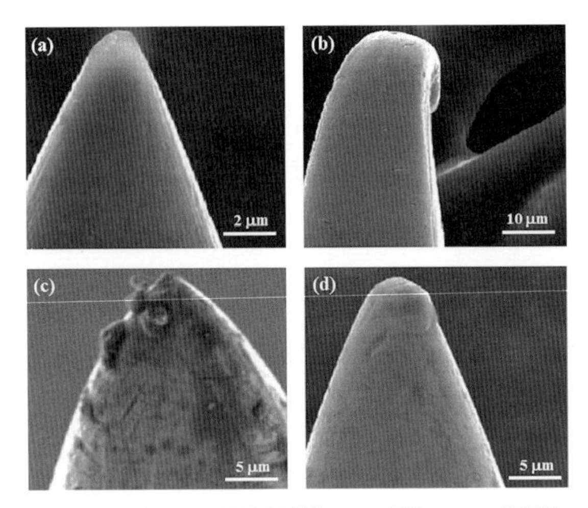

圖 8.67　針尖表面缺陷：(a) 理想形狀、(b) 倒勾、(c) 刮痕、(d) 凹洞 [6]

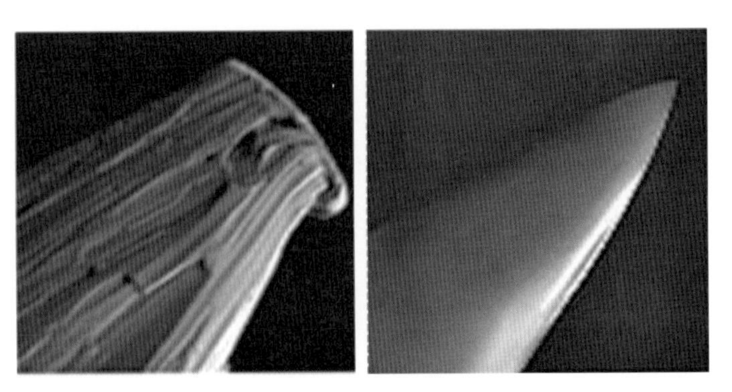

圖 8.68　針尖加工優劣示意圖（左：粗糙，右：精細）[6]

以現有技術所使用的針灸針，其構造為細長桿狀的金屬針體，針灸針的一端提供醫生的握持及轉動，另一端的針體可扎入人體的穴道，由於現有的針體在製作完成後，再對其表面進行表面處理使其呈平滑狀，雖對針體表面已進行表面處理，但實際上在針體表面仍存在有毛邊的粗糙面，如此的針體構造在進行針灸的進針時或行針時會產生一定的阻力，並進一步造成患者在施針處因牽拉皮膚而有刺痛感，並產生明顯的帳篷現象（圖8.69），此外可達到的治療效果也極為有限。

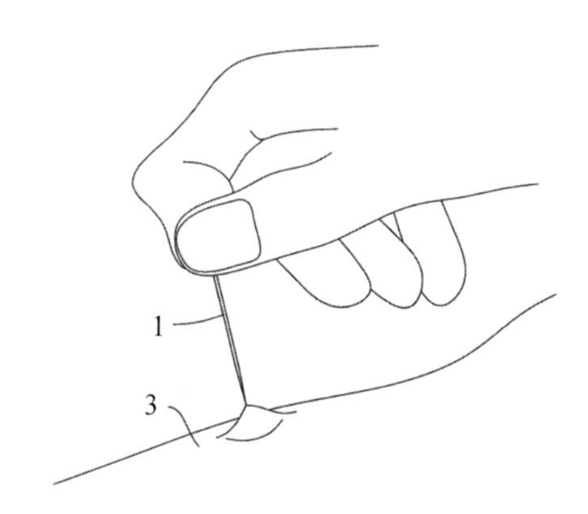

圖 8.69　不良針體表面易牽扯皮膚產生帳篷現象

誠如上述，之前產品皆以傳統加工後即產出，並無表面處理之程序，但近期因許多研究與廠商為了增加針灸針之安全性與特點，便著手進行針灸針表面處理以達優異性能，同時持續往提升品質穩定性與安全性方向努力。

2. 定義問題

本發明者有鑑於前述現有技術所使用的針灸針在進行針灸所存在的問題進行改質設計，藉由所製作的針灸針具有較為光滑的表面及較大接觸面積，藉以減少刺時的阻力與人體組織所產生的傷害並可提高其治療效果爲其目的。

爲達到前述的發明目的，本發明所運用的技術手段在於提供一種針灸針的製造方法，其步驟包括有：(1) 製成針灸針針體：將一細長的金屬桿體加工成具有針尖的針體；(2) 針體表面的清洗及去毛邊：將針體表面進行清洗及研磨表面以去除毛邊及去階梯，使表面呈光滑狀；(3) 表面刻痕處理：藉由奈微米雷射刻痕技術，將所設計之紋路利用雷射光束於針體表面雕刻並形成溝槽與圖案化；(4) 電漿塗層處理：利用電漿表面拋光處理技術，即將針灸針的針體置入電漿處理機的眞空腔體內，導入氣體對針體表面產生研磨拋光；(5) 製成成品。

藉由本發明所製成的針灸針，於其光滑表面設有螺旋狀的溝槽，經由該表面處理技術改質後的針體，使其具有可使針體的穿刺力降低且均勻化，另可減少針刺時的阻力及降低人體組織的傷害，並可達到針刺無痛化特性，亦可提升穴位刺激及提高其治療效果等優點。

3. 資料收集

(1) 針灸醫學

針灸醫學最早見於兩千多年前的《黃帝內經》，記述針灸的理論與技術。針灸療法是利用各種針刺和艾灸以防治疾病或維護身體正常機能之傳統療法，可細分爲針法與灸法。針法是利用針具刺入人體特定穴位，並施以進、退、捻、搗與留等五種手法給予一定刺激，刺激經絡之氣、調整臟腑機能、恢復健康並防治疾病。

針灸療法具有獨特之療效，現今已是最爲普遍之傳統療法，世界各地包含亞洲、歐洲與美洲，已有 120 餘國家應用針灸療法爲其國人治病。聯合國世界衛生組織（World Health Organization, WHO）於 1980 年公布針灸療法對四十三種疾病有優異的治療效果，包括疼痛、暈眩、關節痛、氣喘與消化不良等。直至 1997 年，美國國家衛生研究院（National Institutes of Health）確認針灸療法在正確使用下，治療某些病症是有效的，並將針灸針歸類爲 Class II 醫療器材。

針灸是否有療效，「得氣」是一個重要指標，得氣代表針灸扎到穴道正確位置，病患會有酸、麻、漲的感覺，而中醫師會感到針灸針受到拉扯，就像釣魚時，魚竿在魚兒上鉤時受到魚兒拉扯，需要用更多的力氣去拉魚竿，此種現象並非是肌肉收縮所造成的，而是由皮下組織纏繞針灸針而產生之力偶矩阻力，由圖 8.70 所示經由針灸是否拈轉來確認實際扭轉所需施力，可發現經由持續拈轉針體可提燒扭轉所需施力，但拈轉停止後則會慢慢下降。

科學家以針刺豚鼠穴位 —「足三里」，並將得氣後之冷凍切片進行觀察，探討針灸針與組織相互作用關係。藉由掃瞄式電子顯微鏡與光學顯微鏡，發現針灸針周圍受到結締組織環繞，並見肌纖維明顯受到牽拉而扭曲，小血管和小神經受力移位變形（圖 8.71）。由圖 8.71(a) 、(b) 可看出拈針後造成周圍組織起伏較大，再經圖 8.71(c) 染色觀察後，可看出針刺周圍產生變形處皆爲蛋白質成分，更由圖 8.71(d) 指出物理機械訊號會藉由組織纏繞於針灸針傳遞至細胞，並引發一連串反應，誘發針灸療效。另外圖 8.72 顯示組織於針灸過程中之排列變化，圖 8.72(a) 、(c) 爲單純針刺無拈針，圖 8.72(b) 、(d) 則爲有轉拈針，一般針灸其周圍組織成散射狀，但如有拈轉針其周圍組織會受到刺激而形成細長平行排列。

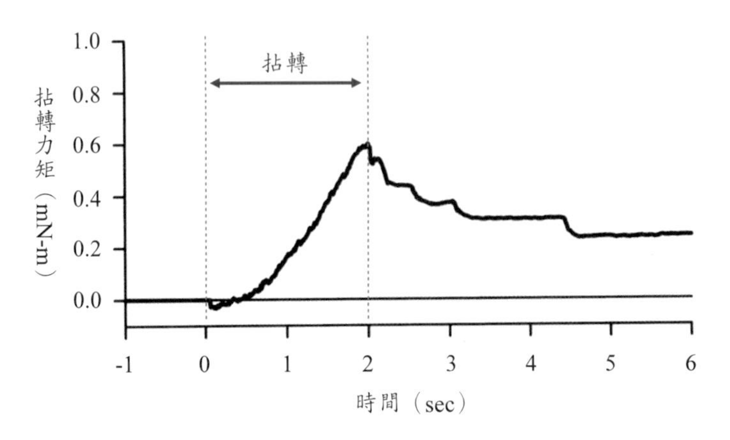

圖 8.70　拈轉針體與所需扭轉施力之關係圖 [12]

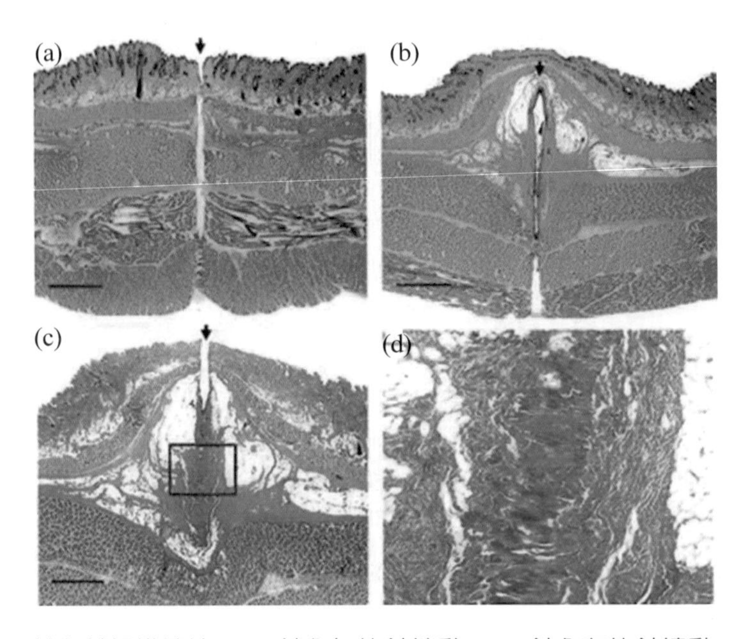

圖 8.71　針灸針組織纏繞：(a) 針灸無拈針轉動、(b) 針灸有拈針轉動；(c) 拈針後染色觀察，其藍色為蛋白質成分，而紅色為肌肉組織；(d) 為圖 (c) 黑框處放大觀察。[12]

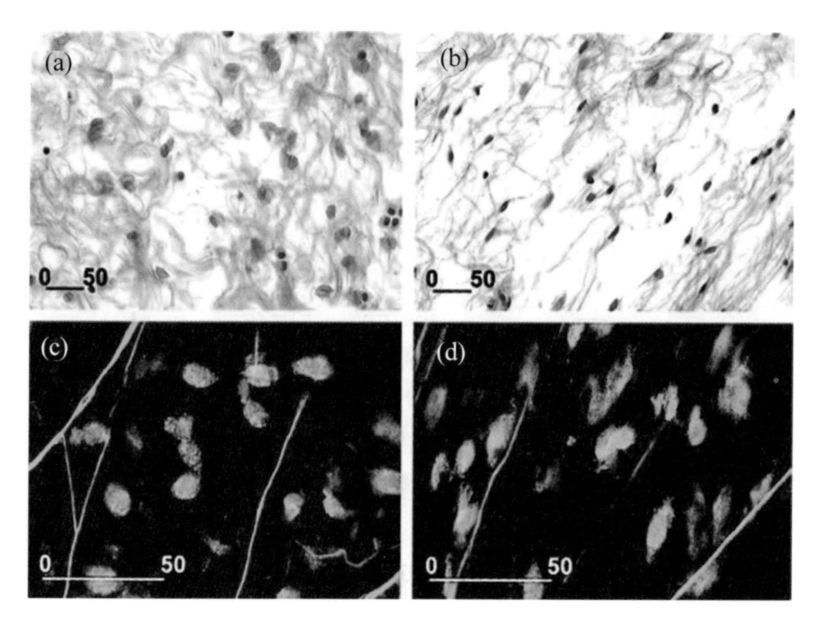

圖 8.72　針灸針組織螢光顯示圖：(a)、(c) 針灸無拈針轉動，(b)、(d) 針灸有拈針轉動 [12]

針灸手法之機械刺激與上述生理反應有關，針灸手法之機械刺激會分泌調節因子 Rac 、Rho 訊號刺激肌動蛋白，進而影響纖維母細胞分布與層狀僞足（Lamellipodia）生成。Rac 可促進細胞內肌動蛋白聚合，有利於絲狀僞足和層狀僞足的形成，而 Rho 則具有相反效果。針灸之機械刺激會引起細胞骨架產生如下所述一系列反應（圖 8.73）：

a. 針灸針纏繞與拉扯組織。

b. 藉由纖維母細胞之 focal contact 拉扯細胞外基質。

c. 因機械刺激細胞周圍產生層狀僞足（Rho-induced）。

d. 促進肌動蛋白收縮（Rho-induced）。

e. 微管（Microtube）遷移與滯留。

f. 增加細胞內拉力，促使細胞擴展直到下一拉力平衡。

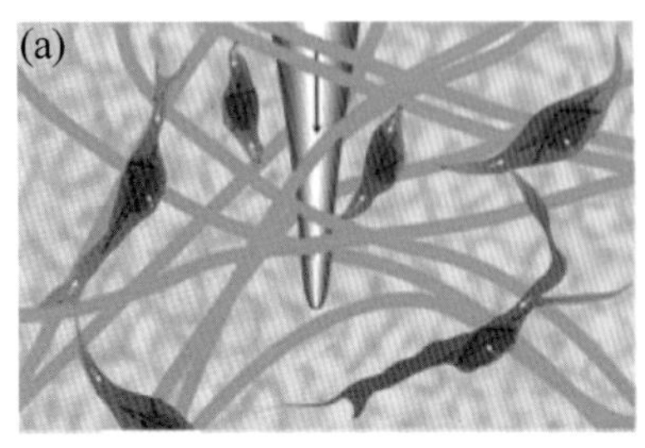

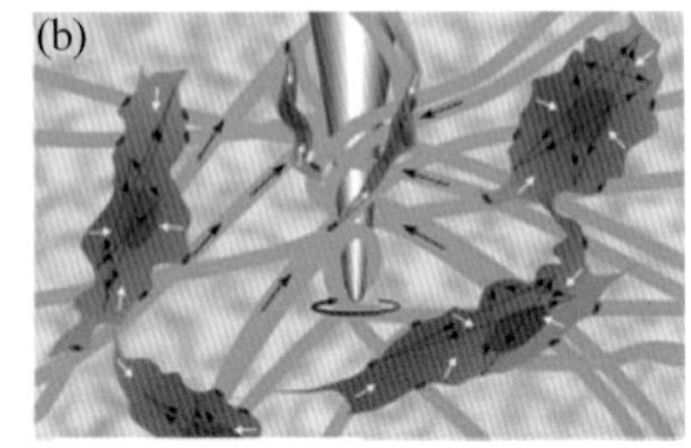

圖8.73　針灸之機械刺激細胞反應：(a) 針灸無拈針轉動，(b) 針灸有拈針轉動 [12]

(2) 針灸安全性

針灸療法爲中國傳統醫術之一，早期使用生物惰性貴重金屬作爲針體材料如金針、銀針等，爲了將針灸普及化，同時避免重複使用、消毒不愼所造成的病菌傳染問題，現今多採用不銹鋼爲針體材料，其具有較高的抗彎及抗破壞能力，且價格成本降低可一次性使用後即拋棄，目前多採用無菌包裝之不銹鋼針灸針。

針灸治療藉由針灸針於特定穴道，刺穿皮膚，佐以各種手法或電擊刺激，誘導局部組織反應，以達到降低病徵之一侵入性物理治療，故一個完整針灸療程可說是針灸針與肌肉組織之相互作用過程，臨床療效與組織損傷同時進行。因此理想的針灸針除考量其操作之方便性，更應兼顧其安全性，以期降低對組織的傷害性。

針灸療效與醫學理論於國內外有相當多的研討，其研究對象含括幾十人到幾萬人，時間則從幾個月到十年都有，地域性則有歐洲與亞洲區域，其臨床數據範圍廣泛更可增加其客觀性，從整理中可發現針刺後最頻繁之副作用現象爲針刺疼痛（1～45%），其次爲疲倦（2～41%），接下來爲出血甚至血腫等症狀（0.03～38%），還有極少數有造成氣胸或斷針、滯針於人體之情況，所以安全性與副作用上還是有很大改善空間，不過文中同時也提到有高達八成五以上的人覺得針灸後有放鬆之感覺。因此，如何克服上述症狀與使用安全性是迫切需要去做的。

針灸針結構大致可分為針尾、針柄、針根、針體及針尖五部分，然而針尾、針柄與針根部分並未刺進組織部分，因此針灸治療所引起之組織傷害與針體或針尖部分和肌肉組織相互作用的程度以及時間有很大的相關性。針灸治療所引起之副作用急症狀，與針灸針體材質、表面型態、針柄針體接合技術、以及針尖型態有關，所以於本發明將對此部分加以深入研究。

(3) 針灸針表面處理

從之前所提到針灸所會引起之副作用來看，針刺瞬間疼痛與出血症狀算是普遍遇到之情況，因此學者開始針對針灸針表面設計與處理來改善上述情況。首先，將針體針徑朝針尖方向減少，並於針尖部分進行特殊處理獲得專利（圖 8.74）。接著，為降低針灸針刺穿皮膚時所引起的血流量，於針灸針針體中心挖一平行針體之溝槽；同時，於針頭表面做出深度與寬度皆為 1 mm 平行中心線之多溝槽設計，改善人體組織留住針灸針的情況，使針灸針刺穿皮膚時病患較無疼痛感（圖 8.75）。

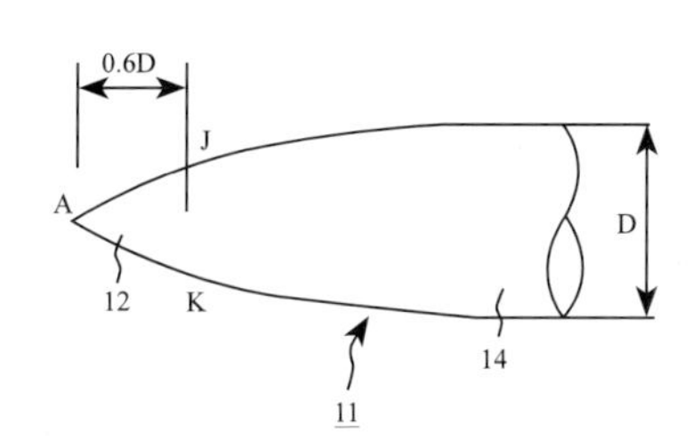

圖 8.74　日本學者對於針灸針幾何改善圖 [25]

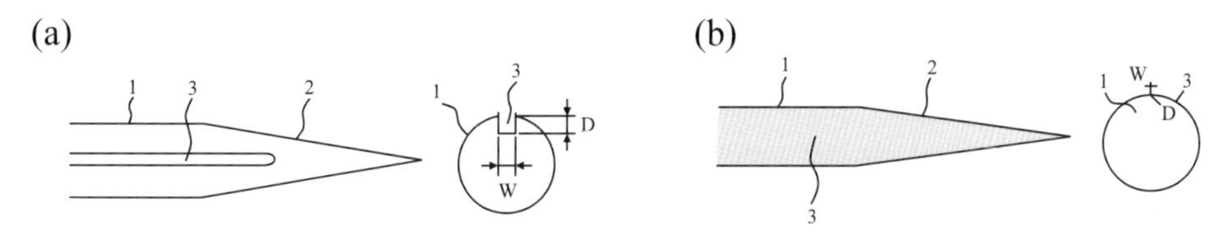

圖 8.75　針灸針幾何改善圖：(a) 單槽、(b) 多槽 [22]

此外，學者提出另一種防護針灸針汙染，降低病患入針疼痛的設計「護膜連柄氣柱式一次使用性針灸針」：可以提供分隔定位、壓力避痛以及薄膜防護針體汙染。或是於針灸針表面塗矽或鍍上碳氟化物，可降低針灸針與皮膚表面之摩擦力，以降低病患的痛感。

本發明基於上述之論點，將於針灸針表面進行表面處理，藉此減少入針疼痛感並提升針灸的安全性，而所使用的表面處理技術總共包含三個方法：(1) 電漿蝕刻技術，(2) 雷射刻痕技術，(3) 電漿微波氮化處理，前兩項技術希冀可減少針刺疼痛並降低出血現象，第三項則是希望藉由氮化處理，使針灸療效有所提升。以下依照各表面處理方式作一簡單介紹：

(1) 電漿蝕刻技術

電漿相關製程技術已廣泛應用於各技術領域層面，於醫材領域上也不例外，近年來其電漿相關技術應用於醫材表面改質與表面圖案化之相關研究已相當多，如圖 8.76(a) 所示電漿噴塗技術將氫氧基磷灰石等顆粒附著於金屬植體上以增加生物相容性，達到較佳骨整合效果，另外圖 8.76(b) 所示則應用於電漿蝕刻製作模仁並壓印形成多孔性薄膜材料。

(a) 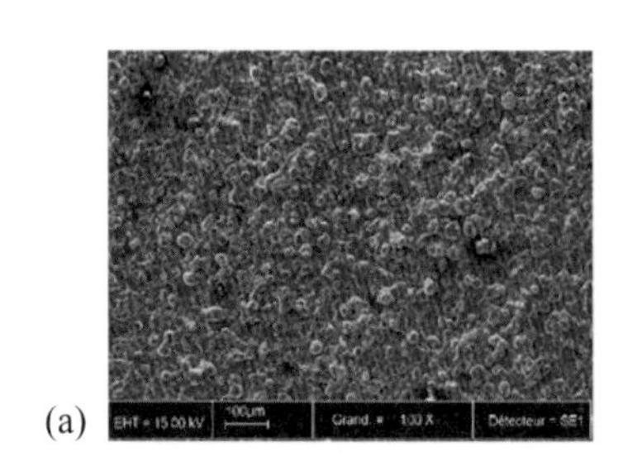

(b) 

圖 8.76 (a) 電漿噴塗 HA 微粒於金屬表面，(b) 利用電漿蝕刻特殊圖案之模仁

一般電漿蝕刻主要將所通氣體利用電漿離子化轟擊材料進行蝕刻，於蝕刻前會先使用光阻曝光顯影定義所要刻蝕之圖案，之後再洗去光阻，然而本發明預計以半導體製程製作出精密圓孔圖案之金屬擋板，並以此精

密圖案化擋板緊密貼附於針體表面後、施以電漿蝕刻技術進行表面刻蝕，同時考慮產出效率，將開發出可容納多組針灸針載台並可做自動化運載功能。此舉不僅可代替光阻之繁瑣製造流程，也可減少汙染物產生。以金屬擋板緊貼欲蝕刻之針體材料表面，將擋板之已有刻蝕圖案利用等向性蝕刻轉印於針體表面上進行圖案化定義。

(2) 雷射刻痕技術

西元 1958 年 Schawlow 和 Townes 發表雷射理論開啓序幕，之後於 1960 年做出人類第一具紅寶石雷射，至今雷射發展已超過四十多年的歷史，在 1970 年以後，高功率 YAG 與 CO_2 雷射相繼問世，進一步證實了雷射加工的可行性與實用性。近年來，新的雷射設備與加工技術仍不斷被開發出來，雷射加工技術其主要特點有雷射能量密度高，可以在瞬間熔化及汽化難熔材料；雷射加工爲非接觸性加工，可避免加工時造成過多的應力殘留，也可避免一般加工刀具的磨損，減少耗材成本；可因加工模式將雷射聚焦能量調整，以達到表面改性、焊接、切割、穿孔等目的。現階段雷射主要分爲氣體、液體及固體三類，而各種類都有些特性，如下表 8.5 所示。

表 8.5　各種雷射特性與用途

雷射種類	代表雷射	用途
氣體雷射	二氧化碳（分子氣體） 氬離子雷射（離子氣體） 氦氖雷射（原子氣體）	切焊材料 醫療電子 量測
固體雷射	YAG/YVO_4 雷射 紅寶石雷射（最早發明） GaAlAs/GaAs 半導體雷射	機械加工 量測 光碟片
液體雷射	染料雷射	研究用光源

雷射加工技術應用層面相當廣，如製衣、玻璃、電器、半導體、汽車等產業，因其加工精密度高所以也開始應用於生醫材料上，學者將機械加工、電漿噴塗、噴砂酸蝕及雷射加工等四種處理表面作 EDS 元素分析，發現雷射加工後之表面其最爲純淨，其他都會有雜質摻入其中，此可推論因雷射加工爲非接觸加工所致，從圖 8.77 也可觀察其可於表面形成均勻細緻之加工表面。

圖 8.77　雷射加工表面形貌圖 [13]

於是本發明欲使用此技術於針體表面進行雕刻紋路，使用不一樣紋路與圖案，並經由一系列測試確認其是否可以增進針刺瞬間之潤滑性，並作離子釋出測試確認其安全性，再經由電針療法確認其改質後針體可否提升止痛功效，圖 8.78 爲雷射刻痕其示意圖。

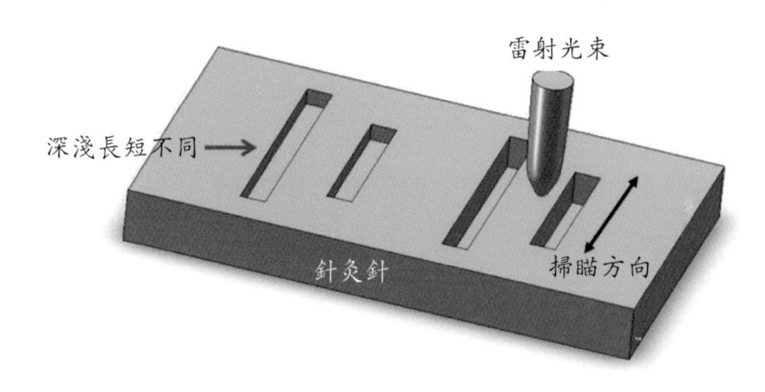

圖 8.78　雷射刻痕技術示意圖

(3) 電漿微波氮化處理

經由氮化處理後材料會在表面形成一層薄的氮化層，因此可以提高不銹鋼表面硬度、耐磨耗、耐疲勞、耐腐蝕等性質。氮化處理就是使氮元素滲入鋼材表面，爲硬化鋼材表面的方法，其發展時期大致上可分爲氣體氮化法、液體氮化法、離子氮化法三個階段。最早是在西元 1923 年將合金鋼放置爐內同時通入氨氣並加熱至 500～550℃維持 20～100 小時，在鋼表面形成一層化合物層的氣體氮化法。

本發明以電漿微波進行不銹鋼氮化處理，將通入氮氣及氫氣的混合氣體，並以微波爲主要電場來源，將混合氣體解離並且轟擊不銹鋼表面，以此氮化鋼材表面之方法。與其他不同電漿源相比較下，使用微波電漿有以下幾項優點：(a) 可產生高密度電漿；(b) 微波電漿中被活化的分子及化學自由基的數量，比射頻電漿高出許多；(c) 由於沒有附加電極使用，因此無電極汙染的存在；(d) 在基板上的電漿具有高的一致性；(e) 操作壓力範圍廣。

氮化處理已有相關研究將其應用於生醫材料表面改質上，學者將有無氮化植入之不銹鋼植入兔子脛骨，經由圖 8.79 組織切片所示可發現似乎經過氮離子植入之植體可加速吸引一些骨細胞接近，提高生物相容性，以此觀點應用於針灸針表面處理，除可提高生物相容性，也可提高拈轉針時組織纏繞狀況，增強其刺激療效。

圖 8.79 氮離子植入不銹鋼對骨組織細胞之影響 [28]

4. 概念設計

本發明的針灸針的製造方法，包括製成針灸針針體、針體表面的清洗及去毛邊、表面刻痕處理及電漿塗層處理後，完成成品等步驟（圖 8.80）。

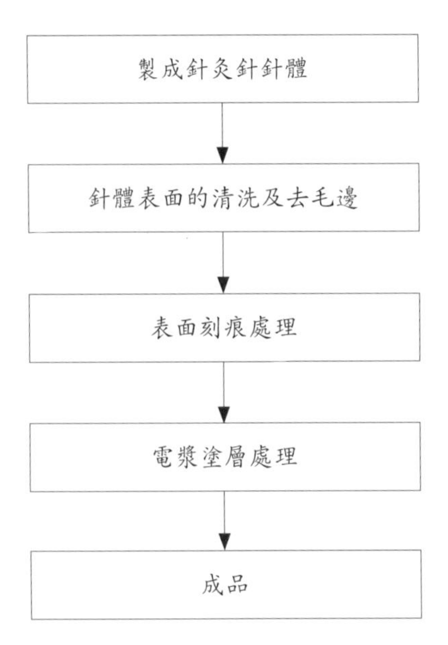

圖 8.80 本發明之針灸針製造方法

其中製成針灸針針體（圖 8.81）：以加工方式製成具有細長桿狀的金屬細桿體粗胚，將金屬桿裁切爲具有一定長度，於針體的其中一端成型有針尖；針體表面的清洗及去毛邊：係將成型有針尖的針灸針，對其針體表面進行清洗及各種不同細度的研磨以去除其表面的毛邊或階梯並使其表面呈光滑狀，如將針灸針針體放進眞空腔體內並使用氬氣氣體撞擊於針體表面，藉以去除毛邊以進行光滑處理。

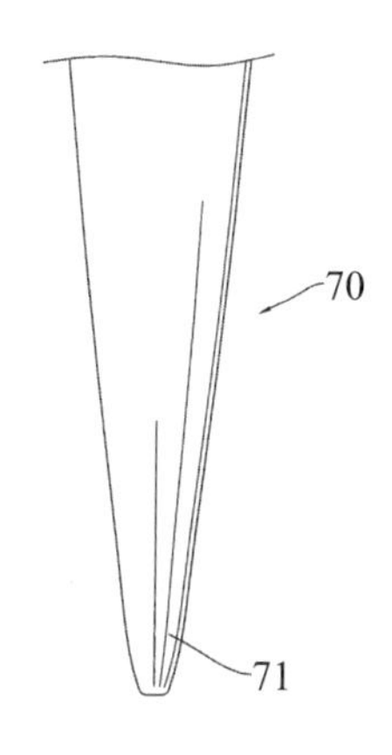

圖 8.81　針灸針針體製成示意圖：針體 70、針尖 71

表面刻痕處理（圖 8.82）：其係利用奈微米雷射刻痕技術，將所設計之紋路利用雷射光束於針體表面雕刻並形成溝槽與圖案化，其中一種具體實施例可在針體表面設有呈螺旋狀的溝槽，所成型的針體表面具有可提高針刺與拔針瞬間之潤滑性且降低刺痛感，於整個針灸療程中可導流周遭組織體液與血液，降低針灸後針刺部位瘀血等後遺症產生；電漿塗層處理：其係利用電漿表面拋光處理技術，於表面處理前經由電漿拋光處理，將針灸針的針體置入電漿處理機的眞空腔體內，導入氣體（例如：氮氣、氬氣、氧氣、氨氣…　）至腔體內，藉以在針體表面披覆形成有氮化層或氮氧化層，使其離子化氣體於針體表面產生研磨拋光，使得針體對尖針長徑比設計所形成之邊緣階梯狀進行光滑處理，另將加工後產生的毛邊進行拋光精細化，形成無毛邊之表面形貌，如此針體經過電漿拋光處理，其針體表面的光滑特性可使原有粗糙表面與瑕疵獲得改善，減少針刺時之阻力與組織傷害。

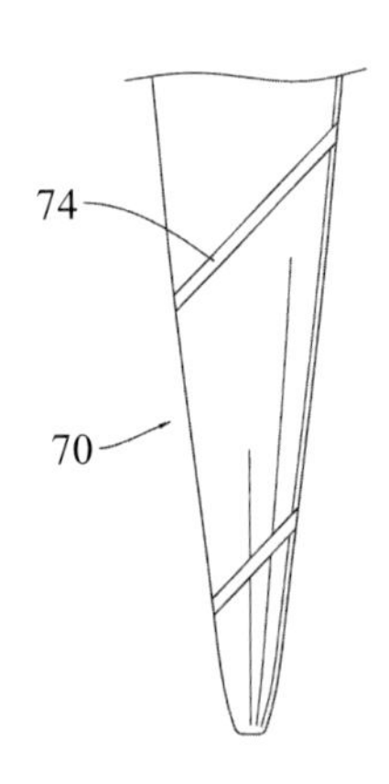

圖 8.82　表面刻痕處理示意圖：呈螺旋狀的溝槽 74

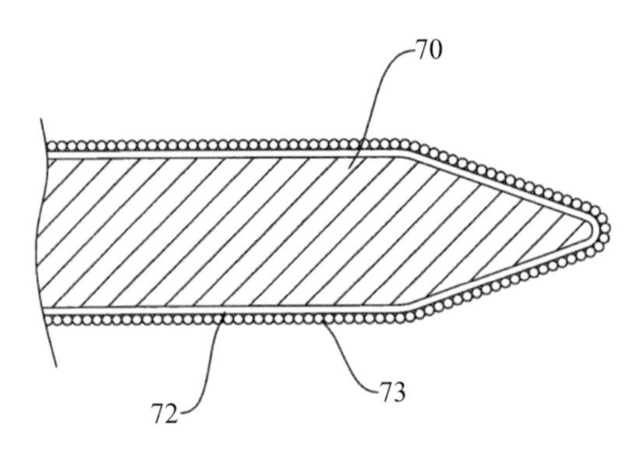

圖 8.83　針灸針成品：多孔層 72 外側面披覆形成有帶電層 73

藉由前述的製造方法所製成的針灸針，其中針灸針具有一針體，該針體爲一細長形的桿體，且該桿體可爲一金屬桿體，於其一端製成爲針尖、另一端的桿體上可供施作針灸者的握持，於桿體的表面上形成有溝槽，該溝槽呈凹狀且呈螺旋狀的環繞設在針體的表面上，又於該多孔層外側面披覆形成有帶電層（圖 8.83）。

5. 檢討評估

針灸針之特性受到很多因素影響，包括材料成分、製程、加工方法及熱處理等方法，都會導致材料顯微結構的改變，進而造成不同強度、剛性、硬度、延展性及表面粗糙度之差異性等。

儘管針灸針於衛生署分類爲第二類醫療器材，但是遍尋各國相關規範尚無相關生物檢驗規格與機械測試方法。本計畫先期研究即爲建立針灸針之優良實驗室操作（Good Laboratory Practices, GLP），訂定一套標準之力學檢測模型，用以評估市售針灸針之相關幾何外型、機械性能及電氣性能，以確保針灸針使用時之安全性，並已開發出針灸針表面處理相關技術。

(1) 針尖外形

觀察不同廠牌針灸針在每隔 0.1 mm 距離之針徑變化量：直徑變化量越大，表示針尖較圓鈍；反之，則針尖越尖銳（圖 8.84）。

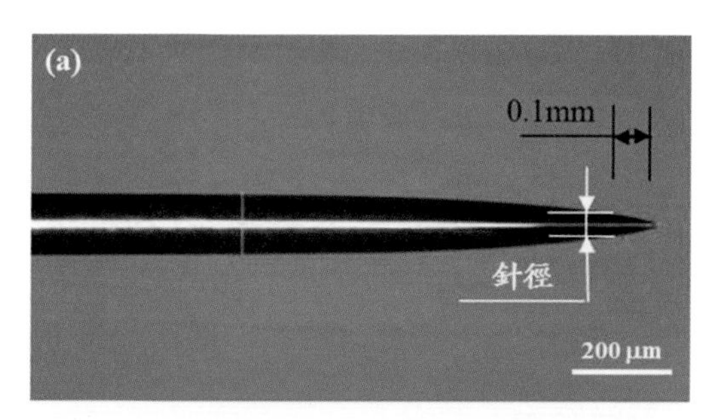

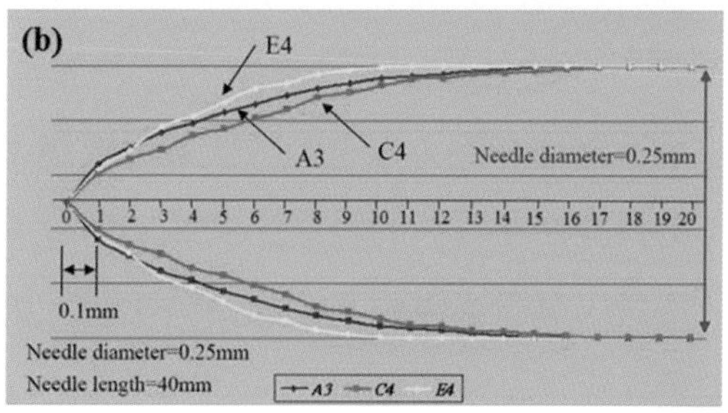

圖 8.84　針尖外形觀察圖：(a) 實際形貌圖，(b) 形貌描繪圖 [6]

(2) 針尖斷口

針尖的斷口為製造時針與針分開的位置，斷口尺寸越小，可以減輕醫師所需要施加的力量，並可減少病患之傷口處；斷口部位凹陷較小且較平滑，比較不會有汙垢藏留，減低傷口感染或發炎等現象（圖 8.85）。

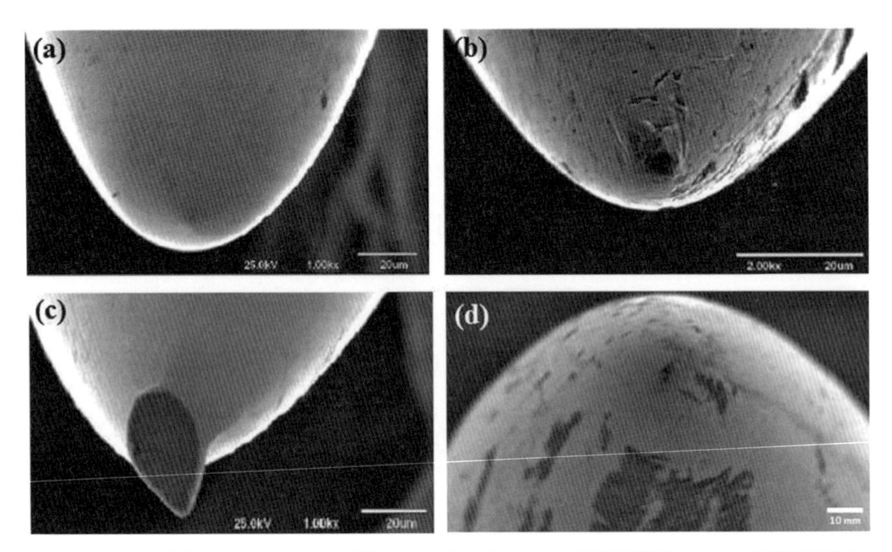

圖 8.85 針尖斷口：(a) 理想形狀、(b) 凹洞、(c) 不規則對口、(d) 粗糙表面 [6]

(3) 針尖表面缺陷

針尖面積很小，若遭硬物碰撞撞擊針尖容易產生倒勾、彎曲、針尖外形不整齊等等的缺陷問題；針尖缺陷越多，凹陷刮痕部位越大容易造成汙垢殘留，病患傷口容易感染或發炎。

(4) 針尖長徑比

過於細長的柱子，往往在應力未達到降伏或極限應力之前突然發生橫向撓曲的現象。針尖長徑比在較短的長度達到 8：1，就有可能產生挫曲，容易產生挫曲的針灸針，其針尖部位長度較長且尖銳，因此越尖銳的針，越容易發生挫曲現象。

(5) 針灸針穿刺力

針往下穿刺與人工皮膚相接觸後，力量逐漸增加，施加壓力給針，力量爲正值，隨著穿刺深度的增加，人工皮膚的變形量增大，針的受力也逐漸變大，當力量超過人工皮膚的彈性限時，人工皮膚的變形量達到最大，此時針尖刺破人工皮膚，刺破以後力量出現短暫水平的狀態，如圖 8.86 中指標 1 的位置。圖中指標 2 的位置（穿刺深度約 15～20 mm），出現一個最大穿刺力量，此時人工皮膚已經達到最大塑性變形，的摩擦力達到最大值。人工皮膚變形不再增加，因爲針徑已經固定最大值，穿過人工皮膚的接觸面積固定。圖中指標 3 的位置是針停止不再往下穿刺的時候，此時人工皮膚的變形漸漸恢復。圖中指標 4 所指的下段曲線表示針向上拔出的狀態，此時的力量爲負值，表示針被下拉的情況，其力量有些許的不規則變化，原因可能爲針與皮之間有黏著拉扯的現象。圖中指標 5，此時針已經拔出原本開始穿刺的位置，然而，拔針過程人工皮膚隨著針往上拔出而產生變形，形成帳棚現象，如圖 8.87 所示。

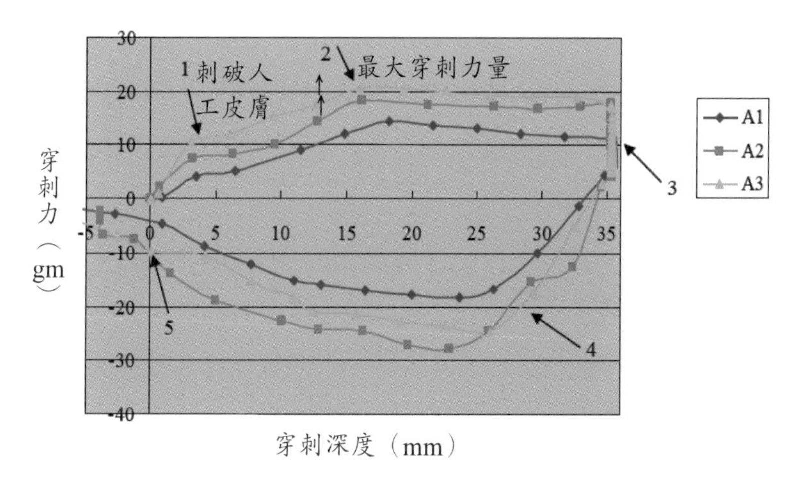

圖 8.86　穿刺測試之施力與位移關係圖

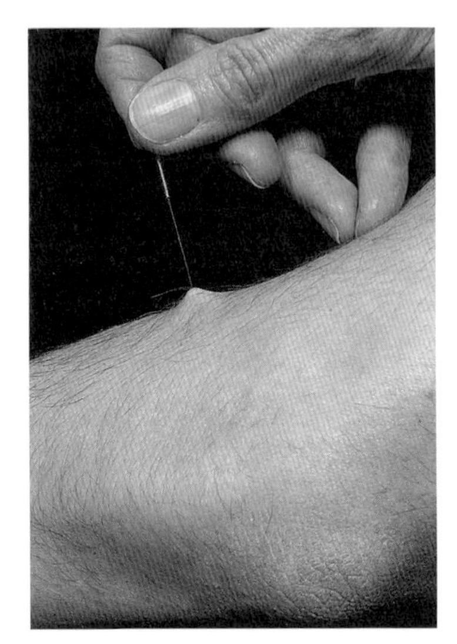

圖 8.87 針灸針拉扯皮膚形成帳棚狀 [12]

(6) 評估方法總論

a. 較佳的針灸針，其針體表面粗度小，表面缺陷少，其針尖外形不可以太細長尖銳，要有適當的長徑比

b. 機械性能方面顯示，最大穿刺力量是針尖鋒利度的一個指標，較佳的針灸針其穿刺力量較小，針尖幾何外形、表面粗度、長徑比與針灸針的製作過程及加工方法、材料等等都會影響穿刺力量的大小。

c. 針灸針無痛：指針灸針品管和使用的操作設計兩方面，針身必須潔淨，針尖有良好的弧度（適當的長徑比）進針。

d. 不能斷針：針柄和針身不能折斷，否則針灸針會留在病人身上。

e. 針灸針要有韌性，彈性要佳。

根據上述研究結果，我們提供一套有計畫之研究室標準量測力學機械性質之流程，用以評估市售針灸針之幾合外型、力學特性，以確保病患於針灸治療時，針灸針不會對人體組織造成潛在傷害，增加病患於針灸使用時之安全性。

6. 設計報告

一種針灸針的製造方法，其步驟包括有：(1) 製成針灸針針體：將一細長的金屬桿體加工成具有針尖的針體；(2) 針體表面的清洗及去毛邊：將針體表面進行清洗及研磨表面以去除毛邊及去階梯，使表面呈光滑狀；(3) 表面刻痕處理：藉由奈微米雷射刻痕技術，將所設計之紋路利用雷射光束於針體表面雕刻並形成溝槽與圖案化；(4) 電漿塗層處理：利用電漿表面拋光處理技術，即將針灸針的針體置入電漿處理機的眞空腔體內，導入氣體對針體表面產生研磨拋光；(5) 製成成品。

關於針灸針表面處理技術上，本團隊也已研究有段時間，其中亦開發出多孔表面處理技術，此技術應用於針灸針上可於表面形成多孔性電荷層，多孔形針灸針實作圖與剖面示意如前圖 8.83 所示，藉由控制不同製程參數，獲得不同色澤之針灸針，同時在針灸針體上創造出微小孔洞所組成之多孔表面，以及一覆於該多孔層表面之電荷層。其中該電荷層爲帶負電荷，是佈有氫氧基的電荷層，而該多孔層的微孔之間更可進一步相互連通，使該多孔層呈一立體孔狀結構。

經掃瞄式電子顯微鏡觀察顯示（圖 8.88），經過多功能表面處理之針灸針表面可獲得多孔性結構如圖 8.88(a) 所示，經由倍率放大後之圖 8.88(b) ，可清楚觀察到在金屬基材上，形成六邊形且層狀之光子晶體結構，並孔洞大小約在 30 nm，呈現良好之均勻性。

當誘發針灸療效，當事者會有酸、麻、漲的感覺，體溫也會有所上升，所以也可使用紅外線偵測體溫是否上升以確認針灸療效。圖 8.89 爲一般市售商品與經表面處理過之針灸針於刺入老鼠腳部，經過一段時間拈針後，可明顯比較出有表面處理之針灸針其針灸過程溫度較一般針灸針來的高，確認表面處理後之針灸針其療效有所提升。

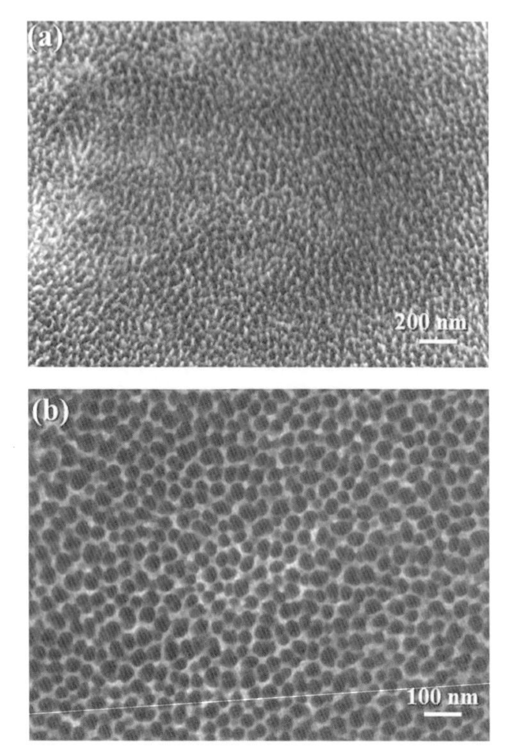

圖 8.88　針灸針之多孔表面電子顯微鏡照片圖：(a) 低倍率，(b) 高倍率

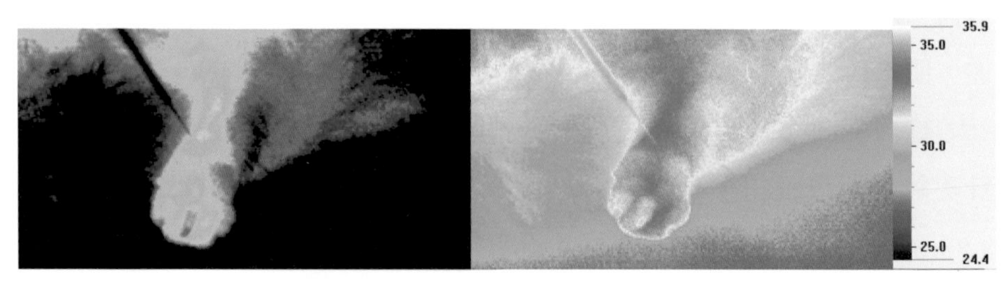

圖 8.89　(a) 市售商品，(b) 改質針灸針，於針刺後老鼠體溫分布

為確認雷射雕刻技術作針灸針體表面改質，是否有利於針刺無痛化與提升療效，於實際操作前先以模擬進行分析確認，針體分析模型如圖 8.90 所示，為長 40 mm，寬 0.2 mm，並於針尖 1.5 mm 處平行針體平分挖取 8 個溝槽並以無溝槽做比較。

圖 8.90　針體分析模型示意圖

分析情況以刺入 3 cm 皮膚爲條件，從垂直刺入與刺入後旋轉等兩種情況下做分析，如圖 8.91 與圖 8.92 所示，可看出於兩種情況下有雷射雕刻表面改質之針體其對周遭組織影響範圍皆較大，而於旋轉拈針時更加明顯，此可提升拈針時組織纏繞情況，提升療效刺激。當搭配電針療法進行治療，因通電會產生熱效應，先使用熱效應模擬作周圍組織熱影響之評估，選取無表面改質與經過雷射刻痕表面處理之針體進行於刺入皮膚進行評估，針體帶有高於體溫（40 度）作周圍熱效應模擬分析，可發現經過表面雷射雕刻處理過之針體其帶有較高的周圍熱效應，特別是於針端部分，此對於實際電針療效上也有所正面之助益（圖 8.93）。

藉由前述的製造方法所製成的針灸針，將具有針尖的針體於清洗後進行毛邊去除，之後進行表面刻痕處理及電漿表面處理，令針灸針表面具有螺旋狀的溝槽，藉此改善現有針體，使針體的穿刺力降低且均勻化，進而降低對人體組織的傷害、達到針刺無痛化特性、同時提升穴位刺激及其治療效果等優點。

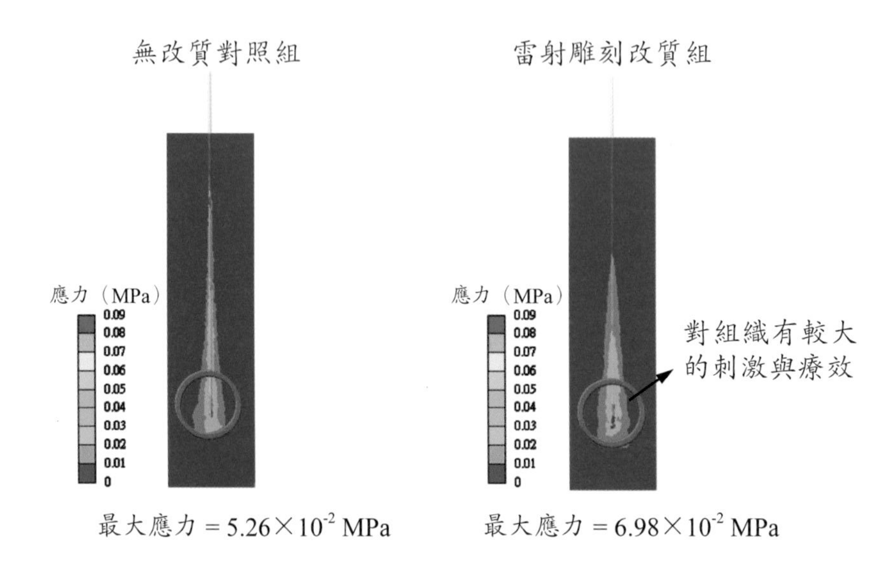

圖 8.91　模擬分析針體垂直刺入針灸針對組織的影響

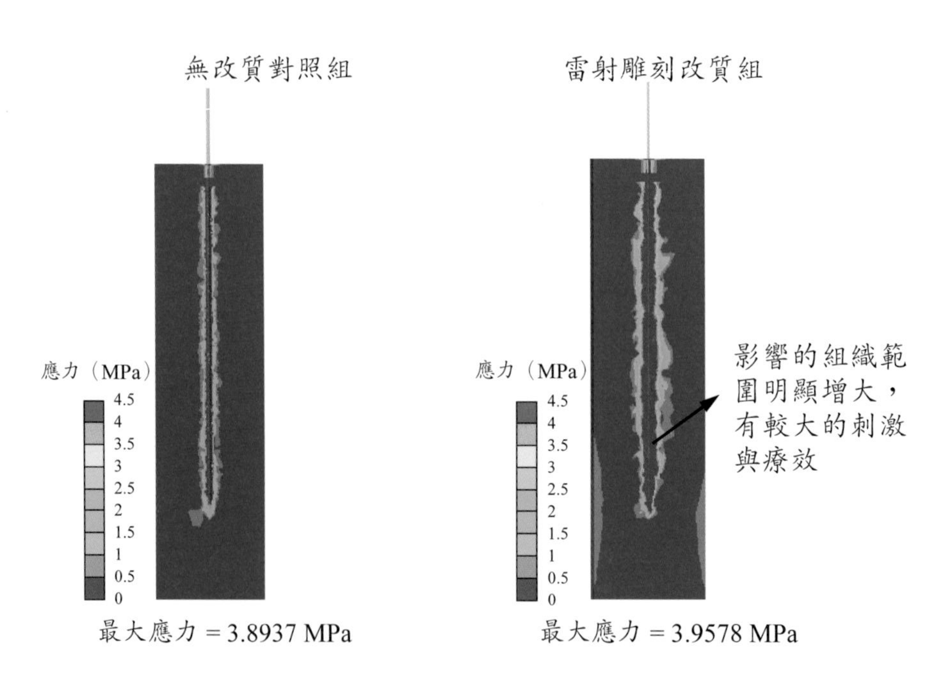

圖 8.92　模擬分析針體旋轉針灸針對組織的影響

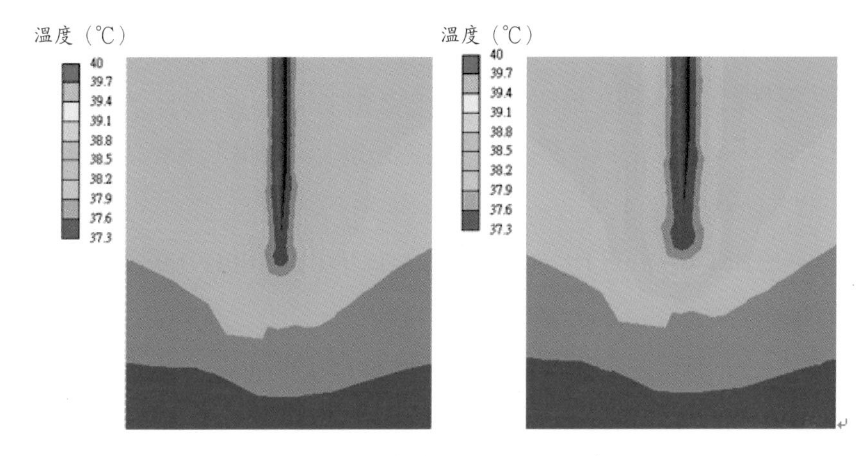

圖 8.93　針體熱分析模型示意圖

7. 參考資料

[1] 林昭庚、鄢良：針灸醫學史，中國中醫藥出版社，北京，1995。

[2] 龐仲學：中國醫學療法大全，山東科學科技出版社，濟南，1990: 223-241, 287。

[3] 張毅、張永賢、張福庚、徐學群、趙崇禮、徐鎮：針灸用針規範制定之研究，行政院衛生署 83 年度研究年報（DOH83-CM-030）。

[4] 李詩慶（1973），科學月刊，網路期刊：http://203.68.20.65/science/content/1973/00110047/0004.htm。

[5] 曹永昌，林昭庚，孫維仁（2003）J Chin Med 14(2): 129。

[6] 楊筱雯（2006）國立交通大學機械工程研究所，碩士論文。

[7] 林昭庚：新針灸大成，台中中國醫藥學院針灸研究中心，1988。

[8] 賀陳弘、魏水文、巴白山，「電化學拋光技術」，機械工業雜誌，170 期，頁 122-128，1997 年 5 月。

[9] 楊顯謀，「不銹鋼電解拋光技術簡介」，鋼鐵研究，72 期，頁 84-96，12 月。

[10] 陳裕豐，「高潔淨閥件之流道表面處理－電解拋光（EP）技術」，機械工業雜誌，198 期，頁 230-240，1989 年 9 月。

[11] 倪其聰，「鋁及 4% 銅－鋁合金之電解研磨」，表面工業雜誌，44 期，頁 32-34，1994 年 4 月。

[12] Angevin HM, Churhill DL and Cipolla MJ (2001) FASEB, 15: 2275

[13] A. Gaggl (2000) Biomaterials 21: 1067

[14] B Larisch , U Brusky, H-J Spies (1999) Surf Coat Technol, 116-119: 205

[15] Chen XH and Han JS (1992) Behav Brain Res, 47: 143

[16] Chen XH and Han JS (1992) Eur J Pharmacol, 211, 203

[17] Cheng R S and Pomeranz B (1979) Life Sci, 25, 1957

[18] Edzard Ernst (2001) the american journal of medicine, 110: 481

[19] Feng, ct al (2008)The American Journal of Chinese Medicine, 36(5): 889

[20] Ginger DS, Zhang H and Mirkin A (2004) Angew, Chem. Int. Ed., 43: 30

[21] Hong SH, Mirkin CA (2000) Science, 288: 1808

[22] Ito D (2003) Publication No. JP- 116962

[23] Ito D (2003) Publication No. JP- 116961

[24] Ito D (2003) Publication No. JP- 116960

[25] Kuno T (2002) Publication No. JP- 000696

[26] Langevin HM, Churhill DL, Fox JR, Badger GJ, Garra BS and Krag MH (2001) J Appl Physiol, 91: 2471

[27] Melzack R, Wall PD (1965) Science, 150: 971.

[28] M Bosetti, A Massè, E Tobin, M Cannas (2001) J Mater Sci Mater Med, 12(5): 431

[29] M Naddaf , SS Hullavarad, VN Bhoraskar, SR Sainkar, AB Mandale,SV Bhoraskar (2002) Vacuum, 64: 163

[30] Ma J, et al (2008) Acupunct Res Chin, 33(4): 235

[31] Pomeranz B, Ann N Y(1986) Acad Sci,467: 444

[32] Pomeranz B, Warma(1988) Brain Res, 452,232

[33] Research Group of Acupuncture Anesthesia, Peking Medical College (1973) Natl Med J China, 3: 151.

[34] Sun SL and Han JS (1989) Acta Physiol Sin, 41(4): 416

[35] Weinberger DA, Hong SG, Mirkin CA, Wessels BW and Higgins TB (2000) Adv Mater, 12: 1600

[36] Wang Y and Wang S (1993) Chen Tzu Yen Chiu, 18(1): 44

[37] Wang Liang (2003) Appl Surf Sci, 211:308

[38] Wei YF et al (2007)Acupunct Res Chin, 32(1): 38

[39] Zhang W et al(2006) J Tradit Chin Med, 26(2): 138

[40] Poentinen PJ. Hyperstimulation syndrome. Am.J.Acupuncture. 1979; 2(7).

[41] Labraga J. E., Bastidas J. M., Feliu S., 1991, "A contribution to the Study on Electropolishing of Mild Steel and Aluminium Using Alternating Current", Electrochimica Acta, vol. 36, no.1, pp.93-95.

[42] Venkatachalam R., Mohan S., Guruviah S., 1991, "Electropolishing of Stainless Steel from a Low Concentration Phosphoric Acid Electrolyte", Metal Finishing, vol.89, no.4, pp.47-50, April.

[43] Hryniewicz Tadeusz, 1993, "Towards a New Conception of Electropolishing of Metals and Alloys", Intern. J. Mat. & Prod. Tech., vol. 8, no. 2-4, pp. 243-252.

[44] Hryniewicz Tadeusz, 1994, "Concept of Microsmoothing in the Electropolishing Process", Surface & Coatings Tech., vol.64, no.2, pp.75-80, May.

8.12 植牙牙根及其表面之成型方法

現代醫療科技日新月異，醫療手法也不斷創新，人類幾千年來，不斷地尋求永久、美觀的方法，來替換失去的牙齒。諸多證據顯示：埃及和中南美洲的古文明裡，都曾企圖以替代物，種植於齒槽骨中。直到上個世紀末，最近的二十年內，因生物材料的進步及臨床知識的累積，並經科學研究的結果證實牙科植體可成功的應用於臨床上，亦因此牙科植體成爲本世紀牙醫師於牙科治療的重要選項之一。

人類僅能擁有兩套牙齒，當第二套的恆牙因外來因素而受到傷害或是本身蛀牙造成損壞，而面臨拔除的狀況，恆牙拔除後將不再生長，如此在未來將會造成咀嚼與發音功能下降的問題，爲了恢復基本功能，必須進行牙齒重建的工作。早期牙齒重建的限制是支撐假牙的齒數不足，爲解決此窘境，最佳的方法就是在齒槽骨上植入人工牙根，做爲假牙的支撐。另外，就活動性假牙與植牙相比較，活動性假牙並非永久性固定，在飲食或說話時假牙會產生移動，隨著時間的推移支撐假牙的骨頭會逐漸變形萎縮，因而造成更難達到舒適地支撐假牙；而固定牙橋方式，必須在缺牙旁邊的健康牙齒做某些程度上的磨除，建立假牙橋以支撐假牙，要如何替代缺失的牙齒，而又不改變周圍健康牙齒的自然型態，人工植牙乃是最佳的選擇。

牙科植體乃利用與骨頭結合良好的鈦金屬作爲牙科植體，將其放置於缺損牙齒原來所在的上、下顎骨內，用來支撐上方接著假牙的一種治療。植牙治療通常分爲兩階段進行，第一階段先將鈦金屬牙科植體放置於骨頭中，需要有一段適當時間與周圍骨頭穩固結合，理想狀況需 4～6 個月，接著便可以開始上端假牙的製作，隨著植入手術的成熟與植體製造技術的提升，利用人工植牙方式爲缺牙之病患進行口腔修復的比例每年有逐漸增加的趨勢。

根據近十年的臨床報告指出，牙科植體已有超過 85% 的成功率，但植體、支台齒脫落、齒槽骨吸收等事情仍偶有所聞。牙科植體屬於 load-bearing 的替代物，需承受咀嚼、發音、吞嚥、甚至夜間磨牙（Bruxism）等外力，因此植體與周圍齒槽骨的生物力學關係便息息相關。當產生過大的外力於牙科植體上，進而使周圍骨組織承受過大應力，便易造成骨流失的情況。

骨整合成功與否的關鍵，除了周邊骨組織承受之應力、應變，力的種類（如拉力，壓力，剪力，彎曲力，扭轉力）、植體與骨組織界面、植體設計、植體表面特徵、贗復物種類、齒槽骨密度與型態等因素皆與其息息相關，本發明係有關於一種植牙牙根及其表面之成型方法，特別是指於植牙牙根表面加工形成凹陷紋、第一微孔及第二微孔，而形成高孔隙率之 3D 緻密多孔結構，增加植牙之骨整合程度。

1. 確定需求

植牙的原理是以外科手術將取代牙根之植體（通常用鈦合金）植入顎骨的牙床組織中，由於骨骼具自然整合特性（即骨整合），使得植體植入後，骨骼自然生長包圍植體，使植體得以固定，因此植入的鈦合金植體十分堅固，可以像天然的牙齒一樣自然（圖 8.94）。

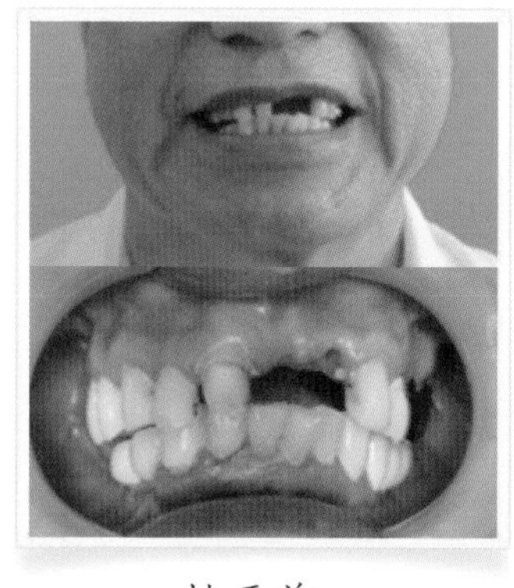

植牙前

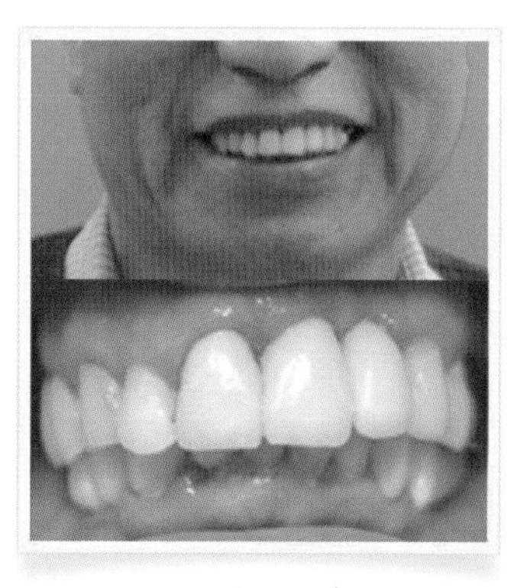

植牙後

圖 8.94　植牙前後比較

而其中常見植體係以螺紋段螺入牙床組織，如中華民國發明專利公告第 567057 號「贗復齒植入體專用之支檯體結構」，然而在進行骨整合過程中，植體過大的位移（一般爲超過 100 微米）會導致骨整合失敗，而前述植體以螺紋段與骨骼密合時，骨骼組織僅可能與植體的表面貼合，導致植體位移鬆脫之機率加大。

因此有 PCT 專利申請案第 PCT/CA1990/000412 號「INTRAOSSEOUS-ENDOSSEOUS ANCHORAGE DEVICE」，其係由加拿大多倫多大學三位教授所發想之多孔燒結設計（Porous-coated design），爾後於 1983 年應用於 Endopore 植體系統，將細小圓珠狀之鈦合金顆粒燒結在植體表面。藉此多孔燒結設計使植體表面積超過傳統植體 3 倍以上，並形成 3D 之骨整合（圖 8.95），而將壓力平均分布，有效抵抗垂直壓力、水平張力及旋轉扭力造成之位移現象，並在經過 5 年動物實驗後，在 1989 年首次使用於多倫多大學，目前臨床上則使用於包括加拿大、美國、歐洲、日本及台灣等國家。

但是前述 Endopore 植體系統之多孔燒結方式仍存在有下述缺失：

(1) 金屬粉末燒結塗佈處理後發現，燒結金屬粒子與固體接合處出現裂縫（圖 8.95），由於這個不規則幾何形狀的區域之抗疲勞強度較弱的關係，導致應力容易集中於此，造成植體損壞。

(2) 鈦金屬植體多孔性處理僅止於表層塗佈淺層 2D 孔狀結構，造成骨整合後仍有結構強度不足的缺點。

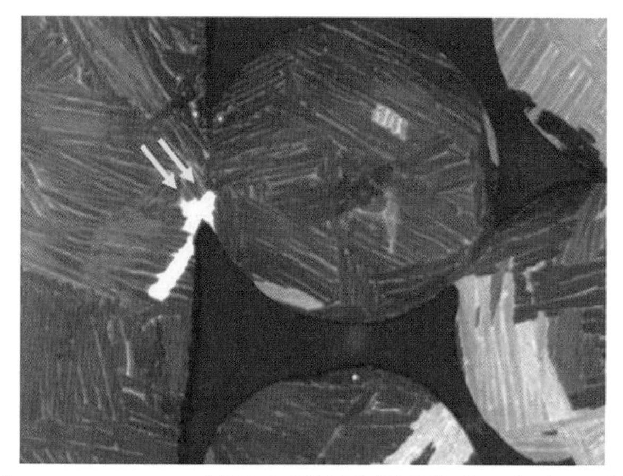

圖 8.95　Endopore 燒結金屬粒子與固體接合處出現裂縫

2. 定義問題

為了解決前述金屬表面燒結技術會使植牙牙根造成應力集中，以及植牙牙根在進行骨整合後，整體結構強度較低之缺點，因此本發明人秉持不斷創新研發之精神，利用精密機械加工技術開發出一種植牙牙根及其表面之成型方法，其中該植牙牙根表面係環設有複數凹陷紋，並在該些凹陷紋表面凹設有複數第一微孔，以及在該些凹陷紋表面與第一微孔表面凹設有複數第二微孔。

前述植牙牙根表面結構成型方法包括如下步驟：

(1) 預先在一植牙牙根表面加工成型複數環狀凹陷紋；

(2) 對該些凹陷紋表面施以多點熔融處理，成型出孔徑為 100 奈米至 500 奈米，深度則為 0.1 微米至 1 微米之複數第一微孔；

(3) 再對該些凹陷紋表面與第一微孔表面施以多點熔融處理，成型出孔徑為 10 奈米至 40 奈米，深度則為 5 奈米至 20 奈米之複數第二微孔。

利用此方式在植牙牙根表面成型凹陷紋、第一微孔及第二微孔，其相較於表面燒結可形成深度較深，孔隙率更高，同時更爲緻密之 3D 多孔結構，對於植入牙床後之骨整合效果更好，植牙牙根更爲牢固。

本發明之功效在於：利用機械車削配合電化學加工等精密加工技術，形成 3D 多孔性緻密結構，其孔隙度不僅在於植牙牙根表面，而是在整個結構體。使鈦金屬植牙牙根植入人體後可以達到最大程度的骨整合，同時也降低材料的剛性，進而解決應力集中等遮蔽效應產生的問題。

3. 資料蒐集

(1) 人工牙根設計原理

根據行政院衛生署調查，台灣 12 歲以上人口平均缺牙顆數高達 5.6 顆，65 歲以上的銀髮族缺牙數更高達 14.8 顆，這個數據顯示台灣大多數都有缺牙之問題，而不管是因外傷、先天性等原因造成缺牙，都會使人造成困擾。但是大多數人因爲輕忽缺牙問題或是金錢上的考量等，遲遲不去牙醫診所接受診斷治療。在早期缺牙者都會選擇傳統假牙來替代，雖然費用較低廉，但其外觀較不自然，且清洗不易長久下來容易引起牙齦發炎或牙周病，萬一假牙斷裂或脫落又需花錢重做。

而植牙就是在改善其缺點，在缺牙處植入與人體組織相容性最好的鈦金屬當做牙根，等到植體（Implant）與齒槽骨緊緊結合後，便可在植體上接上假牙，完成固定式假牙的製作。雖然費用較高，但它的外觀自然眞實，且使用壽命很長，如果患者本身的牙齦狀況和牙齒的骨頭好的話，是可以使用一輩子的。

人工植牙成功與否受到許多因素影響，諸如：骨質（Bone qulality）、骨量（Bone quantity）、人工植體設計、病人本身因素、手術技術與所造成之創傷（Trauma）等。若從承受外力負荷與病理性骨吸收的觀點而言，則在骨癒合過程中，人工牙根在骨中的初期穩固度是相當重要的。另外，即使植體設計特殊的螺紋，但表面如果太光滑，骨細胞亦無法攀附在植體上進行骨整合。所植入的人工牙根，要能卡得緊、種得活，關鍵有兩個重點，第一點，「植體結構設計」—在手術初期人工牙根植入齒骨時的穩固程度，第二點，「植體表面處理」—後續骨細胞是否可以順利的在植體上附著與成長（即骨整合效果）。

「植體結構設計」—牙科植體的外螺紋設計理念：最大限度地初始接觸（Initial contact）、增加骨及植體接觸面積、骨及植體界面的應力分散等。螺紋的幾何外型決定了應力的傳導，植體的初始接觸決定了植入物的初期穩定性，巨觀的增加植體螺紋的接觸面積（相較於微觀的表面功能化處理之微奈米結構）可增加骨沉積、骨癒合，進而增強初期、後期植體穩固度。例如螺紋面角的設計會影響剪應力的產生（圖 8.96），面角角度增加、剪應力也隨之增加，如 V 形螺紋（面角約 15°～30°）其產生之剪應力便大於偏梯形或方形螺紋。另外，V 形螺紋之面角雙側對稱，加工容易、易於大量製造。偏梯形螺紋之面角不對稱，施力會沿著軸向單一方向傳導（偏梯形爲單一向上傳導、逆偏梯形爲單一向下傳導）。方形螺紋之面角對稱、並呈 90°，施力會沿軸向雙向傳導。此外，螺紋形狀、導程、間距等，同樣也影響骨及植體接觸、應力傳導及初級穩固度等。

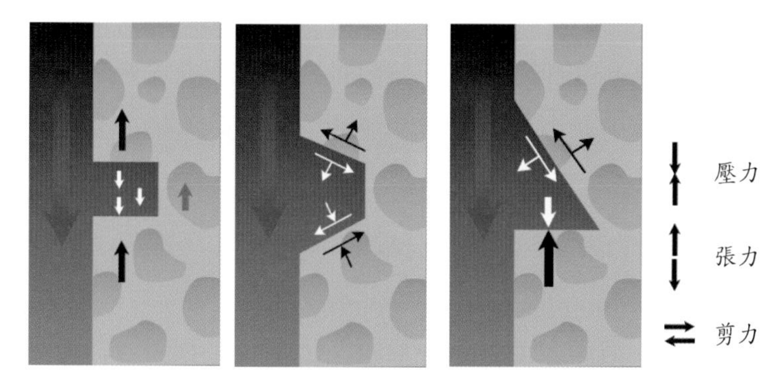

圖 8.96　螺紋設計與應力傳導之關係 [29]

「植體表面處理」—現今醫學領域中，鈦金屬由於其優良之物化性質及生物相容性，被廣泛運用於人體內的支架及骨骼替代物；爾後，透過各種不同表面功能化技術，針對鈦金屬表面進行表面結構的修飾、或是進行材料表面的改質行爲、或是塗佈予以幫助生長的生醫活性材料，使材料表面更易讓骨細胞貼合與攀附、促進骨癒合或骨整合的功效（圖 8.97）。相較於未處理之植體表面，奈米功能化後之表面通常能使蛋白質、生長因子等更易均勻地貼附於材料表面，同時對於細胞貼附表面能力及特異性也會有所改變。雖然細胞與奈米結構之交互作用機制尙未明朗，但可確定奈米功能化表面可增加貼附細胞之增生數量，尤其對於骨細胞，更是有增加其細胞分化之現象產生。

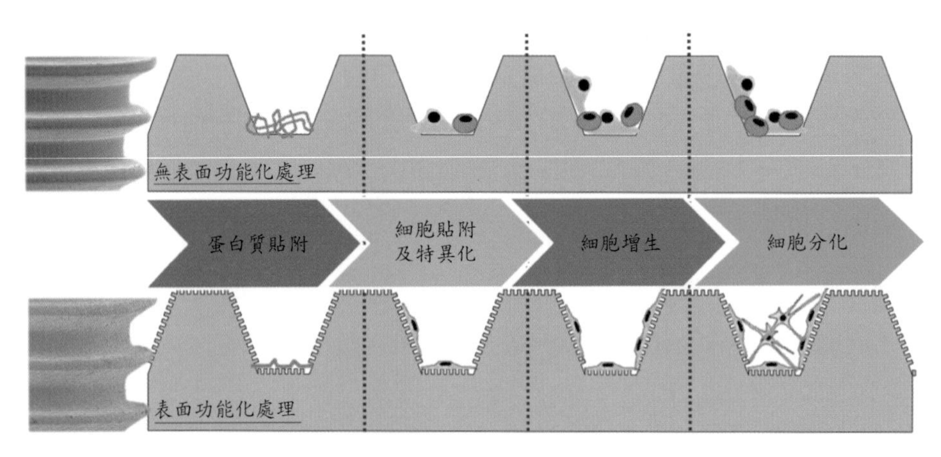

圖 8.97　功能性奈米結構表面對於細胞貼附、增生、分化影響之示意圖 [30]

爲了增加植體金屬與骨骼的骨整合能力，會在植體表面上進行表面處理，目前人工植體的表處製程主要分爲下 兩種：

(1)TPS（Titanium plasma spray coating）

鈦電漿噴塗技術原理是將鈦金屬的粉末注入到電漿反應的離子化氣體中，經電漿熔融後之液態鈦金屬由高速的氣體帶動下，噴塗到人工牙科植體表面，快速冷卻而成塗層。

(2)SLA（Sandblast-acid etching）

以高壓的方式將高硬度之三氧化二鋁（Al_2O_3）顆粒噴向鈦試片，產生粗糙化的表面，經由表面酸洗的過程，將附著在鈦試片上 Al_2O_3 顆粒洗掉，需確保鈦試片無任何 Al_2O_3 顆粒雜質貼附其上，再利用酸蝕液將表面孔洞達到更小等級，接著用鹼性溶液將植體表面達到酸鹼平衡，以利細胞貼附及細胞生長不受影響。

然而，上述的表面處理技術皆容易在製程後，於牙根的表面上殘留 Al_2O_3 或其他金屬顆粒，如圖 8.98 中紅色圓圈處所示。此些殘留物將會妨礙細胞貼附，造成組織崩壞，使骨細胞貼附生長受到影響。

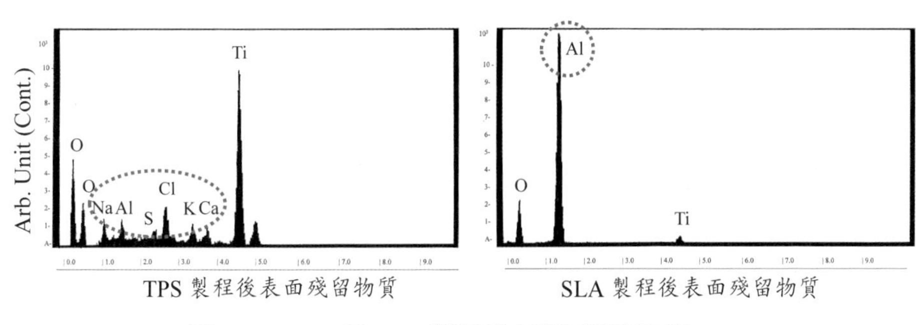

圖 8.98　TPS 及 SLA 製程後之表面殘留物質 [10]

(2) 雷射在醫療器材表面改質的應用

金屬工業發展至今已相當成熟，因應目前資源短缺之問題，提升材料之效能應用之考量，開發高強度、耐磨、耐溫、耐蝕的金屬材料成爲重要的研究課題。透過表面處理（以下簡稱表處）方法，提升材料表面之物理、機械、化學等性質以提高附加價值，儼然成爲上述課題的解決方法之一。目前國內的金屬表處方法，大多以表面披覆製程爲主（電鍍、陽極處理、塗裝等），例如：透過裝飾性電鍍如金，白金，銀，鉻，黃銅等，賦予製品表面美觀；透過硬化之陽極處理增加表面硬度及耐磨性。此些方法最大的特點在於製程成本低廉，可適合大面積與曲面之產品上，但製程後有毒或重金屬廢棄溶液，卻成爲造成環境汙染的元兇。

在綠色環保製程的倡導下，在材料表面形成功能性微奈米結構，以改變表面物理或化學特性的表處方法，成爲取代高汙染的表面披覆製程的最佳途徑。例如：透過表面週期結構對光產生繞射，使得金屬表面無需電鍍製程而產生炫彩效果，可應用在色彩打樣上（圖 8.99）；在機械密封件及活塞環等傳動件表面藉施加刻紋，可以改善表面之潤滑現象增加動力輸出。目前微奈米結構的表處技術雖有蝕刻製程、LIGA 製程（Lithography eletroforming micro-mording）、離子束、電子束加工等方式可進行，卻受限於平面 2D 製程爲主。而雷射表處技術除了具加工結構精度高、乾式、節省化學藥劑使用的特點外，更有應用於 3D 曲面加工的優勢，預期爲下一波表處製程之主流。

圖 8.99　金屬表面炫彩效果

針對雷射微奈米結構表處技術可分爲長脈衝雷射加工、超快雷射微細加工兩種，傳統長脈衝雷射加工，對於加工區周圍的熱影響區較大，易形成熔渣殘留（圖 8.100），使其結構精度只能到達微米尺度。透過超快雷射特殊材料作用機制，可突破以往微加工思維，可以在塊材或薄膜材料表面直接成型週期結構，熱影響區極低、精度可達次波長（圖 8.101），爲傳統雷射所不及。

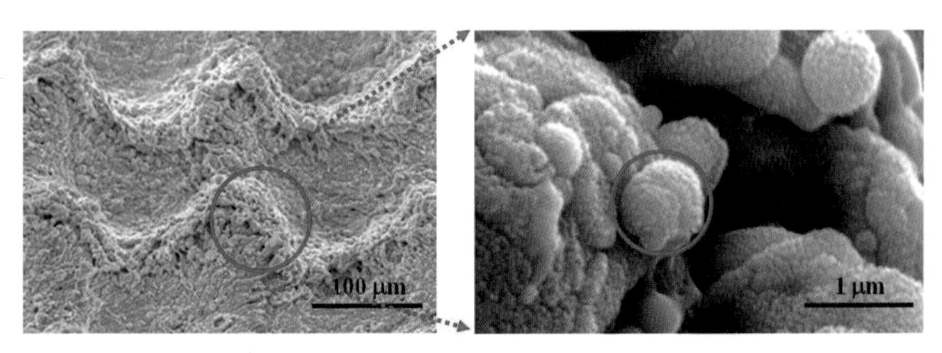

圖 8.100　熱影響區形成熔渣殘留（右圖紅色圓圈處）

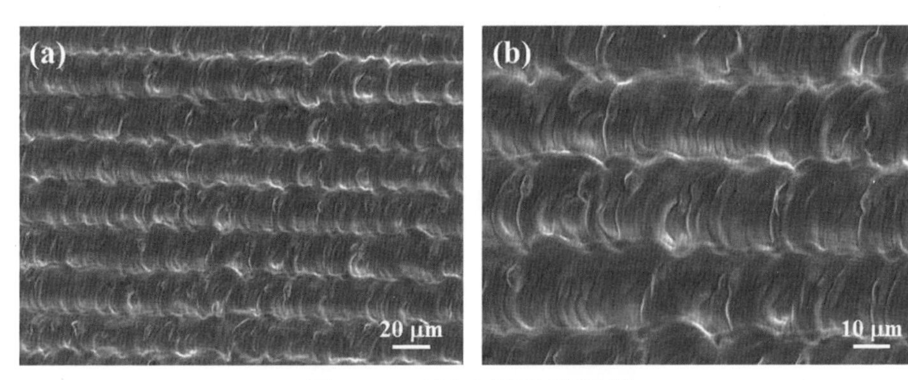

圖 8.101　表面成型週期結構

(3) 新型植牙牙根及其表面之成型方法

爲了有效解決現有表處製程在植體上產生汙染物之問題，目前已有研究團隊改以雷射加工方式在人工植體表面進行粗糙結構表處製程研究。由於雷射加工能以單一製程步驟得到表面粗化微結構，不需其他化學製程，因此加工後表面汙染程度相當低。此外，雷射對於 3D 幾何形狀表面進行加工具有優勢，因此相當適合作爲人工植體表處製程，然而植體表面微米結構（>1 μm）對細胞有助於貼附作用，但若要進一步達到細胞增生，其結構尺寸需小於 1 μm 較佳。

文獻也指出方向性的週期結構是類似於自然細胞生長的環境（圖 8.102），有助於細胞生長增生攀附，將這最適合細胞生長的環境結構，透過雷射加工設計在植體表面形成具有方向性的條狀週期結構，此結構方向讓細胞在植體表面快速增生攀爬（圖 8.103），可大大提升植體的骨整合能力，增加人工植體產品的性能與價值。但傳統雷射加工的表處技術，因受熱影響區的局限，結構尺寸以微米尺度爲主。以超快雷射精微加工取代傳統雷射的表處技術，在植體表面超快雷射直接誘發成型週期結構，結構精度可達到次波長，誘發的週期性奈米結構方向是一致性。

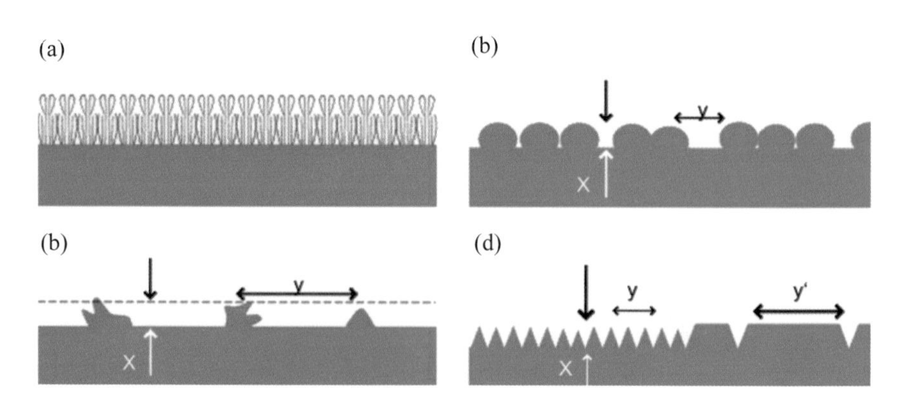

圖 8.102　表面形成奈米結構方法：(a) SAMs 改變表面形貌、(b) 化學濺鍍、(c) 噴塗或壓印、(d) 剝除或鍍膜的方式形成週期結構 [12]

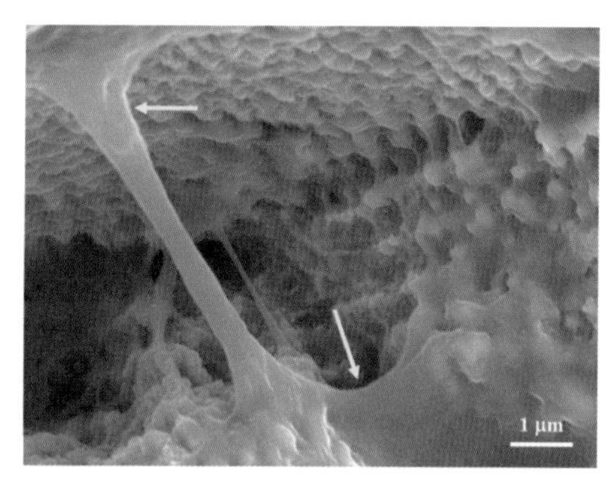

圖 8.103　貼附於奈米週期結構之類骨母細胞（MG63），如箭頭所示

4. 概念設計

綜合上述技術特徵，本發明植牙牙根及其表面（圖 8.104）之成型方法（圖 8.105）為一種植牙牙根，其表面係環設有複數凹陷紋，並在該些凹陷紋表面凹設有複數第一微孔，以及在該些凹陷紋表面與第一微孔表面凹設有複數第二微孔，而該些第一微孔與第二微孔係呈弧面狀凹孔。

該植牙牙根表面結構成型方法包括如下步驟：

(1) 利用機械車削方式於一植牙牙根之表面形成複數凹陷紋，其中該些凹陷紋呈等距斜向排列。

(2) 對該些凹陷紋表面施以多點熔融處理，成型出孔徑為 100 奈米至 500 奈米，深度則為 0.1 微米至 1 微米之複數第一微孔。

(3) 再對該些凹陷紋表面與第一微孔表面施以多點熔融處理，成型出孔徑為 10 奈米至 40 奈米，深度則為 5 奈米至 20 奈米之複數第二微孔。

在步驟 B 及步驟 C 所述之多點熔融處理方式包括雷射加工法、放電加工法、電化學加工法、微弧氧化法或電漿加工法等方式（圖 8.106）。

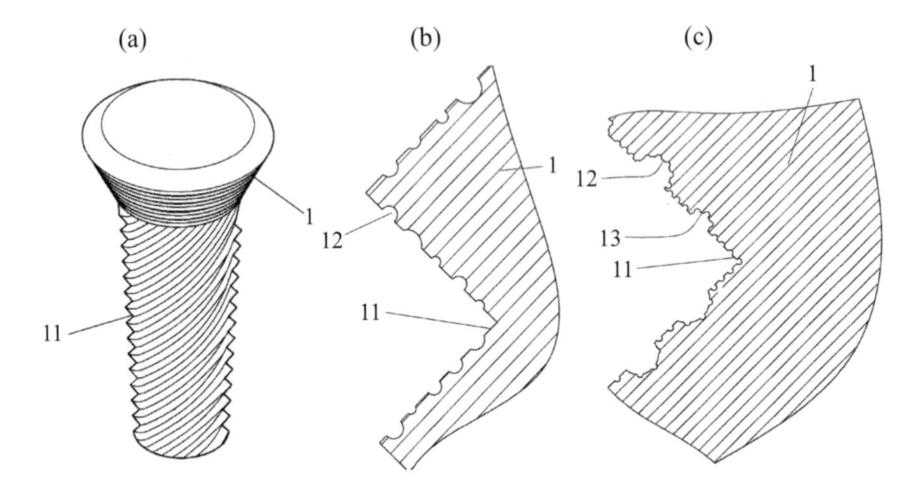

圖 8.104　本發明之植牙牙根及其表面：(a) 植牙牙根 1 表面環設有複數凹陷紋 11，(b) 複數第一微孔 12 位於凹陷紋 11 表面，(c) 複數第二微孔 13 位於凹陷紋 11 與第一微孔 12 表面。

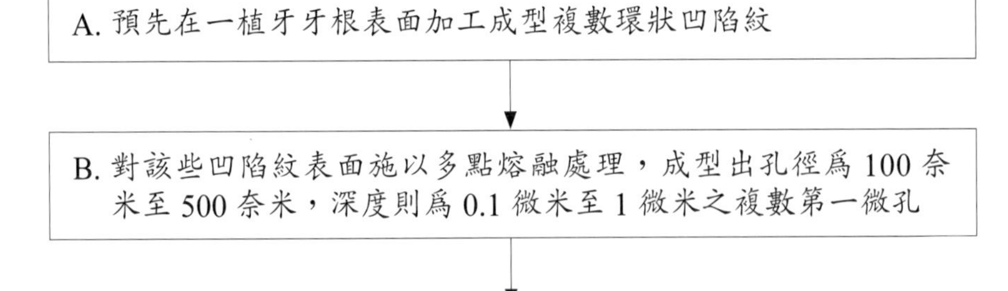

圖 8.105　本發明植牙牙根之成型方法

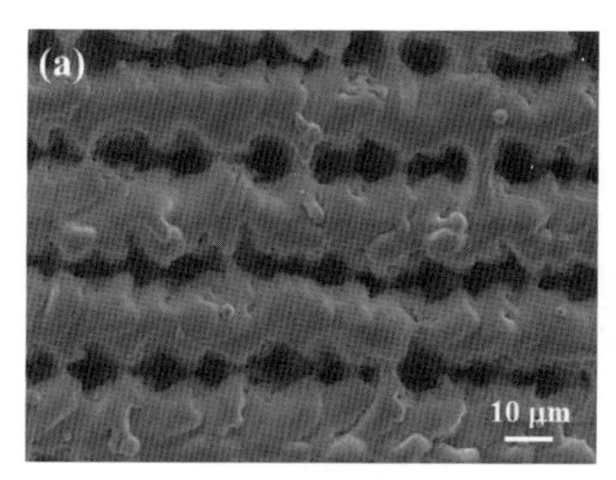

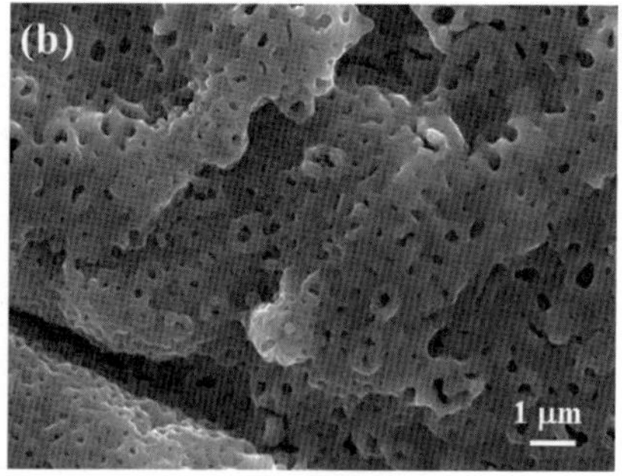

圖 8.106　多點熔融處理方式：(a) 雷射加工法，(b) 微弧氧化

5. 檢討評估

當本發明植牙牙根植入牙床後，其周圍骨骼會自然進行骨整合，由於骨骼組織會緊密與該植牙牙根表面接觸，並深入該些深淺不一且緻密排列之第一微孔與第二微孔中，使該植牙牙根與牙床周圍骨骼形成緊密結合，且由於該植牙牙根形成之凹陷紋、第一微孔與第二微孔深度較傳統金屬燒結之孔隙來得深，使該些第一微孔與第二微孔之結構不僅形成在該植牙牙根表面，而是在整個結構體，構成 3D 多孔結構，同時形成之孔隙率較高，該植牙牙根與牙床骨骼組織之接觸面積較高，藉此，該植牙牙根可更均勻分散壓力，提高其所能承受之垂直壓力、水平張力及旋轉扭力，另外，此種方式不若表面燒結金屬粉末，不會形成破裂之裂縫，不會有應力集中之現象，使該植牙牙根不易損壞。

參照市售人工植牙牙根（Q-implant）之植入前後比對 X 光照片，由圖 8.107 可看出市售品牌的植牙牙根植體，植入前與植入後在箭頭處可以看到，植體在口腔內骨頭並無明顯骨質流失。

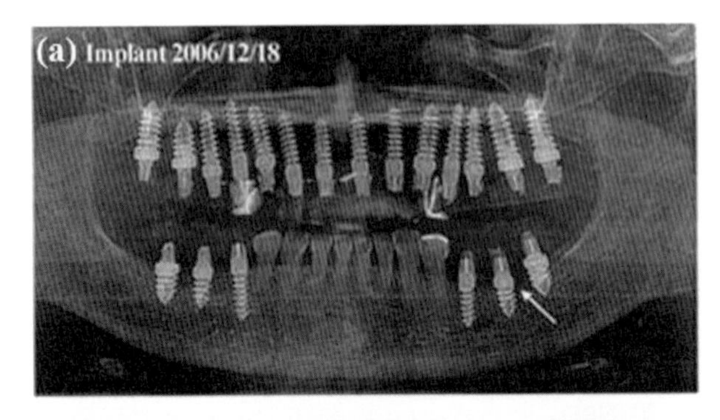

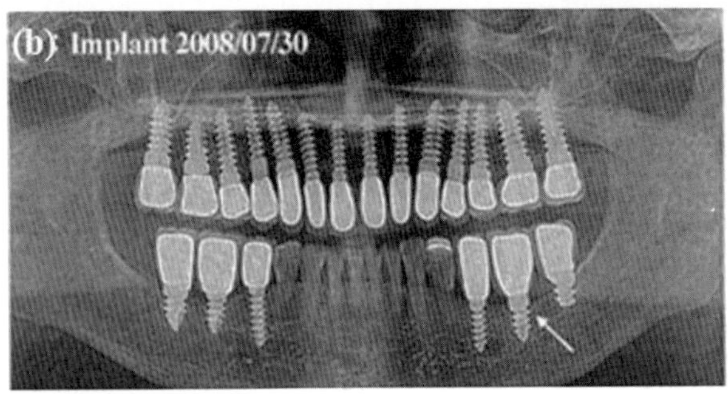

圖 8.107 市售人工植牙牙根（Q-implant）之植入前後比對X光照片：(a) 初植入，(b) 植入後一年半追蹤

當使用本發明經過多點熔融處理的新式人工植牙牙根於豬下顎之動物實驗 X 光照片，由圖 8.108 箭頭處可看出，在初植入與植入 3 週後，植牙牙根植體在下顎內骨質並無明顯流失，並且有新骨頭生長。

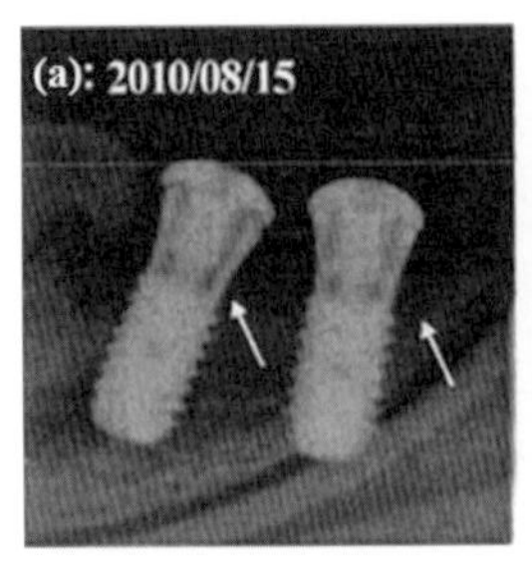

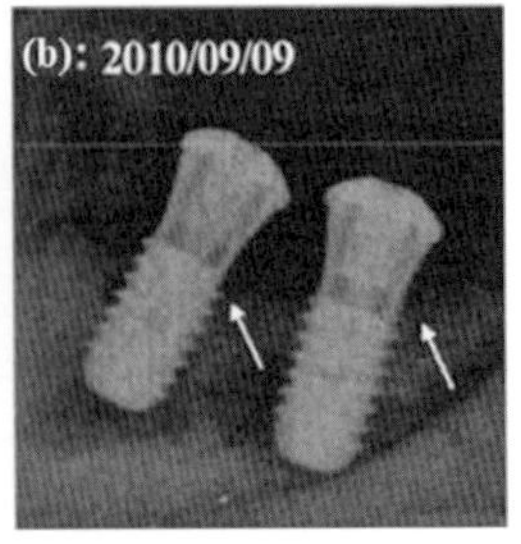

圖 8.108 多點熔融處理的新式人工植牙牙根於豬下顎之動物實驗 X 光照片：(a) 初植入，(b) 植入 3 週追蹤

圖 8.109 為本發明多點熔融處理之新式人工植牙牙根橫斷面顯微鏡照片，由明視野圖可見經由表面功能性處理之人工植牙牙根表面微結構顯而易見，增加其表面處可以有效使人工植牙牙根與骨頭增加結合效果；再經由暗視野圖可見其表面微結構有氧化層形成，能刺激骨頭生長，且有效穩住人工植牙牙根與骨頭增加結合效果。

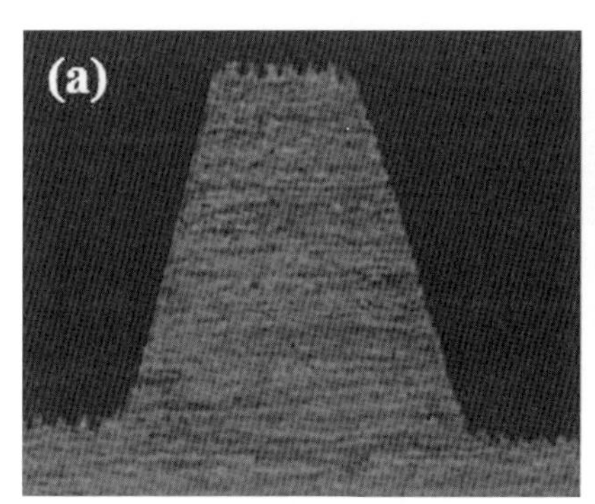

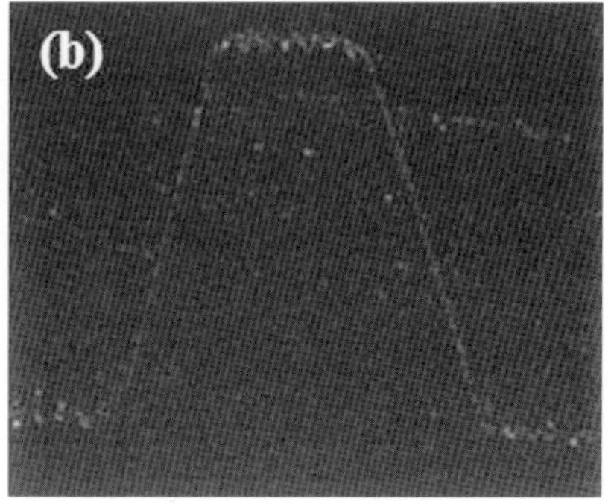

圖 8.109　本發明多點熔融處理之新式人工植牙牙根橫斷面顯微鏡照片：(a) 明視野及 (b) 暗視野

圖 8.110 為進行動物實驗將植牙牙根植入上顎後 3 週之實驗結果，由圖 8.110 的 (d)、(e) 可見右下方未經過表面處理成型第一微孔及第二微孔之人工植牙牙根底端周圍骨質出現骨流失，骨質密度檢測結果為 0.9048 g/cm^2，而左下方經過多點熔融處理成型第一微孔及第二微孔之人工植牙牙根周圍骨質表現較佳，骨質密度檢測結果為 1.0980 g/cm^2。

圖 8.111 為進行動物實驗將植牙牙根植入下顎後 3 週之實驗結果，由圖 8.111 的 (d) 、(f) 、(h) 可見右下方未經過表面處理成型第一微孔及第二微孔之人工植牙牙根，骨質密度檢測結果為 1.3230 g/cm^2，而圖 8.111 的 (e) 、(g) 、(i) 顯示出左下方經過多點熔融處理成型第一微孔及第二微孔之人工植牙牙根，骨質密度檢測結果為 1.4820 g/cm^2。

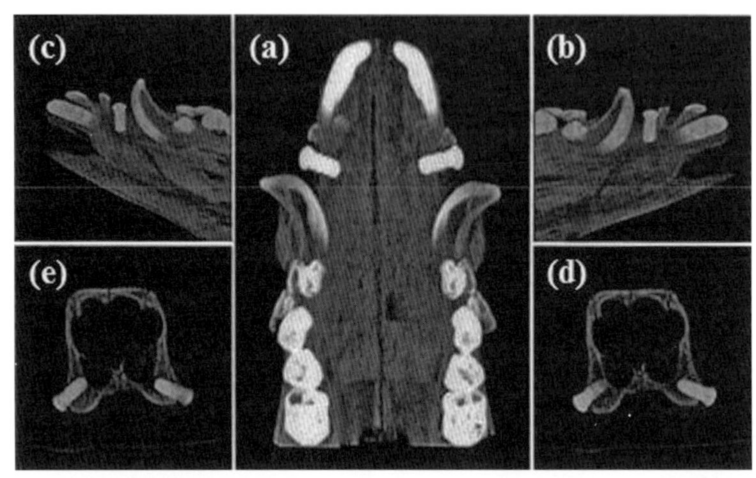

圖 8.110　動物實驗將植牙牙根植入上顎後 3 週之實驗結果：(a) 發明新式人工植牙牙根上顎植牙之 VCT 影像；(b) 對照組為無多點熔融處理，(c) 實驗組為有多點熔融處理；(d) 對照組及 (e) 實驗組剖面圖可見兩組骨密度之改變。

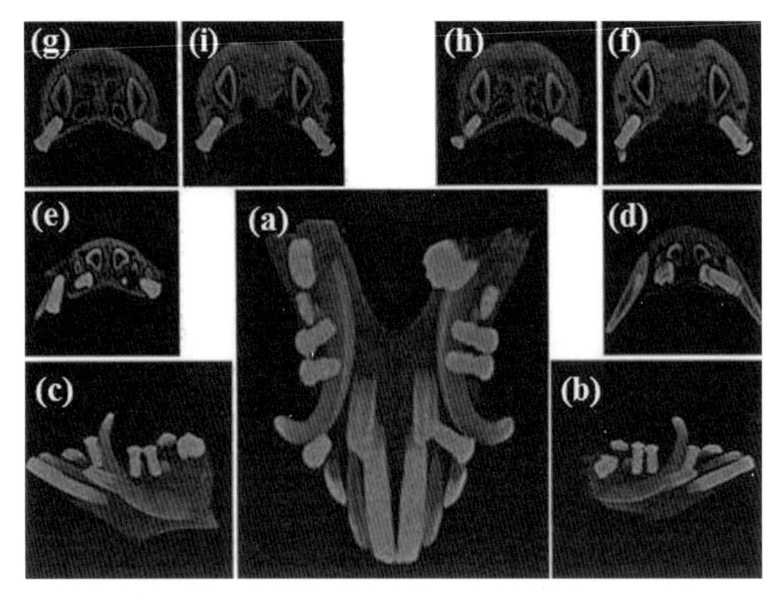

圖 8.111　動物實驗將植牙牙根植入下顎後 3 週之實驗結果：(a) 發明新式人工植牙牙根下顎植牙之 VCT 影像；(b) 對照組為無多點熔融處理，(c) 實驗組為有多點熔融處理；(d)(f)(h) 對照組、(e)(g)(i) 實驗組剖面圖可見兩組骨密度之改變。

6. 設計報告

經由上述說明，當可證明本發明之植牙牙根在植入牙床後，確可得到最大程度之骨整合及獲得較高的骨密度，使該植牙牙根能承受更大外力，仍不會有鬆脫之現象。本發明之植牙牙根表面加工形成凹陷紋、第一微孔及第二微孔，而形成高孔隙率之 3D 緻密多孔結構，可確實增加植牙之骨整合程度。

7. 參考文獻

[1] S. Kumar, T.S.N. Sankara Narayanan, Electrochemical characterization of β-Ti alloy in Ringer's solution forimplant application, J Alloys Compd., 479 (2009), 699-703.

[2] T.C. Niemeyer, C.R. Grandini, L.M.C. Pinto, A.C.D. Angelo, S.G. Schneider, Corrosion behavior of Ti-13Nb-13Zr alloy used as a biomaterial, J Alloys Compd., 476 (2009), 172-175.

[3] J.H. Han, D.H. Park, C.W. Bang, S. Yi, W.H. Lee, K.B. Kim, An effect on microstructure and mechanical properties of ultrafineeutectic Ti-Fe-Sn alloys, J Alloys Compd., 483(2009), 44-46.

[4] P.W. Peng, K.L. Ou, C.Y. Chao, Y.N. Pan, C.H. Wang, Research of microstructure and mechanical behavior on duplex (α+β)Ti-4.8Al-2.5Mo-1.4V alloy, J Alloys Compd., 490 (2010), 661-666.

[5] M.C. Chang, C.W. Luo, M.S. Huang, K.L. Ou, L.H. Lin, H.C. Cheng, High-temperature microstructural characteristics of a novel biomedical titanium alloy, J Alloys Compd., 499 (2010), 171-175.

[6] C.M. Haslauer, J.C. Springer, O.L.A. Harrysson, E.G. Loboa, N.A. Monteiro-Riviere, D.J. Marcellin-Little, In vitro biocompatibility of titanium

alloy discs made using direct metal fabrication, Med. Eng. Phy., 32 (2010), 645-652.

[7] C.F. Huang, H.C. Cheng, C.M. Liu, C.C. Chen, K.L. Ou, Microstructure and phase transition of biocompatible titanium oxide film on titanium by plasma discharging, J Alloys Compd., 476 (2009), 683-688.

[8] W.A. Badawy, A.M. Fathi, R.M. El-Sherief, S.A. Fadl-Allah, Electrochemical and biological behaviors of porous titanium (TiO_2) in simulated body fluids for implantation in human bodies, J Alloys Compd., 475 (2009), 911-916.

[9] D.Q. Wei, Y. Zhou, Characteristic and biocompatibility of the TiO_2-based coatings containing amorphous calcium phosphate before and after heat treatment, Appl. Surf. Sci., 255 (2009), 6232-6239.

[10] A. Gaggl, G. Schultes, W.D. MuK ller, H. KaKrcher, Scanning electron microscopical analysis of laser-treated titanium implant surfaces*a comparative study, Biomaterials, 21 (2000), 1067-1073

[11] L. Le Gu'ehennec, A. Soueidan, P. Layrolle, Y. Amouriq, Review Surface treatments of titanium dental implants for rapid osseointegration, Dental Materials, 23 (2007), 844-854.

[12] Gustavo Mendonca, Daniela B.S. Mendonca, Francisco J.L. Aragao, Lyndon F. Cooper, Review Advancing dental implant surface technology - from micron to nanotopography, Biomaterials, 29 (2008), 3822-3835

[13] S.A. Cho, S.K. Jung, A removal torque of the laser treated titanium implants in rabbit tibia, Biomaterials, 24 (2003), 4859-4863

[14] I. Braceras, J.I. Alava, J.I. Onate, M. Brizuela, A. Garcia-Luis, N. Garagorri, J.L. Viviente, M.A. de Maeztu, Improved osseointegration in

ion implantation-treated dental implants, Surface and Coatings Technology, 158-159 (2002), 28-32

[15] J.Y. Martin, Z. Schwartz, Effect of titanium surface roughness on proliferation, differentiation and protein synthesis of human osteoblast-like cells (MG-63). J of Biomedical Materials Research, 29 (1995), 389-401.

[16] D.D. Deligianni, N. Katsala, Effect of surface roughness of hydroxyapatite on human bone marrow cell adhesion, proliferation, differentiation, and detachment strength. Biomaterials, 22 (2001), 87-96.

[17] D.D. Deligianni, N. Katsala, Effect of surface roughness of the titanium alloy Ti-6Al-4V on human bone marrow cell response and on protein adsorption, Biomaterials, 22 (2001), 1241-1251.

[18] D.M. Brunette, G.S. Kenner, T.R.L. Gould, Grooved titanium surfaces orient growth and migration of cells from human gingival explants, J Dent Res., 62 (1983), 1045-1048.

[19] B. Chehroudi, T.R.L. Gould, D.M. Brunette, Titanium-coated micromachined grooves of different dimensions affect epithelial and connective-tissue cells differently in vivo, J of Biomedical Materials Research, 24 (1990), 1203-1219.

[20] M. Wong, J. Eulenberger, R. Schenk, Effect of surface topography on the osseointegration of implant materials in trabecular bone, J Biomed Mater Res., 29 (1995), 1567-1576.

[21] Z. Schwartz, J.Y. Martin, Effect of titanium surface roughness on chondrocyte proliferation, matrix production, and differentiation depends on the state of cell maturation, J of Biomedical Materials Research., 30 (1996), 145-155.

[22] R.G. Flemming, C.J. Murphy, G.A. Abrams, S.L. Goodman, P.F. Nealey, Effects of synthetic micro- and nano-structured surfaces on cell behavior, Biomaterials, 20 (1999), 573-588.

[23] H.C. Cheng, S.Y. Lee, C.M. Tsai, C.C. Chen, K.L. Ou, Effect of Hydrogen on Formation of Nanoporous TiO2 by Anodization with HF Pretreatment, Electrochemical and Solid-State Letters, 9 (2006) D25.

[24] H.C. Cheng, S.Y. Lee, C.C. Chen, Y.C. Shyng, K.L. Ou, Titanium nanostructural surface processing for improved biocompatibility, Applied Physics Letters, 89 (2006), 173902-1～173902-3.

[25] Y.H. Shih, C.T. Lin, C.M. Liu, C.C. Chen, C.S. Chen, K.L. Ou, Effect of nano-titanium hydride on formation of multi-nanoporous TiO2 film on Ti, Applied Surface Science, 253 (2008), 3678-3682.

[26] H.C. Cheng, S.Y. Lee, C.C. Chen, Y.C. Shyng, K.L. Ou, Influence of Hydrogen Charging on the Formation of Nanostructural Titania by Anodizing with Cathodic Pretreatment, Journal of The Electrochemical Society, 154 (2008), E13-E18.

[27] C.L. Chen, C.C. Chen, K.L. Ou, and M.H. Lin, Research of microstructure and biocompatible properties on Fe-Al-Mn alloy with recast layer by electro-discharge machining, Journal of Chinese Society of Mechanical Engineers, 27 (2008), 671-677.

[28] Y.C. Shyng, H. Devlin, K.L. Ou, Bone Formation around Oral Implants in Diabetic Rats, International Journal of Prosthodontics, 19 (2006), 513-514.

[29] H. Abuhussein, G. Pagni, A. Rebaudi, H.L. Wang. The effect of thread pattern upon implant osseointegration. Clinical oral implants research, 21(2) (2010), 129-36.

[30] 王茂生，歐耿良，黃大森。創新功能性表面功能化處理於人工牙根之應用，牙橋。2013; 11(2): 8。

[31] http://implant21.com/type/endopore

8.13 磁性穴道刺激裝置

疼痛是一般癌末病患常見之併發症，其發生率高達 60～90 %，全球約有 900 多萬人遭受癌痛困擾，據統計，於 2021 年此數值將攀升至 1500 萬人。疼痛的舒緩，可以使得癌症患者在沒有疼痛的狀態下長期的與癌共存，爭取治療的時間和機會。安寧照顧帶來新的止痛理念，而一些藥廠也研發出新的止痛藥物和方法，使癌症末期病患得有免於疼痛的權利、有享受較佳生活品質與生存的權利。爲使癌症病患之疼痛能夠獲得有效抒解，並將疼痛治療副作用降至最低，本發明擬將傳統中醫療法 — 磁珠貼片，進行表面改質工程，增加磁珠貼片表面作用面積與磁性療效，於特定耳穴位，提高鎮痛療效。

本發明磁性穴道刺激裝置，主要構造係具有多數個磁性接觸構件，係以磁性材料製成，可接觸於使用者預定穴道位置之外側，且可對使用者身體穴道施壓，同時提高前述預定穴道位置承受之磁場強度；及一黏貼構件，用以將前述各個磁性接觸構件壓貼在前述預定穴道位置的外側。

1. 確定需求

近年來，由於越來越多民眾崇尚自然養生的方法，因此中醫療法日益受到重視。而隨著科技的發達，現代的中醫療法也與現代科技結合，運用的器械也日益繁多。

在中醫療法中，耳穴磁性療法是源自於中醫的針灸療法的一種技術，其原理主要爲人的耳朵，並非是單一的聽覺器官，現代醫學研究發現耳部神經血管較豐富，刺激該處的神經有助調整機體代謝。在傳統醫學理論，認爲耳朵外耳廓上密集地分布著許多穴位，稱之爲「耳穴」。這些穴位透過千絲萬縷的「經絡」，連接到體內體表的各個臟腑和器官。經絡既是氣血營運的通道，又是訊息傳導和回饋的路線，是人體內除血管和神經外另一組有系統的客觀存在的網路組織。

如果身體某個部位一旦發病，出現病理回應，這個病理回應就會循著經絡路線迅速傳遞到相關的耳穴上，在耳穴表面能發現敏感點（刺痛點，低電阻）和異常（充血、脫屑、凹凸、丘疹），相反的用異物刺激該敏感點（病變耳穴），也會迅速作出回應，由經絡把該訊息傳導到已病臟器，使該臟器的營運機能迅速增強氣血充盈，不斷作出功能性的調整來保衛自身，驅散病邪。如能對相應的穴位進行反覆刺激，機體機能便會自強不息，使病態逐漸退卻，症狀消失，直至痊癒。

傳統的耳穴刺激療法大致包括了耳針療法、耳穴貼壓等方法。其中耳針療法是以針灸用的針或埋耳針的方式刺激耳部的穴位。耳針的效果雖然不錯，但有針刺的痛苦，給病患造成額外負擔；且對耳部的清潔衛生要求極高，容易發生針刺部位的細菌感染，造成嚴重的後果。

爲能達到安全、無創、無痛卻能獲得持續刺激之作用，則可利用耳穴壓貼療法以防治疾病。傳統耳穴壓貼療法，係將植物種子、藥物種子、藥丸等利用膠帶黏貼在耳穴之上，以達到刺激耳穴之目的。而後來更進一步發展出利用磁珠壓貼，使用具有磁性的珠體來刺激耳穴的療法。

磁珠壓貼係利用膠帶將磁珠貼附於耳穴的位置，利用磁珠的「磁」和「壓」的雙重治療作用刺激耳穴，其中「磁」在磁珠貼壓的原理，主要因人體內存在生物電和生物磁場，正常時保持一定量的動態平衡，疾病時，這個平衡首先被打破，病變部位和相對應的經、穴上電磁場就紊亂。用磁珠貼壓耳穴時，即利用磁場作用於耳穴治療疾病的方法，在一定量的外加磁場的加入與推展下，病變部位電磁場的活動會處於高度興奮、活躍狀態，具有鎮痛、止癢、催眠、止喘和調整植物神經功能等作用。

習用的磁珠耳穴壓貼主要由一個磁珠，以及一個黏貼構件（如膠帶）所組成（圖 8.112），使用者可利用黏貼構件將磁珠貼附在耳朵或身體的預定穴道位置的外側面。耳穴貼壓簡便有效，不受場地、體位、設備的限制，各種場合下都能應用，且被治療後病患仍能隨意活動，是一個既能運用於治療，又能夠用於預防保健用途之安全傳統醫療方法，因此使得磁珠壓貼的產品在市面上具有相當良好的銷售成績。

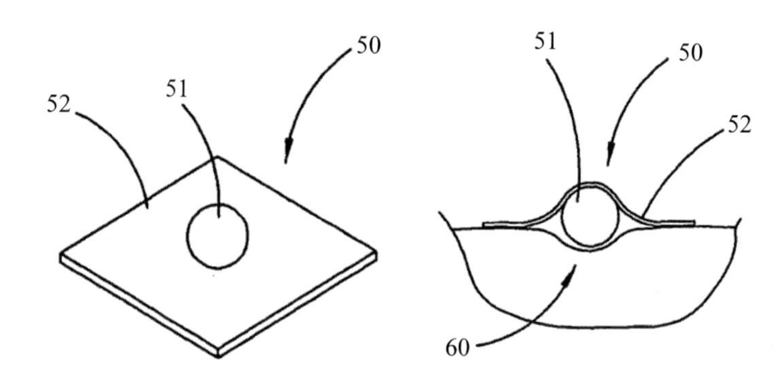

圖 8.112　習用的磁珠耳穴壓貼 50：磁珠 51、黏貼構件 52（如膠帶）

然而，傳統的磁珠壓貼在使用上仍存有下列缺點：首先，習用的磁珠壓貼，都僅具有單一的磁珠，且此一磁珠的體積有限，因此使其產生的磁場的磁力相當微弱，而產生的磁性刺激效果有限。再者，磁珠貼壓產品使用時，磁珠貼附的位置必須和耳穴正確地對準才會產生療效，然而習用的磁珠貼壓產品，僅具有單一的磁珠，而且穴道位置的面積相當狹小，位置又不易掌握，因此要將磁珠對準耳穴位置的操作變得相當困難。

2. 定義問題

臨床應用上，因磁珠顆粒小，且普羅大眾對於穴位辨識能力並不如專業醫護人員，導致穴位定位不易，可能使得鎮痛效果大打折扣，進而降低民眾使用之意願。爲使磁珠貼片能夠普及於臨床應用，本研究擬於磁珠表面進行表面改質，利用濺鍍製程於磁珠表面披覆磁性物質，除可增加磁珠作用面積，亦增加磁珠作用療效。

本發明之磁性穴道刺激裝置，主要構造係具有多數個磁性接觸構件，係可接觸於使用者預定穴道位置之外側，且可對使用者身體穴道施壓，並提高前述預定穴道位置承受之磁場強度。及一黏貼構件，用以將前述各個磁性接觸構件壓貼在前述預定穴道位置的外側。

本發明相較於習用的磁珠貼壓產品主要的不同點，係在於本發明之磁性刺激裝置上係設有多數個磁性接觸構件，因此相較於習用的磁珠壓貼產品僅具有單一磁珠的構造，能夠產生更大的磁場強度，而達到更佳的療效。同時各該磁性接觸構件係以陣列方式排列，使得本發明的磁性刺激裝置在使用時，只要約略地對準前述預定穴道位置，便能夠確保最少會有一個或多個磁性接觸構件對準到正確的穴道位置，使用時能夠更爲簡易，且提高使用的成功率。

3. 資料蒐集

(1) 癌症疼痛處理方法

癌症引起病患疼痛之機制較爲複雜，世界衛生組織將之分爲：直接由腫瘤侵犯引起之疼痛、與腫瘤相關但非直接引起之疼痛、因腫瘤治療引起之疼痛以及與腫瘤無關之疼痛。爲了正確處理癌症病患之疼痛，應明確診斷其病史和進行全面性之檢查，其後，根據不同疼痛類型，施以具體之治療，主要的治療方法如下所列：

①抗腫瘤治療：針對病因進行放射療法、化學療法或是手術切除。Wiedemann[1] 等人的研究認爲，病因治療，將腫瘤縮小方可明顯減輕疼痛。

②抗感染治療：針對已經形成之感染或潛在之感染，進行抗感染藥物治療。

③三階段止痛治療方法：根據患者疼痛程度選擇階段性止痛藥物（表 8.6），第一階段屬於輕度疼痛，使用非成癮性止痛劑（如非類固醇類抗炎劑）。第二階段屬於中度疼痛，建議使用較輕的成癮性止痛劑（如 Codeine）。第三階段屬重度疼痛，則可以使用較強的成癮性止痛劑（如 Morphine 或 Demerol）來控制。

表 8.6　三階段止痛方法

疼痛程度	治療藥物
輕度疼痛	非類固醇類抗炎劑
中度疼痛	Codeine
重度疼痛	Morphine、Demerol

④傳統中醫療法—耳穴療法：是自然療法的一種，以取法自然、順應自然，提升人體自身抗病能力的各種治病、防病和保健的醫療體系進行鎮痛效果，目前越來越受到國內外醫學界的關注，紛紛展開門診應用，用於大眾化醫療保健。

(2) 中醫療法—耳穴療法

人的耳朵，並非是單一的聽覺器官，現代醫學研究發現耳部神經血管較豐富，刺激該處的神經有助調整機體代謝。在傳統醫學理論，認爲耳朵

註 (1)：Biberthalev, P; Wiedemann, E; Nerlich, A; et al., Microcirulation associated with degenevative rotator cuff lesions, J. Bone Joint Surg. 85A (2003) 475-480.

外耳廓上密集地分布著許多穴位，稱之爲「耳穴」。這些穴位透過千絲萬縷的「經絡」，連接到體內體表的各個臟腑和器官。經絡既是氣血營運的通道，又是訊息傳導和回饋的路線，是人體內除血管和神經外另一組有系統的客觀存在的網路組織。

經絡是「內屬臟腑，外聯肢節」的網路組織。眾多經絡通聚於耳，構成了臟腑、經絡、耳廓三者相通的關係。耳穴和經絡、臟器的有機聯繫，耳穴能治病，早在我國第一部經典醫著《黃帝內經》中已有記載。近代國外也進行了大量驗證[2]。

如果身體某個部位一旦發病，出現病理回應，這個病理回應就會循著經絡路線迅速傳遞到相關的耳穴上，在耳穴表面能發現敏感點（刺痛點，低電阻）和異常（充血、脫屑、凹凸、丘疹），相反的用異物刺激該敏感點（病變耳穴），如針灸或磁珠貼壓，也會迅速作出回應，由經絡把該訊息傳導到已病臟器，使該臟器的營運機能迅速增強，氣血充盈，不斷作出功能性的調整來保衛自身，驅散病邪。如能對相應的穴位進行反覆刺激，機體機能便會自強不息，使病態逐漸退卻，症狀消失，直至痊癒。

①耳廓的表面解剖和解剖名稱

耳廓上面四分之三主要由軟骨組成，外蓋皮膚。下面四分之一是脂肪組織作基礎，外蓋皮膚，稱耳垂。耳廓的神經來自脊神經、腦神經。互相交叉重疊，分布很複雜，計有耳大神經、枕小神經、枕大神經、三叉神經、耳顳神經、面神經、迷走神經等。耳廓動脈來自頸外動脈的分支，多與上述神經伴行（圖 8.113）。相對穴位可治療之主要症狀如表 8.7 所列。

註 (2)：Suen, L.K.P., Wong, T.K.S., & Leung, A.W.N. (2001) Is there a place for auricular therapy in the realm of nursing? Complementary Therapies in Nursing & Midwifery, 7, 132-139.

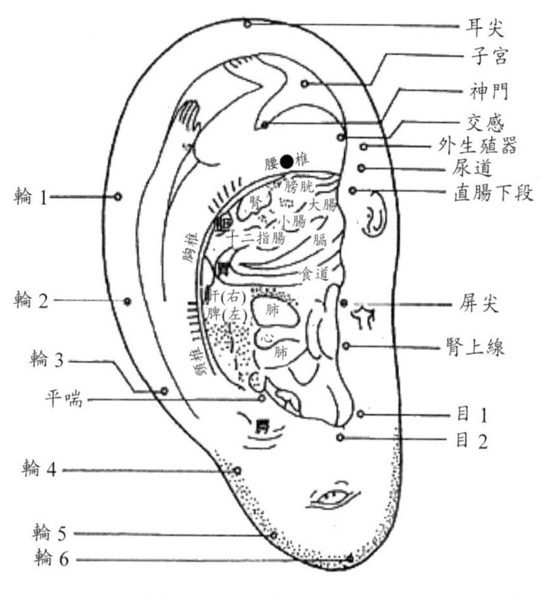

圖 8.113　主要耳穴圖

表 8.7　相對穴位之治療症狀

穴位	位置	主治
心	在耳甲腔最凹陷處	失眠多夢，心悸、休克、舌痛舌炎等
胃	在耳輪腳消失處	消化系統病症（胃痛、消化不良、食欲減少、惡心嘔吐等），頭痛、失眠等
肝	在胃的外上方	肝病、眩暈、抽搐、胸脅悶脹等
肺	在心穴的上下周圍	呼吸系統疾患（感冒、咳嗽、氣喘），皮膚病（蕁麻疹、瘙癢症），又是針刺麻醉的要穴
腎	在對耳輪下腳下緣，心穴直上方	泌尿生殖系統疾患（月經不調、腎炎、膀胱炎、遺精等）、耳鳴、聽力減退、頭痛、神經衰弱、骨折疼痛等
神門	在三角窩內靠近對耳輪上腳之外三分之一處	此穴有調節大腦皮質的功能，常用於各種疼痛，又是針刺麻醉的重要穴位，並有鎮靜作用，可用於失眠、煩躁

穴位	位置	主治
交感	在對耳輪下腳末端，與耳輪內側緣交界處	此穴能鬆弛五內平滑肌和舒張血管（如五內器官或血管痙攣、疼痛）、可治療自汗、心搏過速等
腎上腺	在耳屏上外側面，耳屏分兩等分，此穴在下二分之一處	有調節血管舒縮作用，如血管痙攣、高血壓、低血壓等；還可主治發熱、咳嗽、氣喘
皮質下	在對耳屏的內壁	能調節大腦皮層的興奮和抑制，用於各種疼痛、神經衰弱和休克等
內分泌	在屏間切跡底部	內分泌疾病，如月經不調等
腦幹	在對耳屏與對耳輪之間的最大凹陷處	抽搐、休克、大腦發育不良、頭痛、眩暈等
膈	在耳輪腳上，偏外側五分之一處	膈肌痙攣、咳血、五內出血
平喘	在對耳屏的尖端，如有人對耳屏尖端不明顯，則可取對耳屏邊緣的中點	此穴對呼吸中樞有興奮和抑制作用，能止咳、平喘、止痒，主治咳嗽、氣喘等

②器械類別與原理

由於人們越來越崇尚自然，中醫療法在國內外越來越多地受到人們承認和重視。隨著社會地發展，現代科技地運用，運用器械的種類也日益繁多。器械種類大至可分爲針刺針類器械、電針類器械、電火針類、微波電針類、電興奮類器械、電離子穴位類器械、穴位磁療器械、雷射照射類器械、電子穴位按摩類器械等。

針灸穴位磁療是運用磁場作用於人體經絡穴位來治療疾病的一種方法。此類器械又分爲旋轉磁療機、電磁療機環形以及磁片、磁珠。旋磁療機是用一支小電機帶動數塊永磁體旋轉，形成一個交變磁場，或脈衝磁場，作用於人體以防治疾病。電磁療機其原理和特點是用電磁線圈或電磁鐵通電（直流或交流）產生磁場以治療疾病。

磁療器械通常用於鎭靜、止痛、消腫、消炎、降壓等，可以用於炎性、疼痛性疾病及高血壓等多種疾病的治療。磁片，磁珠一般由鋇鐵氧體，鋁相鑽永磁合金等製作而成，磁片通常直徑爲 3～30 mm，厚度爲 2～4 mm，也有條形及環形狀。直徑 3 mm 厚 2 mm 的磁片又稱磁珠，常用於耳穴。直徑 10 mm，厚 4 mm 左右的磁片常用於體穴及病變局部。

③耳針療法

a. 毫針法：即用一般針灸針針刺耳穴。先探測耳穴敏感點，經過消毒，然後快速垂直刺入耳穴，以刺入軟骨爲度。留針 15～60 分鐘，一般慢性病、疼痛性疾病留針時間可延長。起針時以消毒乾棉球壓住針眼，以免出血，再以碘酒消毒，以防感染。

b. 埋針法：即將皮內針埋於耳穴內。皮內針有顆粒式和撳釘式兩種。操作方法爲醫師一手固定耳廓，另一手用鑷子夾住消毒的皮內針針柄，輕輕刺入所選定的穴位皮內，之後再用膠布固定即可，留針 3～7 天，10 次爲一個療程。患者可每日自行按壓針刺穴位，以增加刺激、增強療效。埋針期間注意勿讓耳朵接觸到水，以防感染。

④耳穴貼壓

耳針的效果雖然不錯，但有針刺的痛苦，給病患造成額外負擔；且對耳部的清潔衛生要求極高，容易發生針刺部位的細菌感染，造成嚴重的後果。爲能達到安全、無創、無痛卻能獲得持續刺激之作用，利用質硬光滑之藥物種子或藥丸貼壓耳穴以防治疾病。

壓籽法所用材料可因地制宜，植物種子、藥物種子、藥丸等，凡是具有表面光滑，質硬無副作用，適合貼壓穴位面積大小之物質均可選用，如：王不留行籽、油菜籽、萊菔子、六神丸、喉症丸、綠豆、小米等植物藥物種子和小藥丸。

操作方法是先在耳廓局部消毒，將材料黏附在 0.5×0.5 cm 大小的膠布中央，然後貼敷於耳穴上，並給予適當按壓，使耳廓有發熱、脹痛感（即「得氣」）。一般每次貼壓一側耳穴，兩耳輪流，3 天 1 換，也可兩耳同時貼壓。在耳穴貼壓期間，應每日自行按壓數次，每次每穴 1～2 分鐘。

耳穴貼壓簡便有效，不受場地、體位、設備的限制，各種場合下都能應用，且被治療後病患仍能隨意活動，是一個既能防、又能治之安全傳統醫療，具有科學理論依據，大量實踐過之中國首創式的醫技。

在貼壓的應用上，較多採用了耳穴磁珠，經過精工製作的「醫用耳穴定向磁珠」，顆粒堅硬、大小均勻、清潔純淨，是專爲耳穴貼壓而量體裁衣，具有「壓」和「磁」的雙重治療作用，是目前應用最爲廣泛的耳穴療法。磁珠貼片是把磁珠貼於耳朵表皮，沒有肌膚刺破，因此相對安全，經過專家們多年的臨床實踐，對各種疾病的療效穩定與可靠。

(3) 磁場的臨床應用

即所謂的磁場治療，是欲利用磁力或磁場治療疾病之方法的通稱，把欲治療的部位置於可變動的磁場中，根據磁極產生的磁性人體組織產生影響，爲一種非侵入式的治療亦是替代醫學的一種。近年來磁性材料和磁療器械、磁療技術的研究和應用發展較快，並在一些疾病的治療上取得一定的療效，磁療逐漸成爲應用較普遍的物理治療法之一。

磁場可分爲穩恆磁場和變磁場，穩恆和變化的屬性除了與磁場源有關外，還和磁體與機體的相對運動密切相關。磁場作用於細胞之生物學效爲磁場和細胞共同作用的結果，磁場的生物效應不僅和磁場的強度、分布以及頻率有關，也與生物的種類和層次有關：磁場參數包括磁場類型、場強大小、均勻性、方向性、作用時間等；細胞因數包括細胞的磁性、種類、敏感性、作用部位等，這些參數都是影響磁場細胞生物學效應的主要因素。

不少研究顯示強穩恆磁場能明顯抑制細胞增殖和分化[(3)]，並顯示強度效應關係，進而抑制細胞分化、增殖，並認爲恆磁場對於抑制細胞分化和增殖與其蛋白質和脂質過氧化物的合成有關。磁場作用可能損傷DNA複製和有絲分裂，引起染色質的破壞。因惡性腫瘤細胞屬於一種不受宿主控制的高速增殖的異變性細胞，容易受磁場作用的影響，故磁場作用之損傷對惡性腫瘤細胞表現更爲敏感。

學者研究指出磁場可使癌細胞的惡性程度降低，抑制其高速和異形生長[(4)]；抑制癌細胞的分裂和DNA的複製；提高細胞免疫功能，並加強淋巴細胞、漿細胞反應。相關例證如：穩恆磁場對細胞由S期進入G2期起了延緩作用，發現強穩恆磁場對體外培養的腫瘤細胞生長有抑制作用；穩恆磁場不僅可以降低癌細胞的活性，還可以增強抗癌藥物對癌細胞的細胞毒作用；穩恆磁場對正常淋巴細胞無明顯作用，卻能影響腫瘤細胞的胞膜特性，破壞 Ca^{2+} 的穩態，使細胞內 Ca^{2+} 濃度上升、影響了細胞增殖，揭示穩恆磁場可以引起細胞膜 Ca^{2+} 通道的開啓，導致細胞內 Ca^{2+} 濃度升高，影響細胞內穩態，進而影響細胞的正常生理活動，但是此種作用對正常細胞並無大的影響。

由於磁場是一種弱的物理因數，生物體內尚無特定的作用靶點，磁場對生物作用機理的研究尚處於假設階段。從物質的基本物理性質討論，生物體具有磁性。生物材料可分爲抗磁性材料和順磁性材料。抗磁性材料在

註(3)：Shoogo. U, Physical Mechanisms for Biological Effects of Low Field Intensity ELF Magnetic Fields, Biological Effects of Magnetic and Electromagnetic Fields, p. 63-83, 1996.

(4)：張等人，超低頻脈衝磁場抑制癌瘤和提高細胞免疫功能之實驗研究，中國科學生命科學，1997，27(2)：173-178。

不均勻磁場中，會在磁場減小的方向受到弱力的作用，在均勻磁場中則受到弱磁力矩的作用。

4. 概念設計

本發明「磁性穴道刺激裝置」包括有：一基座、多數個磁性接觸構件、一黏貼構件（圖 8.114），基座與磁性接觸構件係以具磁性的金屬材料一體成型方式製成，且經由磁化使該磁性接觸構件與基座皆具有磁性。該磁性穴道刺激裝置可藉由黏貼構件貼附於用者之身體預定穴道位置之外側表面，當該磁性穴道刺激裝置被黏貼構件貼附在使用者身體上時，可以藉由該若干磁性接觸構件刺激前述預定穴道位置。前述的磁性接觸構件，係凸出於基座的表面，且以磁性材料製成，因此其可以藉由物理性的刺激，以及磁性的刺激作用，對前述預定穴道位置產生刺激，進而產生療效。

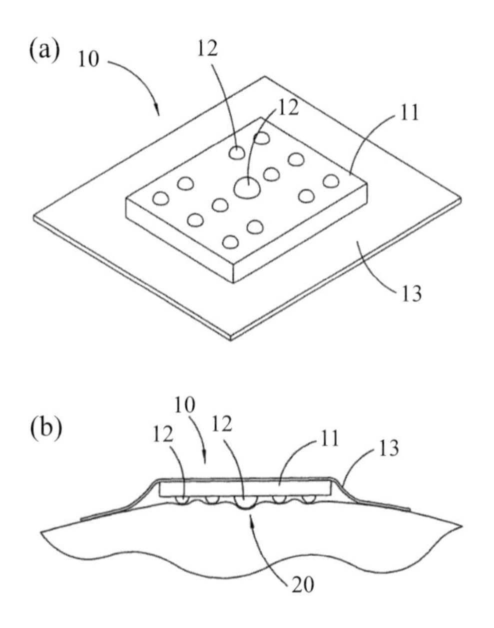

圖 8.114　「磁性穴道刺激裝置 10」示意圖：(a) 基座 11、多數個磁性接觸構件 12、黏貼構件 13；(b) 預定穴道位置 20

本發明與習用的磁珠貼壓產品主要的不同點，係在於本發明設有多數個磁性接觸構件，相較於習用的磁珠壓貼產品僅具有單一磁珠的構造，能產生更大的磁場強度、進而達到更佳的療效。同時，該磁性接觸構件係以陣列方式排列設置於基座的表面，因此當本發明在使用時只要約略地對準前述預定穴道位置，便能夠確保最少會有一個或多個磁性接觸構件對準到正確的穴道位置，使用時能夠更爲簡易、且提高使用的成功率。

5. 檢討評估

本發明的磁性接觸構件的尺寸、排列方式、及形狀可再進一步產生多種變化及組合。尺寸變化如圖 8.115 所示，可於基座表面係設置有多數個相同直徑的磁性接觸構件，並且以矩形陣列排列設置於該基座表面；或具有一個較大直徑的磁性接觸構件，並搭配其他較小直徑的磁性接觸構件。

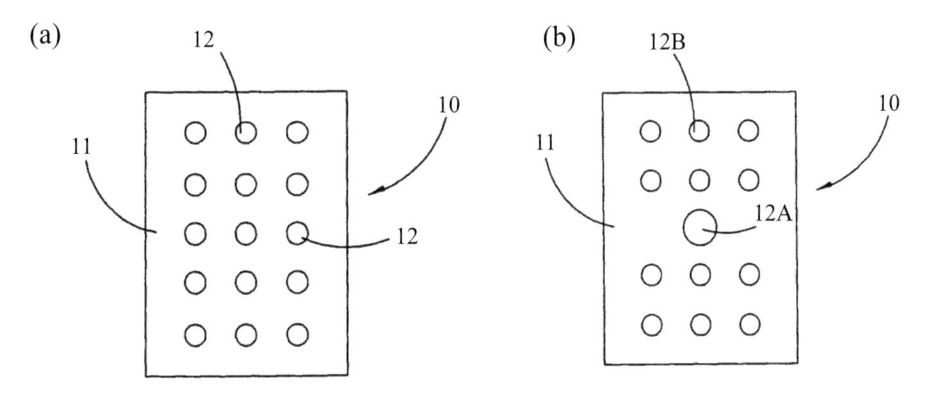

圖 8.115　磁性接觸構件的尺寸變化：(a) 相同直徑的構件 12 成矩陣排列；(b) 較大直徑的構件 12A 搭配其他較小直徑的構件 12B

除了磁珠的直徑變化外，其排列形狀也可如圖 8.116 所示，呈環狀陣列形狀排列或放射狀排列設置在基座之表面。再者前述磁性接觸構件的形狀也可依需要作適當變化，如圖 8.117 所示可呈現圓弧形或三角錐狀之外觀形狀。由上述可知，本發明的磁性穴道刺激裝置在不脫離基本精神下，其構造有多種變化之可能性。

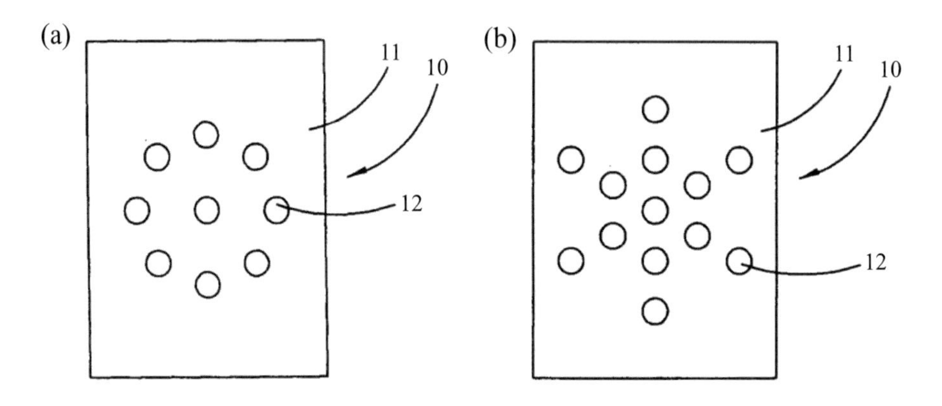

圖 8.116　磁性接觸構件的排列形狀：(a) 環狀陣列排列、(b) 放射狀排列

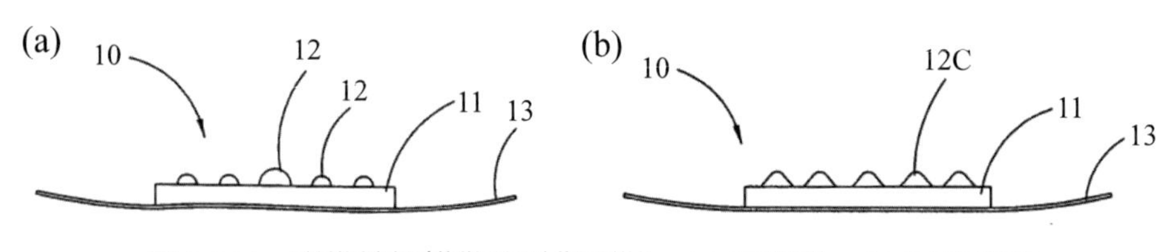

圖 8.117　磁性接觸構件的外觀形狀：(a) 圓弧形、(b) 三角錐狀

圖 8.118 所示爲本發明的第二實施例，該實施例中所揭露的磁性穴道刺激裝置係具有一個基座以及若干個磁性接觸構件，並於基座背面設置一黏貼構件。該實施例主要的特點係在於該基座與磁性接觸構件係採不同的材質製成，而非一體成型的構造。前述基座係可採用塑膠或其他非金屬材質製成，且於其表面上設置有多數個可供前述磁性接觸構件裝置於其中的容置空間，藉以使得該若干磁性接觸構件與該基座能夠組合在一起。

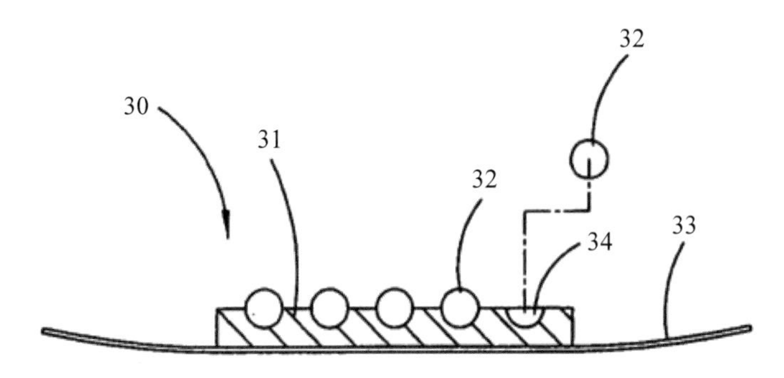

圖 8.118　本發明的第二實施例 30：一個基座 31、若干個磁性接觸構件 32、一黏貼構件 33、容置空間 34，主要特點係在於基座與磁性接觸構件非一體成型的構造。

圖 8.119 所示爲本發明的第三實施例，該實施例中所揭示的磁性穴道刺激裝置係由多數個磁性接觸構件與一個黏貼構件 42 構成。前述的磁性接觸構件係分別地黏貼在該黏貼構件具黏性的一側面，且可藉由該黏貼構件將其貼附在使用者身體預定穴道位置的表面上。

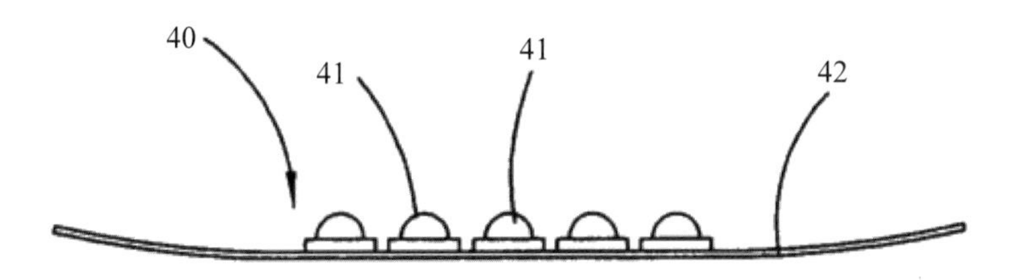

圖 8.119　本發明的第三實施例 40：多數個磁性接觸構件 41 與一個黏貼構件 42 所構成

6. 設計報告

綜上所述，本發明係一種磁性穴道刺激裝置，係可貼附於使用者身體預定穴道位置之表面，且藉由其磁性增加使用者身體預定穴道位置之磁場強度，該磁性穴道刺激裝置包括：若干磁性接觸構件，係以磁性材料製成，且可接觸於前述預定穴道位置之表面；及一用以將該若干磁性接觸構件貼附於前述預定穴道位置表面之黏貼構件；各該磁性接觸構件係可接觸於前述預定穴道位置的表面，並藉由該若干磁性接觸構件增強前述預定穴道位置之磁場強度。

7. 參考文獻

[1] 王富春、王之虹：腧穴特種療法大全，北京：科學技術文獻出版，1998；91-92。

[2] 溫木生：論耳壓材料與療效的關係，針灸臨床雜誌，2006；22(2)。

[3] 朱蓮芳、胡立丹、周嫦、潘向紅、黃克茜、鄧小微：磁珠耳穴按壓在動靜脈內瘺血管穿刺中的應用，浙江中西醫結合雜誌，2007；17(3)：185。

[4] 孫桂萍：耳穴療法治療老人腰背痛臨床研究，中國針灸，2007；27(2)：112-114。

[5] 孫燕：癌症疼痛處理的基本原則，中國腫瘤，1999；2；55-56。

[6] Wiedemann B, Funke C, Z Arztl Fortbild Qualitatssich, 1998; 92(1): 23-28.

[7] 樊瑾、楊薇、楊琴華：針灸加磁珠耳壓治療胃癱 19 例，針灸臨床雜誌 2008；2：17-18。

[8] 黎崖冰、陳璐：針刺配合磁珠按壓治療原發性三叉神經痛療效觀察，上海針灸雜誌，2004；23(6)：12-13。

[9] 李建萍、姚永年：徐中心特色水藥罐法與傳統火罐法治療頸椎病療效對比臨床觀察，中華臨床醫藥雜誌（廣州），2003；67。

[10] Fan YH, Huang Y et al., Journal of Magnetic Materials and Devices, 2006; 6: 7-12.

[11] 張滬生、黃興鼎、曹繁清：脈衝強磁場抑制癌瘤和提高免疫的探討，中華物理醫學雜誌，1995；6：3-4。

[12] Raylman R R, Clavo A C, Wahl R L., Exposure to strong static magnetic field slows the growth of human cancer cells in vitro. Bio-electromagnetic. 1996; 17(3): 358-63.

[13] Sabo J, Mirossay L, Horovcak L., Effects of static magnetic field on human leukemia cell line HL-60, Bio-electrochemistry, 2002; 21(2): 227-31.

8.14 齒用保護板

本發明爲有關於一種齒用保護板，主要是藉由保護板內填滿敷料以覆蓋因拔除牙齒、或人工植牙等牙科治療之手術傷口，透過封閉式套部與開放式套部套合傷口二側牙齒，以及二固定部貼合牙齒，使保護板內之敷料能完全覆蓋手術傷口，且不會受到外力影響而脫落，以達到傷口在癒合的過程當中不受到外界干擾之目的。

1. 確定需求

人體口腔以外傷口幫助癒合的主要療法，除了服用高效劑抗生素或消炎劑等藥物外，亦可利用美容膠膜或醫療裝置，穩固保護傷口部位，以隔絕外來可能的感染。反觀口腔內的傷口癒合，則需要縫合傷口與覆蓋敷料，最常見的方式爲牙周或植牙手術傷口縫合後並覆蓋敷料，以隔離外來的刺激或感染。不過，病患每天無法避免咀嚼、說話或吞嚥等動作或功能，往往在傷口尚未癒合之前，敷料就已脫落，以致於嚴重牽動縫線，難免使正在癒合的傷口發生撕裂現象並受到感染，這就是影響牙周或植牙手術成敗的關鍵。

再者，牙周或植牙手術乃爲口腔內最爲繁複且冗長的療程，必要時須進行導引骨頭再生手術（Guided Bone Regeneration, GBR），不論是採用自體骨或人工替代骨，由於敷料的使用壽命極短，約為 1～2 週，一旦發生上述情形，因此無法使手術傷口有足夠的癒合時間，以形成較為完整的牙床，並且會削減骨成形的功能，甚至進一步使自體骨或人工替代骨的流失，造成牙周或植牙手術功虧一簣，雖然可覆蓋一層再生膜（Membrane），但再生膜僅保護傷口內的部分，卻無法保護縫合的傷口，且價格昂貴會增加患者的經濟負擔。

2. 定義問題

有鑒於上述缺失，本發明之主要目的在於：主要是藉由保護板內填滿敷料以覆蓋手術傷口，並透過封閉式套部與開放式套部套合傷口二側牙齒，以達到保護板內之敷料能完全覆蓋手術傷口，以及不會受到外力影響而脫落之目的。

本發明之次要目的在於：其中在保護板覆蓋於手術傷口後，並透過一結紮線穿設於開放式套部延伸之固定部，並穿過牙齒間之縫隙，使固定部能夠貼合牙齒，進而使保護板達到更加穩固之目的。

本發明之另一目的在於：另可在結紮線穿過之牙齒縫隙內，以光感應流動性樹脂填補，並由電漿將該流動性樹脂外層硬化，除了可使保護板能夠穩固的覆蓋手術傷口而不輕易脫落之外，並可防止因患者在進食後，因食物殘渣進入牙齒縫隙內，在剔除時會碰觸到保護板而導致保護板脫落。

3. 資料蒐集

(1) 敷料於臨床使用問題

創傷傷口的初期，傷口之環境及傷口之處理方式是特別重要的，如：傷口可能會因為感染而導致發炎或傷口表面的濕潤及其透氣性，這些因素對傷口的癒合是非常重要的，因為當皮膚受傷初期，若因為感染而產生發炎反應，會拉長傷口癒合的時間，也會造成瘡疤的出現。所以假使在治療創傷初期能有效抑制細菌的感染，對創傷傷口的環境加以重視，這樣會有助於增進傷口癒合的速度。傷口表面的環境早在 1960 年就已經有學者提出傷口表面的濕潤度和傷口癒合是有密切關係的，當傷口在癒合修復時會排出體液，此時敷料若能有效吸收體液並保持其濕潤性，那對傷口癒合修復是有幫助的。在傷口治療過程中還有一項因素會影響修復時間，也就是創傷敷材對傷口的易剝離性，因爲在傷口癒合治療過程中必須替換敷料或當傷口已接近癒合時必須將敷料移除，此時傷口表面上會有許多新生的肉芽組織附著於敷料上，倘若在移除敷料過程中便會連帶將肉芽組織拔除而造成二次傷害，將可能帶給病患相當大的困擾及痛苦，因此，創傷敷料必須具備易剝離性。

綜合上述可知，敷料開發朝降低感染機率及其他併發症、改善慢性病人傷口癒合之速度及品質爲目標，且具備易剝離性已成爲此類產品之必要條件。因此，穩固敷料，讓它得以對傷口發揮最大的功效，才是對患者最大的幫助。

(2) 保護板材質選擇

因每個人牙齒型態、口腔環境都不一樣，因此，保護板應具備可提供使用者塑型，以確保保護裝置可以與患者口腔密合並固定敷料。對於牙科許多治療行爲上，會使用具流動性、可塑型之流體材質，而最常見的主要有義齒基底材料及復形用聚合材料，而這類材質已經有超過 55 年的歷史，應用面非常廣泛，包括牙齒缺損填補、牙本質黏著、印模及義齒牙床基底製作等。

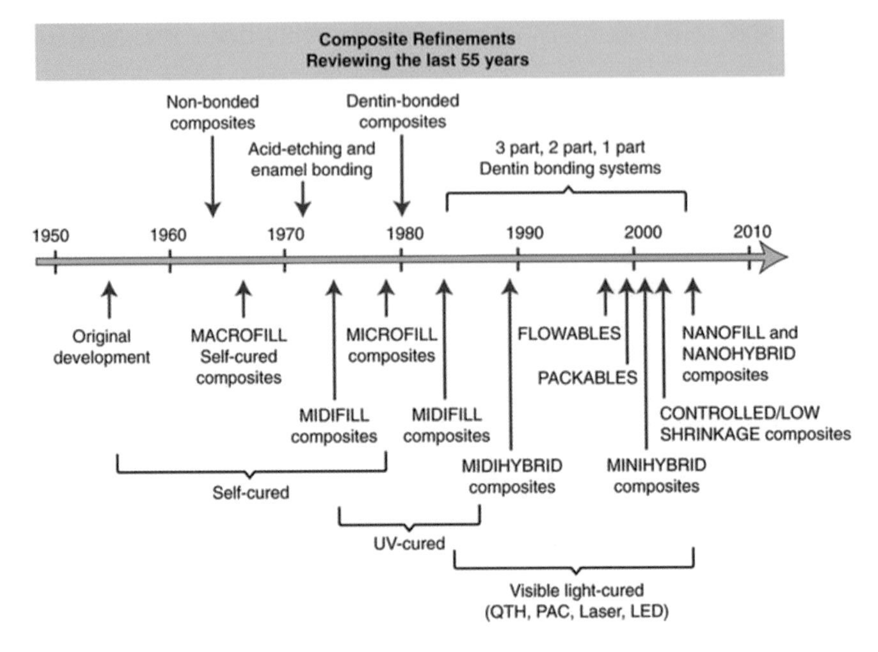

圖 8.120　牙科複合材料之歷史

以義齒基底材料而言，主要使用的聚合物材質爲丙烯酸鹽，另對其作其他材料添加改質，主要可分爲四類，熱固式（Heat Cured）、自聚式（Auto-Polymerized）、光聚式（Light Cured）及注射式（Injection Molded），需符合美國牙醫學會（American Dental Association, ADA）所制定之法規要求，包括材質成分、硬化後對人體無毒性反應、硬化後之表面光澤、色澤及透明度等要求，材料外觀及應用如圖 8.121 所示。評估該類材料特性符合本齒用保護板，但以臨床實際使用情況而言，義齒基底材料多數爲義齒贋復技師使用，即牙技師，因此材料操作上臨床醫師較不熟識，故先將此材料納爲備案，如臨床醫師預交付牙計師進行此產品製作，亦可考慮選擇此類原料。

圖 8.121 活動義齒基底材料

在牙科另一大類複合聚合物爲復形用材料，並細分爲壓克力樹脂（Acrylic Resin）及複合樹脂（Composite Resin），壓克力樹脂多數爲粉末與液體的組合，經由粉體與液體混和產升聚合交鏈而固化，早期使用於牙齒缺損復形，但因材料特性會因口腔溫度變化而產生膨脹或收縮，導致填補區域與齒質間產生縫隙，可能因此使患者進食產生冷熱敏感，以及二次齲齒等後遺症。

複合樹脂材料泛指兩種以上材質結合並適用於牙科治療行爲之材料，例如：丙烯酸樹脂，用來製作臨時假牙和定制印模牙托材料，因具備與牙齒相似的色澤，不溶於唾液、易於操控。但耐磨性相對較差，且於固化時收縮較大導製易產生縫隙。進而開發出雙酚 A 甘油基二甲基丙烯酸酯（bisphenol-A glycidyl dimethacrylate, bis-GMA），爲服務於美國牙醫學會的 1962 年由 Bowen 所開發，是目前最爲廣被使用的材料，它是利用環氧樹脂與丙烯酸混合，可形成交聯基質，是非常耐用的單體，並且利用有機矽烷化合物進行表面處理做爲黏結填料顆粒與樹脂基體之偶聯劑。目前臨床上仍持續使用於牙齒修補。

上述復形用材料，可以見得，部分材料仍有其缺點，但應用於本齒用保護板上，該缺點並不會對此功能造成影響，且材質條件符合，價格普遍低廉，不會因增加此裝置而造成患者醫療負擔，且爲臨床醫師本身常態操作之材料，醫師不用重新適應材料，整體而言，選擇此類材料，對實際應用面具最佳效益。

4. 概念設計

爲達成上述目的及功效，本發明之構造如圖 8.122 所示，保護板主要由一蓋體於二端各延伸形成有一封閉式套部與一開放式套部，開放式套部並且延伸有二固定部。

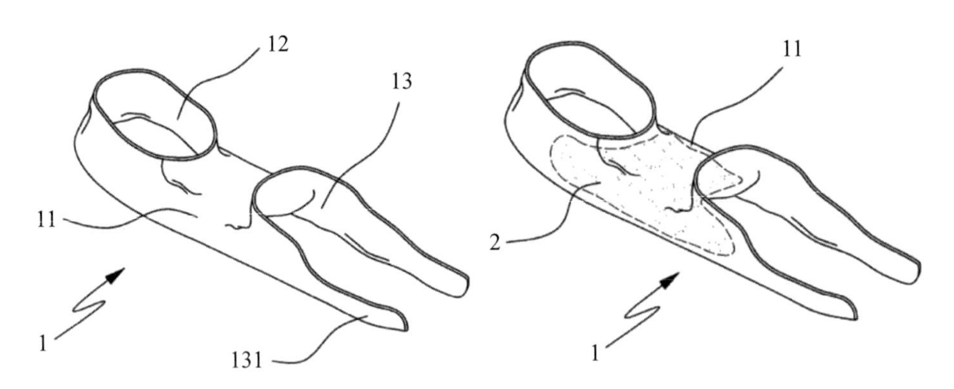

圖 8.122 本發明保護板 1 之構造：蓋體 11、封閉式套部 12、開放式套部 13、二固定部 131、敷料 2

其操作手法如下所述：首先是先將患者接受手術前的口腔狀況翻印成石膏模型，並在翻印的石膏模型上模擬手術拔除狀況，並在要接受手術的部位進行保護板製作，其中保護板之主要材質爲「壓克力樹脂」，此即爲「聚合（甲基 α- 甲基丙烯酸脂）」（poly（methyl methacrylate）），利用 polymer（small pack powder）與 monomer（liquid）等材料，經過均勻攪拌後，壓力鍋抽眞空方式製作出保護板，並在保護板完成後讓患者術後試戴，確認患者能夠適應，且能避免相對咬牙的咬合干擾。

在手術拔除牙齒後，於牙床骨頭缺陷處補植自體骨或人工替代骨粉，並貼敷上止血棉，再將手術傷口縫合。接續藉由恆溫玻璃調盤上以調棒調製出敷料，並將蓋體內部填滿敷料，透過封閉式套部與開放式套部套合手術傷口二側牙齒，使敷料能完全貼密覆蓋於手術傷口上，並由一結紮線先行穿設過二固定部，以及穿過牙齒間之縫隙。

最後，將結紮線二端線頭置於牙齒外側，並將結紮線多餘部分剪除，僅留 2～3 mm 之結紮線頭塞置於牙齒間之縫隙內，使二固定部能夠貼合牙齒，以加強保護板之穩定性。而在保護板設置完成後，另可在結紮線穿過之牙齒縫隙內，以光感應流動性樹脂填補，並由電漿將該流動性樹脂外層硬化。藉此，除了可使保護板能夠穩固的覆蓋手術傷口而不輕易脫落之外，並可防止因患者在進食後，因食物殘渣進入牙齒縫隙內，在剔除時會碰觸到保護板，導致保護板脫落。

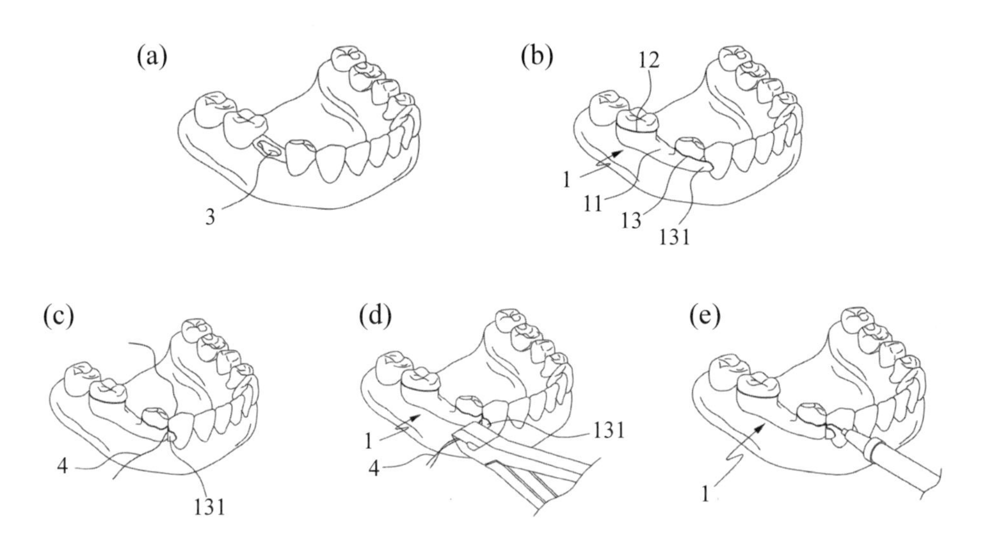

圖 8.123　本發明之操作手法：(a) 手術拔除牙齒，並將傷口 3 縫合；(b) 調配好的敷料置於蓋體 11 內部，並將保護板套合傷口兩側牙齒；(c) 一結紮線 4 穿過固定部 131 以及牙齒間隙；(d) 留 2～3 mm 之結紮線頭塞置於牙齒間之縫隙內，加強保護板穩定性；(e) 光感應流動性樹脂填補邊緣

5. 檢討評估

本發明之保護板相較於一般在拔除牙齒並縫合傷口後僅由一個再生膜覆蓋之施作，除了能夠有效的保護手術傷口，使手術傷口在癒合的過程當中，不會因患者咀嚼、說話或吞口水等動作而影響手術傷口的癒合動作，或者產生感染之情形外，並且能夠在保護板內充填敷料，或者充填其他可幫助傷口癒合或防止細菌感染之藥品，以期在覆蓋保護手術傷口的同時，也能加速傷口的癒合。

再者，由於保護板本身以堅固之材質製成，有別於傳統單純使用的敷料僅可使用 1～2 週的缺點，因此可延長覆蓋手術傷口的時效，使手術傷口能夠有較長的癒合時間，確保牙床能完整的生長，以利於進行植牙手術療法，並且保護板本身的製造成本也相當低廉，因此對於患者來說可減輕不少負擔。

6. 設計報告

綜上所述，本發明之齒用保護板於使用時，為確實能達到其功效及目的，一種齒用保護板主要是在拔除牙齒後用以覆蓋傷口，其特徵在於：保護板由一蓋體於二端延伸形成有一封閉式套部與一開放式套部，在蓋體覆蓋手術傷口後，其中該保護板可進一步將保護板內部填滿敷料，並透過封閉式套部與開放式套部套合傷口二側牙齒，以及二固定部貼合牙齒，俾使敷料能完全覆蓋於傷口上，以使保護板達到能有效的覆蓋並保護手術傷口，以及不易鬆脫或掉落之目的。

7. 參考文獻

[1] 林宜玫（2004），歐洲傷口護理市場的經營策略分析工研院 IEK 生醫與生活組。

[2] 陳婉玲（2012），眺望全球醫用生物材料產業發展趨勢，工研院 IEK 產業經濟與趨勢研究中心。

[3] 張萬權（2003），產業分析與市場研究，經濟部技術處 ITIS。

[4] 黃碧芳（2009），實用傷口護理。華杏出版股份有限公司。

[5] 黃博偉（2010），醫療照護產業觀察特輯 — 傷口照護市場分析，經濟部技術處 IT IS。

[6] BCC Research. (2014). Markets for advanced wound care technologies. www.bccresearch.com

[7] Espicom Business Intelligence, (2009). All Change in the Advanced Wound Care Market, USA.

[8] Falanga, V. (2000). Classifications for wound bed preparation and stimulation of chronic wounds. Wound.Repair Regen., 8, 347-352.

[9] Jones, S. G., Edwards, R., & Thomas, D. W. (2004). Inflammation and wound healing: the role of bacteria in the immuno-regulation of wound healing. Int.J.Low.Extrem.Wounds, 3, 201-208.

[10] Pieper, B., Templin, T. N., Dobal, M., & Jacox, A. (1999). Wound prevalence, types, and treatments in home care. Adv. Wound. Care, 12, 117-126.

[11] Schultz, G. S., Sibbald, R. G., Falanga, V., Ayello, E. A., Dowsett, C., Harding, K.et al. (2003). Wound bed preparation: a systematic approach to wound management.Wound.Repair Regen., 11 Suppl 1, S1-28.

[12] Resin-Based Composites，http://pocketdentistry.com/resin-based-composites-2/

[13] 鍾國雄，牙科材料學。

Memo

Memo

Memo

Memo

Memo

國家圖書館出版品預行編目資料

創意性工程設計／徐瑞坤，歐耿良著. 一一初版. 一一臺北市：五南，2016.06
面；　公分
ISBN 978-957-11-7884-4（平裝）
1.工程圖學　2.工業設計　3.創意
440.8　　103021202

4J19

創意性工程設計

作　　者 — 徐瑞坤　歐耿良
發 行 人 — 楊榮川
總 編 輯 — 王翠華
主　　編 — 王俐文
責任編輯 — 金明芬
封面設計 — 斐類設計工作室
出 版 者 — 五南圖書出版股份有限公司
地　　址：106台北市大安區和平東路二段339號4樓
電　　話：(02)2705-5066　　傳　　真：(02)2706-6100
網　　址：http://www.wunan.com.tw
電子郵件：wunan@wunan.com.tw
劃撥帳號：01068953
戶　　名：五南圖書出版股份有限公司
法律顧問　林勝安律師事務所　林勝安律師
出版日期　2016年6月初版一刷
定　　價　新臺幣600元